Potenziale der additiven Fertigung für die Ersatzteil-Supply-Chain

Von der Fakultät für Ingenieurwissenschaften
der Universität Bayreuth
zur Erlangung der Würde eines
Doktor-Ingenieur (Dr.-Ing.)
genehmigte Dissertation

von

M.Sc. Jan Felix Christian Koller

aus

Weismain

Erstgutachter:	Prof. Dr.-Ing. Frank Döpper
Zweitgutachter:	Prof. Dr.-Ing. Alexander Sauer
Tag der mündlichen Prüfung:	16.07.2024

Lehrstuhl Umweltgerechte Produktionstechnik
Universität Bayreuth
2024

PRODUKTION.BESSER.MACHEN.

Jan Koller

Potenziale der additiven Fertigung für die Ersatzteil-Supply-Chain

Herausgeber:
Prof. Dr.-Ing. Frank Döpper

Band 7

UNIVERSITÄT
BAYREUTH

Bibliografische Information der Deutschen Nationalbibliothek
Die Deutsche Nationalbibliothek verzeichnet diese Publikation in der Deutschen Nationalbibliografie; detaillierte bibliografische Daten sind im Internet über https://portal.dnb.de abrufbar.

Jan Koller:

Potenziale der additiven Fertigung für die Ersatzteil-Supply-Chain

1. Auflage, 2024

Gedruckt auf holz- und säurefreiem Papier, 100% chlorfrei gebleicht.

Wissenschaftsverlag des Instituts für Industriekommunikation und Fachmedien an der RWTH Aachen
Steinbachstr. 25, 52074 Aachen
Internet: www.apprimus-verlag.de, E-Mail: info@apprimus-verlag.de

Druck: CPI Druckdienstleistungen GmbH
Ferdinand-Jühlke-Straße 7 | 99095 Erfurt

ISBN 978-3-98555-234-4

Vorwort

Die vorliegende Arbeit entstand während meiner Tätigkeit am Lehrstuhl Umweltgerechte Produktionstechnik der Universität Bayreuth sowie der Projektgruppe Prozessinnovation des Fraunhofer-Instituts für Produktionstechnik und Automatisierung IPA. Ich möchte mich an dieser Stelle bei allen Begleitern auf meinem Weg zur Promotion bedanken.

Zunächst gilt mein Dank meinem Doktorvater Herrn Univ.-Prof. Dr.-Ing. Frank Döpper für die Möglichkeit zur Erstellung und die konstruktive Betreuung der vorliegenden Arbeit sowie die fachliche und persönliche Förderung in den vergangenen Jahren. Ebenfalls gilt mein Dank Herrn Univ.-Prof. Dr.-Ing. Alexander Sauer für die Übernahme der Rolle des Zweitgutachters und Zweitprüfers sowie Herrn Univ.-Prof. Dr.-Ing. Christoph Helbig als weiteren Prüfer.

Wesentlichen Einfluss auf die Entwicklung dieser Arbeit hatten meine Kolleginnen und Kollegen der Universität Bayreuth und des Fraunhofer IPA, bei denen ich mich sehr herzlich für den Austausch und die gemeinsame Diskussion in zahlreichen Forschungs- und Industrieprojekten und die lehrreiche Zeit bedanke.

Besonders hervorheben möchte ich dabei meine Kollegen aus dem ehemaligen Fachgebiet »Regenerative und schlanke Produktion«: Prof. Dr.-Ing. Sebastian Schötz, Dr.-Ing. Christoph Velte und Dr.-Ing. Christoph Schmidt, die mir das notwendige Rüstzeug zur erfolgreichen Promotion vermittelt haben. Außerdem möchte ich den Kollegen Julian Große Erdmann, Maximilian Herold und Engjëll Ahmeti aus meinem Forschungsteam für die erfolgreiche und kollegiale Zusammenarbeit danken.

Ebenso gilt mein Dank Hajo Groneberg, Dr.-Ing. Tom Drews, Prof. Dr.-Ing. Paul Molenda und Dr.-Ing. Benjamin Thorenz für den kontinuierlichen fachlichen Austausch. Weiterhin möchte ich Julian Schmidt und Florian Schreiner für die Unterstützung in den vergangenen Jahren danken.

Abschließend gilt mein aufrichtiger Dank meiner Familie, die mich auf meinem Weg zur Promotion immer unterstützt hat. Besonderer Dank gilt meiner Frau Christiane, die mich stets motivierte und mir erlaubte, der Dissertation die notwendige Zeit zu widmen. Dies hat maßgeblich zum erfolgreichen Abschluss der vorliegenden Arbeit beigetragen.

Bayreuth, im April 2024 Jan Felix Christian Koller

Inhaltsverzeichnis

1 Einleitung

1.1 Ausgangssituation

Die Linearwirtschaft als derzeit vorherrschendes Prinzip der industriellen Produktion basiert auf der anhaltenden Entnahme von Rohstoffen aus der Umwelt, die abgebaut, zu Produkten verarbeitet und am Ende der Produktnutzung durch den Kunden als Abfall oder Emissionen entsorgt werden (»take-make-dispose pattern«) [ELL13, S. 6; EUR20a, S. 3; RÖH21, S. 8]. Aufgrund begrenzter Ressourcen[1] und einem zu erwartenden Bevölkerungswachstum[2] einerseits und den Folgen dieses Wirtschaftens anderseits, gilt es, diese Linearität zu überwinden [WIL17, S. 1-2]. Die Folgen der Linearwirtschaft umfassen die miteinander verknüpften und kaskadenartigen Auswirkungen des Klimawandels[3], der Umweltverschmutzung[4] und des Verlusts biologischer Vielfalt[5], die bereits zu einer »dreifachen planetarischen Krise« ausgewachsen sind [EUR22c, S. 5]. So wird mehr als 90 % des weltweiten Verlusts an biologischer Vielfalt, die Hälfte der Treibhausgasemissionen und ein Drittel der gesundheitlichen Auswirkungen von Feinstaub auf die Gewinnung und Verarbeitung natürlicher Ressourcen zurückgeführt [EUR22a, S. 9; UNI20, S. 11].

Die Kreislaufwirtschaft (engl. circular economy) stellt den Gegenentwurf zur Linearwirtschaft dar und zielt darauf ab, das Wirtschaftswachstum von der Ressourcennutzung zu entkoppeln. Dabei ist die Kreislaufwirtschaft per Legaldefinition »ein Wirtschaftssystem, bei dem der Wert von Produkten, Materialien und anderen Ressourcen in der Wirtschaft so lange wie möglich erhalten bleibt und ihre effiziente Nutzung in Produktion und Verbrauch verbessert wird, wodurch die Auswirkungen ihrer Nutzung auf die Umwelt reduziert und das Abfallaufkommen sowie die Freisetzung gefährlicher Stoffe in allen Phasen ihres Lebenszyklus minimiert werden, auch durch Anwendung der Abfallhierarchie« [EUR20b, S. 26]. In der Europäischen Union (EU) ist die Transformation zur Kreislaufwirtschaft im »Grünen

[1] Nach Berechnungen des Global Footprint Networks verbraucht die Menschheit bereits heute 75 % mehr Ressourcen als die Ökosysteme des Planeten innerhalb eines Jahres regenerieren [GLO22, S. 1].
[2] Ausgehend von 7,7 Mrd. Menschen im Jahr 2019 gehen die Prognosen der Vereinten Nationen von einem Wachstum der Weltbevölkerung auf etwa 8,5 Mrd. im Jahr 2030 und etwa 9,7 Mrd. Menschen im Jahr 2050 aus [UNI19, S. 5].
[3] Nach Einschätzung des Zwischenstaatlichen Ausschusses für Klimaänderungen wird »die globale Erwärmung von 1,5 °C und 2 °C [...] im Laufe des 21. Jahrhunderts überschritten werden, wenn es in den kommenden Jahrzehnten nicht zu einer tiefgreifenden Verringerung der CO_2- und anderer Treibhausgasemissionen kommt« [IPC21, S. 14].
[4] Die Zwischenstaatliche Plattform für Biodiversität und Ökosystemleistungen betont, dass »Treibhausgasemissionen, unbehandelte städtische und ländliche Abfälle, Schadstoffe aus Industrie, Bergbau und Landwirtschaft, Ölpest-Ereignisse und die Verkippung von Giftstoffen« starke negative Auswirkungen auf die Umwelt haben [IPB19, S. XVII].
[5] In ihrem Global Assessment Report berichtet die Zwischenstaatliche Plattform für Biodiversität und Ökosystemleistungen, dass die biologische Vielfalt (die Vielfalt innerhalb von Arten zwischen Arten und von Ökosystemen) »schneller als je zuvor in der Geschichte der Menschheit« abnimmt [IPB19, S. XIV]. Dieser negative Trend werde sich fortsetzen und sei eine »Reaktion auf indirekte Triebkräfte wie schnelles Bevölkerungswachstum, Nicht-Nachhaltigkeit von Produktion und Konsum sowie die damit verbundenen technologischen Entwicklungen« [IPB19, S. XIX].

Deal«[6] verankert und wird u. a. durch die Initiative des neuen Aktionsplans für die Kreislaufwirtschaft konkretisiert [EUR19a, S. 8; EUR20c, S. 2-3].

Ansätzen zur Verlängerung der Lebensdauer technischer Produkte kommen bei der Transformation zur Kreislaufwirtschaft eine zentrale Rolle zu. Die bedarfsgerechte Versorgung mit Ersatzteilen stellt dabei einen wichtigen Einflussfaktor hinsichtlich Verfügbarkeit, Wirtschaftlichkeit und Nachhaltigkeit der Primärprodukte[7] dar [KOL22, S. 894; POT17, S. 5; VDI19a, S. 2]. Ziel ist es, die Ersatzteilversorgung bei gleichzeitiger Gewährleistung der Wirtschaftlichkeit sicherzustellen [TOG19, S. 72]. Während der Serienproduktion des Primärprodukts werden in der Regel kostengünstige Ersatzteile im Rahmen der Neuteilproduktion bereitgestellt. Der Zeitraum der Ersatzteilversorgung nach Ende der Serienproduktion bspw. aufgrund bestehender Liefer- bzw. Serviceverpflichtungen oder gesetzlicher Vorgaben[8] variiert stark in Abhängigkeit von Branche und Nutzungsdauer des Primärprodukts und reicht von wenigen Jahre (z. B. Smartphones) bis hin zu mehreren Jahrzehnten (z. B. Bahntechnik) [BOT03, S. 37; DOM20, S. 59; DOM04, S. 20; KLE19, S. 12].

Herausforderungen der Ersatzteilversorgung nach Ende der Serienproduktion sind u. a. der dringende, schwer prognostizierbare Bedarf über einen langen Versorgungszeitraum, die große und steigende Variantenvielfalt und die damit einhergehenden geringen Bedarfsmengen je Variante, die zeitliche Dynamik des Ersatzteilbedarfs in Abhängigkeit der in Gebrauch befindlichen Primärprodukte sowie die räumliche Verteilung des Bedarfs [IND09, S. 1020-1021; LI17, S. 1498; LOU06, S. 255-256; MIN22, S. 418; SGA21, S. 3]. Daher muss die Ersatzteil-Supply-Chain auf kurzfristige, ungeplante Nachfrage reagieren können und z. B. Kompromisse zwischen Kosten und Lieferzeiten eingehen [DOM20, S. 48; LI17, S. 1500].

Additive Fertigungsverfahren haben das Potenzial, diesen Herausforderungen zu begegnen. Die werkzeuglose Produktion der Ersatzteile auf Basis von CAD-Daten ermöglicht eine wirtschaftliche Produktion kleiner Losgrößen und eine dezentrale Produktion nahe am Ort der Nachfrage. Dadurch werden räumliche und zeitliche Distanzen überbrückt. [BAL13, S. 13; CES19, S. 577; KUM18, S. 18-19] Dies verändert nicht nur das Fertigungsverfahren zur Herstellung der Ersatzteile, sondern wirkt sich auf die Gestaltung der gesamten Ersatzteil-Supply-Chain aus [EME19, S. 17-18; HOF21, S. 32-33; LI19, S. 3622]. [KOL22, S. 894]

[6] Der europäische Grüne Deal ist »eine neue Wachstumsstrategie, mit der die EU zu einer fairen und wohlhabenden Gesellschaft mit einer modernen, ressourceneffizienten und wettbewerbsfähigen Wirtschaft werden soll, in der im Jahr 2050 keine Netto-Treibhausgasemissionen mehr freigesetzt werden und das Wirtschaftswachstum von der Ressourcennutzung abgekoppelt ist.« [EUR19a, S. 2].

[7] Ersatzteile sind Sekundärprodukte, die »ausschließlich zur Erhaltung des Primärproduktes« dienen [SCH06a, S. 89].

[8] Bspw. wird die Dauer der Ersatzteilversorgung nach Ende der Serienproduktion in der »Ökodesign-Richtlinie für energieverbrauchsrelevante Produkte« festgelegt und beträgt z. B. für Waschmaschinen zehn Jahre [EUR19b, S. 298-299]. Die Europäische Kommission plant, die Ökodesign-Richtlinie auf weitere Produktgruppen auszuweiten [EUR22b, S. 1].

1.2 Problemstellung

Die additive Fertigung ermöglicht die bedarfsgerechte und lokale Produktion der Ersatzteile nach Ende der Serienproduktion. Diese additive Ersatzteilversorgung ist gekennzeichnet durch geringe Logistik- und Lagerkosten bei gleichzeitiger Gewährleistung einer hohen Verfügbarkeit [HOF21, S. 27; LAC20, S. 134]. Die Dezentralisierung stellt dabei eine der wesentlichen Auswirkungen der additiven Fertigung auf die Supply Chain dar, siehe Abb. 1 [VEL20a, S. 1291].

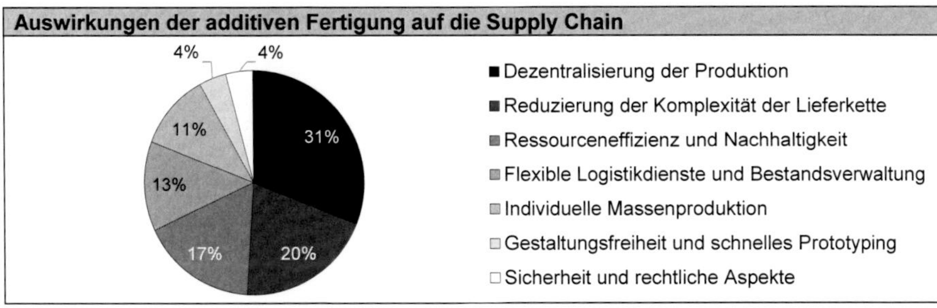

Abb. 1: Die signifikantesten Auswirkungen der additiven Fertigung auf die Supply Chain basierend auf einer Analyse 75 wissenschaftlicher Veröffentlichungen, eig. Darst. i. A. a. [VEL20a, S. 1291]

Der Grad der Dezentralisierung bzw. die Konfiguration der Ersatzteil-Supply-Chain reicht von einem zentralen Einsatz additiver Fertigungsverfahren, z. B. am Standort des Ersatzteilherstellers, bis hin zu einer vollständig dezentralen Produktion der Ersatzteile am Bedarfsort. Nachteilig erweist sich dabei, dass in der zentralen Konfiguration die Vorteile additiver Fertigungsverfahren nicht vollständig zum Tragen kommen und in der dezentralen Konfiguration die Kosten oftmals zu hoch sind bzw. der Bedarf teilweise nicht gegeben ist. [BOG16, S. 228-229; HOL10, S. 692-697; KHA18, S. 1183-1186; LI19, S. 3624]

Eine Alternative stellt die Kombination der Ansätze in Form der Hub-Konfiguration dar, mit der die Vorteile einer zentralen und dezentralen Konfiguration zusammengeführt werden [HOF21, S. 34; IVA19, S. 238; KHA18, S. 1184-1186]. Dazu wird die Anzahl der Verteilpunkte reduziert, wobei Transport- und Lieferzeiten im Vergleich zur zentralen Konfiguration weiterhin geringer ausfallen [HOF21, S. 34; KHA18, S. 1185-1186; MUC18, S. 127-128]. In dieser Konfiguration der Ersatzteil-Supply-Chain werden digitale Fertigungsaufträge an dezentrale Hubs (Verteilpunkte) verschickt, dort die Ersatzteile produziert und an den Bedarfsort geliefert. Ein Hub beliefert einen oder mehrere Kunden. Abb. 2 zeigt eine schematische Übersicht der verschiedenen Konfigurationen einer Ersatzteil-Supply-Chain.

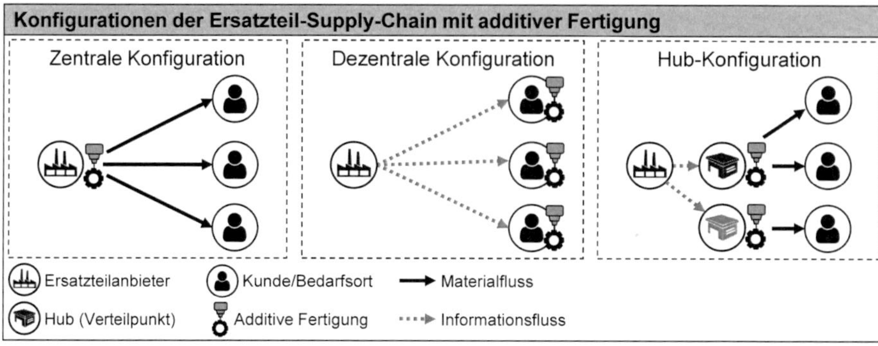

Abb. 2: Schematische Darstellung grundsätzlicher Ersatzteil-Supply-Chain Konfigurationen, eig. Darst. i. A. a. [HOF21, S. 34; HOL10, S. 692-697; KHA18, S. 1184-1186]

Die Gestaltung der Hub-Konfiguration selbst ist u. a. von der Anzahl der einzurichtenden Hubs, deren geografischer Lage sowie deren Verknüpfung mit einem oder mehreren Bedarfsorten abhängig [DOM18, S. 10-11; KHA18, S. 1185]. Die Gestaltung der Ersatzteil-Supply-Chain Konfiguration, die am geeignetsten ist, um den Zielkonflikt zwischen Zeit und Kosten der Ersatzteilversorgung aufzulösen, stellt produzierende Unternehmen aufgrund unternehmensinterner und -externer Einflussfaktoren vor eine schwierige Herausforderung. Zu diesen Einflussfaktoren zählen u. a. Variantenvielfalt, Dauer und Kosten der Herstellung und Transporte sowie deren komplexe Wechselwirkungen [DIR20, S. 2140; EME19, S. 17; HOF21, S. 36]. Die Gestaltung muss vor dem Hintergrund des individuellen Anwendungsfalls ganzheitlich betrachtet und bspw. simulativ untersucht werden [HOF21, S. 36]. Derzeit existiert jedoch kein generisches, übertragbares Vorgehensmodell zur Gestaltung der Ersatzteil-Supply-Chain unter Berücksichtigung additiver Fertigungsverfahren vor dem Hintergrund ökonomischer und ökologischer Zielgrößen [DIR20, S. 2145; EME19, S. 17].

1.3 Zielsetzung und Fokussierung

Abgeleitet aus der beschriebenen Ausgangssituation und Problemstellung, ist das übergeordnete Ziel der vorliegenden Arbeit, die Potenziale der additiven Fertigung für die Ersatzteil-Supply-Chain zu untersuchen. Das übergeordnete Ziel lässt sich in drei Teilziele untergliedern, die im Folgenden beschrieben werden, siehe Abb. 3.

Das erste Teilziel besteht in der Entwicklung eines generischen Vorgehensmodells. Der Anwender soll damit von der systematischen Erfassung und Beschreibung der relevanten Elemente über mögliche Einschränkungen hinsichtlich der Gestaltungsfreiheit unterschiedlicher Konfigurationen der Ersatzteil-Supply-Chain bis hin zur Umsetzung unterstützt werden.

Übergeordnetes Ziel und Teilziele der vorliegenden Arbeit	
Ziel	Untersuchung der Potenziale der additiven Fertigung für die Ersatzteil-Supply-Chain
Teilziele	Entwicklung eines generischen Vorgehensmodells zur Erfassung relevanter Einflussfaktoren und deren Ausprägungen
	Entwicklung eines Zielsystems der additiven Ersatzteilversorgung zur Bewertung der Konfiguration der Ersatzteil-Supply-Chain
	Entwicklung eines Simulationsmodells zur Unterstützung des Planungs- und Entscheidungsprozesses bei der Gestaltung der Nachserienversorgung

Abb. 3: Übersicht der Ziele der vorliegenden Arbeit

Das zweite Teilziel der vorliegenden Arbeit ist die Entwicklung eines Zielsystems der additiven Ersatzteilversorgung, um die Leistungsfähigkeit der Ersatzteil-Supply-Chain in ihren unterschiedlichen Konfigurationen zu quantifizieren. Dafür sollen Zielgrößen unterschiedlicher Zieldimensionen operationalisiert werden, um eine Vergleichbarkeit zu ermöglichen.

Das dritte Teilziel besteht in der Entwicklung eines Simulationsmodells zur Unterstützung des Planungs- und Entscheidungsprozesses bei der Gestaltung der Nachserienversorgung. Als Entscheidungsunterstützungssystem soll die Simulation dazu dienen, auf Basis des Zielsystems und unter Berücksichtigung externer Einflussfaktoren das Systemverhalten unterschiedlicher Konfigurationen der Ersatzteil-Supply-Chain abzubilden. Durch den Vergleich unterschiedlicher Szenarien und deren Interpretation soll eine Übertragung auf das reale System und eine Umsetzung der geeignetsten Konfiguration ermöglicht werden.

Eingrenzung des Betrachtungsraums

Zur Fokussierung und thematischen Ausrichtung der vorliegenden Arbeit erfolgt die Eingrenzung des Betrachtungsraums. Die in Tab. 1 dargestellte Morphologie veranschaulicht die Eingrenzung anhand unterschiedlicher Merkmalsausprägungen.

Die Untersuchungen der vorliegenden Arbeit richten sich an mittlere und große Unternehmen, die vor der Herausforderung stehen, eine langfristige Ersatzteilversorgung für Primärprodukte zu gewährleisten und dazu verschiedene Unternehmensstandorte in diese Aufgabenstellung einbinden. Der Fokus liegt dabei auf der Produktion von Stückgütern in Form von Ersatzteilen sowie deren Transport und Lagerung im Rahmen der Logistik. Die Produktion der Ersatzteile erfolgt dabei mittels additiver Fertigungsverfahren, die der Hauptgruppe Urformen zugeordnet sind. Die Gestaltung und Optimierung der Ersatzteil-Supply-Chain erfolgt simulativ unter Berücksichtigung dynamischer Effekte und ist aufgrund des oftmals langen Versorgungszeitraums eine langfristige strategische Planungsaufgabe. Zur Bewertung einzelner Konfigurationen werden im neu entwickelten Simulationsmodell die ökonomische sowie ökologische Dimension der Nachhaltigkeit berücksichtigt.

Tab. 1: Morphologie zur Eingrenzung des Betrachtungsraums der vorliegenden Arbeit

Merkmal	Merkmalsausprägung					
Unternehmensgröße [EUR03, S. 39]	Kleinstunternehmen	Kleine Unternehmen	**Mittlere Unternehmen**	**Große Unternehmen**		
Unternehmensbereich [VEL20b, S. 6]	Forschung und Entwicklung	Beschaffung	**Produktion**	**Logistik**	Vertrieb	
Güterart [HAC10, S. 67]	**Produkt**	Dienstleistung	Ideelles Gut			
Produkt [SCH14, S. 50]	**Stückgut**	Schüttgut	Fließgut			
Hauptgruppe des Fertigungsverfahrens [DIN22b, S. 9]	**Urformen**	Umformen	Trennen	Fügen	Beschichten	Stoffeigenschaft ändern
Modell des Systems [LAW91, S. 4]	Analytisches Modell	**Simulationsmodell**				
Verwendungszweck d. Simulationsmodells [DRE19, S. 4]	Beschreibung	Erklärung	**Gestaltung und Optimierung**			
Zeitabhängigkeit des Simulationsmodells [HED13, S. 10]	Statisches System	**Dynamisches System**				
Ansatz des Simulationsmodells [DRE19, S. 4]	**Neuentwicklung**	Evaluierung und Adaption	Anwendung des Status Quo			
Planungsebene [ZÄP01, S. 45-48]	**Strategische Planung**	Taktische Planung	Operative Planung			
Dimensionen der Nachhaltigkeit [KRO19, S. 11-12]	**Ökonomische Nachhaltigkeit**	**Ökologische Nachhaltigkeit**	Soziale Nachhaltigkeit			

1.4 Vorgehensweise

Zur Erfüllung der in Abschnitt 1.3 beschriebenen Zielsetzung ist die vorliegende Arbeit in sieben Kapitel gegliedert. Abb. 4 veranschaulicht den strukturellen Aufbau der Arbeit sowie den systematischen Lösungsweg.

In **Kapitel 1** wird zunächst die Ausgangssituation und die Problemstellung dargestellt und somit der thematische Hintergrund sowie die Ableitung des Handlungsbedarfs aufgezeigt. Aufbauend darauf erfolgen die Beschreibung der Zielsetzung und die Eingrenzung des Betrachtungsraums. Abschließend wird die Vorgehensweise erläutert.

In **Kapitel 2** wird der Stand der Erkenntnisse ausführlich analysiert und die relevanten Grundlagen und Begriffsbestimmungen der einzelnen Themenbereiche beschrieben. Dazu werden in Abschnitt 2.1 die Grundlagen des Ersatzteilmanagements zusammengefasst und insbesondere die Lebenszyklusphasen der Ersatzteilversorgung, die Strategien der Nachserienversorgung und der generische Aufbau einer Ersatzteil-Supply-Chain dargestellt. In Abschnitt 2.2 erfolgt eine Einordnung der additiven Fertigung mit ihren Potenzialen und Hemmnissen sowie eine Beschreibung des Prozessablaufs und der Einsatzmöglichkeiten im Rahmen der Ersatzteilversorgung. Abschnitt 2.3 bildet den Abschluss des Kapitels und behandelt die Modellbildung und Simulation von Systemen sowie die Durchführung, Verifikation und Validierung von Simulationsstudien. Darüber hinaus werden etablierte Simulationsansätze sowie deren Kombination in der Multimethodensimulation dargestellt.

In **Kapitel 3** wird der Forschungsbedarf mittels eines systematischen Literature Reviews aufgezeigt. Dazu wird in Abschnitt 3.1 zunächst das Vorgehensmodell entwickelt und in Abschnitt 3.2 die Planung des Literature Reviews u. a. durch die Formulierung der Forschungsfrage und der Festlegung der entsprechenden Schlagworte vorgenommen. Aufbauend darauf wird die Identifikation bestehender Ansätze in der wissenschaftlichen Literatur in Abschnitt 3.3 beschrieben. In Abschnitt 3.4 werden die Ansätze zusammengefasst und gegenübergestellt sowie der Handlungsbedarf abgeleitet. Abschließend werden in Abschnitt 3.5 die Anforderungen an die zu entwickelnde Lösung definiert.

In **Kapitel 4** erfolgt die Entwicklung eines Vorgehensmodells zur Planung der Nachserienversorgung durch additive Fertigung. Grundlage des Vorgehensmodells ist zunächst die Analyse und Beschreibung der Ersatzteil-Supply-Chain, die in der vorliegenden Arbeit aus einer Kombination von Produktions-, Transport- und Lagermodulen sowie einem peripheren Modul zur Produktionsplanung und -steuerung gebildet wird. Parallel dazu wird in Abschnitt 4.2 die Planung des Ersatzteilbedarfs beschrieben, wobei insbesondere auf Ziel, Zeitraum, Nomenklatur und Methode der Planung eingegangen wird. In Abschnitt 4.3 werden etwaige Restriktionen und Rahmenbedingungen bei der Gestaltung der Ersatzteil-Supply-Chain erörtert. Anschließend wird in Abschnitt 4.4 ein Zielsystem der additiven Ersatzteilversorgung entwickelt, um die Leistungsfähigkeit der Ersatzteil-Supply-Chain zu quantifizieren. In Abschnitt 4.5 wird die Entwicklung des Simulationsmodells beschrieben, dessen Ergebnis ein ausführbares Simulationsmodell der Ersatzteil-Supply-Chain ist. Denkbare Simulationsexperimente werden in Abschnitt 4.6 beschrieben, auf deren Basis ein Vergleich und die Diskussion der simulierten Szenarien in Abschnitt 4.7 möglich ist.

In **Kapitel 5** wird die Vorgehensweise zur Planung der Nachserienversorgung durch additive Fertigung in der industriellen Praxis angewandt. Die industrielle Erprobung und Evaluierung wird am Beispiel eines Herstellers von Prüfständen und Messtechnik für Fahrzeuge und Motoren durchgeführt. Abschließend erfolgt die Bewertung der Vorgehensweise im Hinblick auf die definierten Anforderungen.

In **Kapitel 6** und **Kapitel 7** werden die wesentlichen Inhalte der vorliegenden Arbeit in deutscher und englischer Sprache zusammengefasst und ein Ausblick über zukünftigen Forschungsbedarf gegeben.

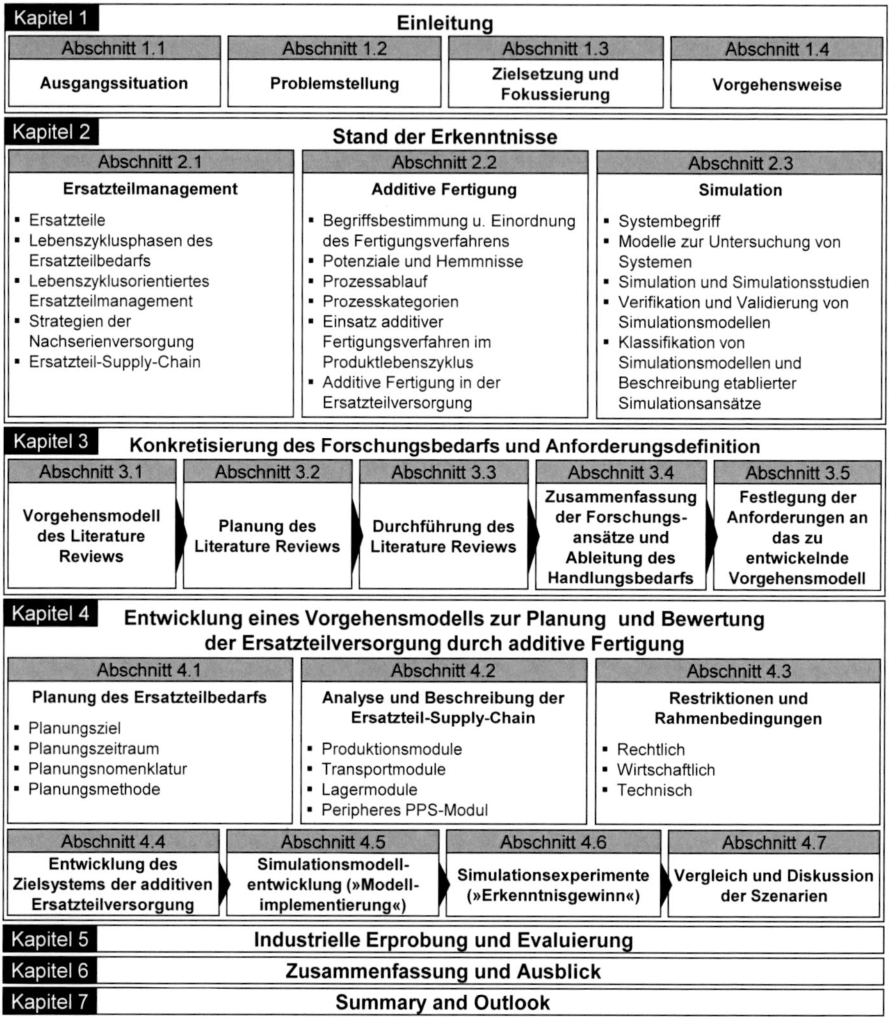

Abb. 4: Struktureller Aufbau der Arbeit

2 Stand der Erkenntnisse

2.1 Ersatzteilmanagement

2.1.1 Ersatzteile

Ersatzteile werden in DIN 24420 Teil 1 definiert als »Teile (z. B. auch Einzelteile genannt), Gruppen (z. B. auch Baugruppen und Teilegruppen genannt) oder vollständige Erzeugnisse, die dazu bestimmt sind, beschädigte, verschlissene oder fehlende Teile, Gruppen oder Erzeugnisse zu ersetzen« [DIN76, S. 1]. Ziel ist es, durch den Einsatz von Ersatzteilen die ursprünglich geforderte Funktion[9] eines aus vielen Elementen bestehenden technischen Systems bzw. Objekts (bspw. eine Maschine oder Anlage) zu erhalten oder wiederherzustellen [DIN18a, S. 14; IHD88, S. 7; MEI94, S. 39]. Ersatzteile sind grundsätzlich nicht selbständige Bestandteile technischer Systeme und somit Sekundärprodukte, deren Zweck unmittelbar und ausschließlich der Erhaltung des technischen Systems als Primärprodukt dient [SCH06a, S. 89; SCH13b, S. 166].

Ersatzteile lassen sich von Produkt- bzw. Fertigungsteilen sowie Zubehörteilen abgrenzen, siehe Abb. 5 [FRE95, S. 3; IHD88, S. 7; SCH06a, S. 89-90].

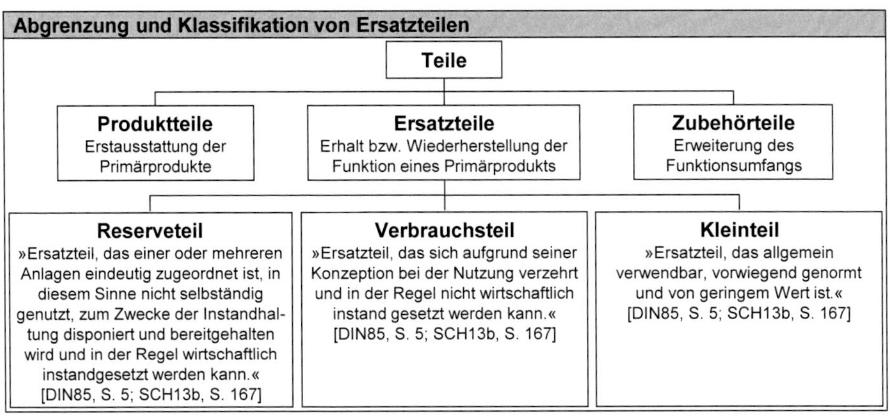

Abb. 5: Abgrenzung und Klassifikation von Ersatzteilen, eig. Darst. i. A. a. [BIE95, S. 3; DIN85, S. 5; GRA05, S. 23; IHD88, S. 6-7; PFO89, S. 3; SCH13b, S. 167; VDI19a, S. 5]

---

[9] Nach FELDHUSEN UND GROTE ist die Funktion »der allgemeine und gewollte Zusammenhang zwischen Eingang und Ausgang eines Systems mit dem Ziel, eine Aufgabe zu erfüllen« [FEL13, S. 242]. Eine geforderte Funktion ist nach DIN EN 13306 eine »Funktion, eine Kombination von Funktionen oder eine Gesamtkombination der Funktionen eines Objekts, die für die Erfüllung einer vorgegebenen Anforderung als notwendig erachtet wird« [DIN18a, S. 10].

Im Gegensatz zu Ersatzteilen werden Produkt- bzw. Fertigungsteile zur Produktion bzw. für die Erstausstattung des Primärprodukts benötigt, wobei das Fehlen die Fertigstellung und den Gebrauch verhindert [IHD88, S. 7; SCH06a, S. 90]. Zubehörteile sind hingegen für die Funktionsfähigkeit des Primärprodukts unerheblich und werden erst nachträglich eingebaut [PFO89, S. 3; SCH06a, S. 90]. Abhängig davon, ob das Zubehörteil der Funktionsänderung bzw. Leistungssteigerung dient oder ausschließlich ästhetische Zwecke erfüllt, wird zwischen Nachrüst- und Zusatzteilen differenziert [IHD88, S. 7-8; SCH06a, S. 90; SCH13b, S. 166].

Nach VDI-Richtlinie 2892 werden Ersatzteile weiter in Reserve-, Verbrauchs- und Kleinteile unterteilt [VDI19a, S. 5].[10] Reserveteile sind in der Regel kostenintensive Ersatzteile, die nur einem bzw. sehr wenigen Primärprodukten zugeordnet sind und daher trotz geringer Lagerbestandsmenge einen relativ hohen Lagerbestandswert aufweisen [BIE08, S. 3; PAW16, S. 292; STR12b, S. 578-579]. Verbrauchsteile wie z. B. Wälzlager oder Kleinmotoren sind meist mehreren Primärprodukten zugeordnet und werden in der Regel nicht instand gesetzt [COR17, S. 19; STR12b, S. 570]. Kleinteile wie z. B. Schrauben oder Federn sind allgemein verwendbar, meist genormt und von geringem Wert [SCH13b, S. 166-167; STR12b, S. 570]. Kleinteile haben daher in der Regel einen geringen Lagerbestandswert bei hoher Lagerbestandsmenge [BIE08, S. 3; PAW16, S. 292; STR12b, S. 578-579].

Tab. 2 zeigt ausgewählte Merkmale, anhand deren Ausprägungen eine weitere Typologisierung der Ersatzteile möglich ist.[11] Unabhängig von der gewählten Ersatzteiltypologie ist zunächst jedoch der Absatz der Primärprodukte am Markt eine Voraussetzung für die Nachfrage von Ersatzteilen [PFO89, S. 4; SCH06a, S. 89].

Tab. 2: Ausgewählte Merkmale und deren Ausprägungen zur Typologisierung von Ersatzteilen, i. A. a. [COR17, S. 22; DOM01, S. 794; FIN15, S. 60; FRE95, S. 4-6; PAW16, S. 291]

<table>
<tr><th>Merkmal</th><th colspan="12">Merkmalsausprägung</th></tr>
<tr><td>Ersatzteilart</td><td colspan="3">Original- bzw. Identteil</td><td colspan="3">Nachbauteil</td><td colspan="3">Austauschteil</td><td colspan="3">Gebrauchtteil</td></tr>
<tr><td>Zustand</td><td colspan="4">Neu</td><td colspan="4">Aufgearbeitet</td><td colspan="4">Gebraucht</td></tr>
<tr><td>Verwendung</td><td colspan="4">Einortteil</td><td colspan="4">Mehrortteil</td><td colspan="4">Mehrfachteil</td></tr>
<tr><td>Nachfragemuster</td><td colspan="3">Konstant</td><td colspan="3">Intermittierend</td><td colspan="3">Erratisch</td><td colspan="3">Schwankend</td></tr>
<tr><td>Lageranforderung</td><td colspan="3">Keine</td><td colspan="3">Klimatisierung</td><td colspan="3">Schutzmedium</td><td colspan="3">...</td></tr>
</table>

[10] In der Literatur finden sich weitere Möglichkeiten zur Einteilung von Ersatzteilen, bspw. nach Ausfallart in Verschleißteile, zeitbegrenzte Teile, Sollbruchteile und Ausfallteile [DOM20, S. 36-37; HER10, S. 356].
[11] Für weitere Merkmale siehe u. a. [BIE08, S. 29-30; FIN15, S. 60; HUG86, S. 25; MEI94, S. 40-41; STR12b, S. 574].

2.1.2 Lebenszyklusphasen des Ersatzteilbedarfs

Der Zusammenhang zwischen Primärprodukt und Ersatzteil wird in die Lebenszyklusphasen Einführung, Konsolidierung und Degeneration eingeteilt, siehe Abb. 6 [SCH13b, S. 175]. In der Einführungsphase steht die Erstausstattung des Primärprodukts im Vordergrund [KLU18, S. 497; LOU06, S. 253]. Die Ersatzteilproduktion ist dem Beginn der Serienproduktion (engl. start of production (SOP)) des Primärprodukts vor- oder nachgelagert [SCH13b, S. 175]. Eine vorgelagerte Produktion stellt die Verfügbarkeit der Ersatzteile zum Markteintritt des Primärprodukts sicher, um etwaige Frühausfälle zu ersetzen [LOU06, S. 253; SCH13b, S. 175]. Zu diesem Zeitpunkt stehen in der Regel nur Erkenntnisse aus (beschleunigten) Lebensdauertests, aber noch keine Vergangenheitsdaten bzgl. des Ausfallverhaltens während der Nutzungsphase zur Verfügung, weshalb der Einsatz geeigneter Prognoseverfahren von besonderer Bedeutung ist [HÄR16, S. 177-178; KLU18, S. 497; LOU06, S. 253].[12] Die Bedarfsprognose orientiert sich dynamisch an der Entwicklung des Primärproduktbestands und wird sukzessive erstellt [MEI94, S. 53].

Der Übergang zur Konsolidierungsphase ist fließend, wobei zur Abgrenzung ersatzteilbezogene zeit- oder mengenorientierte Kriterien wie die ausreichende Verfügbarkeit von Vergangenheitsdaten herangezogen werden [SCH13b, S. 175]. Die Konsolidierungsphase ist geprägt von einem relativ konstanten Bestand an Primärprodukten [KLU18, S. 497]. Dies führt zu einer verbesserten Abschätzung des Ausfallverhaltens der Primärprodukte, jedoch zu niedrigeren Einzelbedarfsmengen und höheren Schwankungen in der Ersatzteilnachfrage (»Sporadizität«) [LOU06, S. 254; SCH13b, S. 175-176].

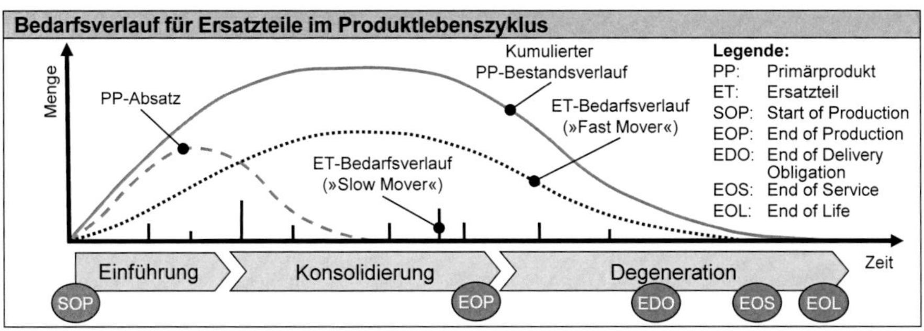

Abb. 6: Lebenszyklusphasen des Ersatzteilbedarfs, eig. Darst. i. A. a. [DOM08, S. 442; KLU18, S. 498; LOU06, S. 254; SCH77, S. 24]

[12] Prognoseverfahren werden in deterministische, stochastische und heuristische Methoden zur Bedarfsermittlung unterteilt [BIE95, S. 39; WEC17, S. 33]. Für eine Übersicht der Prognoseverfahren zur Ermittlung des Ersatzteilbedarfs siehe u. a. [BIE95, S. 38-44; BOT03, S. 90-112; LOU06, S. 258-261; WEC17, S. 32-40].

Das Ende der Serienproduktion (engl. end of production, EOP) kennzeichnet den Übergang zur Degenerationsphase und den Beginn der Nachserienversorgung, bei der die Ersatzteilversorgung nicht mehr aus der laufenden Produktion (»Serienversorgung«) erfolgt [BOT03, S. 37; SCH13b, S. 176]. Der Zeitraum der Nachserienversorgung wird durch rechtliche Verpflichtungen sowie Kundenanforderungen bzw. branchen- oder marktübliche Praktiken festgelegt [BOT03, S. 37]. Eine Erhebung[13] aus dem Jahr 2022 unter 40 produzierenden Unternehmen zeigt, dass marktseitige Faktoren wie die vertragliche Verpflichtung zur Lieferung von Ersatzteilen (32 %), die Stärkung der Kundenbindung (28 %) sowie die Nutzung von Umsatzchancen (17 %) als Gründe für die Ersatzteilversorgung in der Nachserienphase überwiegen, siehe Abb. 7 (links). Das Ende der Lieferverpflichtung (engl. end of delivery obligation, EDO) bzw. das Ende der Serviceverpflichtung (engl. end of service, EOS) kennzeichnet die offizielle Einstellung der Ersatzteilversorgung und den Beginn der Auslaufphase bis zum Produktlebensende (engl. end of life, EOL) [BOT03, S. 37].

Der Zeitraum der Nachserienversorgung ist branchen- und produktabhängig [DOM20, S. 59]. Automobilhersteller sind z. B. verpflichtet, die Ersatzteilversorgung bis zehn Jahre nach Ende der Serienproduktion sicherzustellen (EDO), wobei der darüber hinausgehende freiwillige Versorgungszeitraum im Durchschnitt 15 Jahre beträgt (EOS) [KLU18, S. 498; SCH21a, S. 289; VDI01, S. 15]. Die genannte Erhebung zeigt zudem, dass zwei Drittel der Unternehmen eine Versorgung bis zu zehn Jahren nach Ende der Serienproduktion sicherstellen. Ein Drittel der Unternehmen sogar mehr als zehn Jahre, siehe Abb. 7 (rechts).

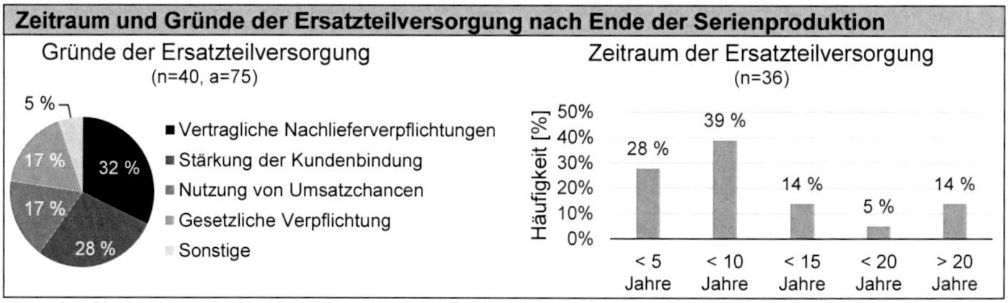

Abb. 7: Gründe (links) und Zeitraum (rechts) der Nachserienversorgung, eig. Darst.

Der Ersatzteilbedarf wird nach LOUKMIDIS & LUCZAK durch primärproduktbezogene, ersatzteilbezogene, instandhaltungsbezogene sowie marktbezogene und exogene Faktoren beeinflusst, siehe Abb. 8 [LOU06, S. 255].

[13] Die Erhebung wurde mittels eines Online-Fragebogens durchgeführt, den 40 produzierende Unternehmen beantwortet haben. Die 40 Unternehmen gliedern sich nach Unternehmensgröße in 29 Großunternehmen, sieben mittlere Unternehmen, drei kleine Unternehmen sowie ein Kleinstunternehmen und werden der Automobilindustrie (60 %), dem Maschinenbau (30 %), der Elektroindustrie (15 %) sowie weiteren Branchen zugerechnet [EUR03, S. 39].

Kategorien und Einflussfaktoren des Ersatzteilbedarfs

Primärproduktbezogene Einflussfaktoren

- Bestand der Primärprodukte im Einsatz
- Altersstruktur des Primärproduktbestands
- Nutzungsintensität der Primärprodukte
- Einsatzbedingungen der Primärprodukte
- Verschleißverhalten der in den Primärprodukten verwendeten Bauteile
- Bestandsentwicklung der Primärprodukte

Ersatzteilbezogene Einflussfaktoren

- Vergangenheitsnachfrage nach Ersatzteilen
- Lebensdauer der Ersatzteile
- Einsatzbedingungen der Ersatzteile
- Nutzungsintensität der Ersatzteile
- Verschleißverhalten der Ersatzteile

Ersatzteil-bedarf

Instandhaltungsbezogene Einflussfaktoren

- Instandhaltungsstrategie
- Instandhaltungsarten nach DIN EN 13306
- Grundmaßnahmen der Instandhaltung nach DIN 31051:
  - Wartung
  - Inspektion
  - Instandsetzung
  - Verbesserung

Marktbezogene und exogene Einflussfaktoren

- Angebotsverzicht von Ersatzteilen durch Austausch der Primärprodukte
- Einführung neuer Technologien
- Gesetzliche oder vertragliche Verpflichtungen
- Sonstige exogene Einflussfaktoren (wirtschaftlich, politisch, sozial)

Abb. 8: Einflussfaktoren auf den Ersatzteilbedarf, eig. Darst. i. A. a. [DOM20, S. 47; GÜR86, S. 24; HER10, S. 366; LOU06, S. 255-257; MEI94, S. 101; PAW16, S. 292; PFO91, S. 1038; PFO18, S. 240-241]

Aufgrund der derivativen Nachfrage ist der Ersatzteilbedarf u. a. abhängig von der am Markt befindlichen Anzahl an Primärprodukten, deren Bestandsentwicklung sowie deren Ausfallverhalten in Abhängigkeit von Altersstruktur, Nutzungsintensität, Einsatzbedingungen und Verschleißverhalten [DOM20, S. 47; LOU06, S. 255-256; MEI94, S. 101-103; PFO18, S. 241]. Analog dazu sind die Lebensdauer und das Ausfallverhalten der Ersatzteile selbst relevant für den Ersatzteilbedarf [LOU06, S. 256]. Zudem werden Vergangenheitsdaten bzgl. der Ersatzteilnachfrage zur Ermittlung des Ersatzteilbedarfs genutzt [DOM20, S. 47]. Basierend auf den Grundmaßnahmen der Instandhaltung nach DIN 31051 (Wartung, Inspektion, Instandsetzung und Verbesserung) beeinflusst die vom Betreiber der Primärprodukte angewandte Instandhaltungsart nach DIN EN 13306 sowie die gewählte Instandhaltungsstrategie[14] ebenfalls den Ersatzteilbedarf. Dies betrifft insbesondere die Determinierung des Bedarfszeitpunkts und der Bedarfsmenge [DIN18a, S. 62; DIN19b, S. 12; SCH13b, S. 183-184]. So führt bspw. der Zufallscharakter der Ausfälle bei der korrektiven Instandhaltung zu einer sporadischen Nachfrage (»stochastischer Charakter des Ersatzteilbedarfs«) [DIN18a, S. 38; GÜR86, S. 146; LOU06, S. 256]. Auch marktbezogene

[14] Die Instandhaltungsstrategie umfasst »Regeln zur Durchführung von Instandhaltungsmaßnahmen bezüglich der zeitlichen Folge, dem Typ des Fertigungssystems oder der Intensität« [SCH13b, S. 183].

Faktoren wie die Einführung neuer Technologien, die möglicherweise zu einer funktionalen Obsoleszenz[15] des Primärprodukts führen, beeinflussen den Ersatzteilbedarf [BER14, S. 1; PRA16, S. 64]. Außerdem wirken exogene Faktoren (»Störungen«) wirtschaftlicher, politischer sowie sozialer Art auf den Ersatzteilbedarf [MEI94, S. 103].

2.1.3 Lebenszyklusorientiertes Ersatzteilmanagement

Das Ersatzteilmanagement stellt nach BOTHE »das umfassende Management aller mit der Ersatzteilversorgung im Zusammenhang stehenden Aufgaben« dar, wozu »alle Fragestellungen im Bereich der Ersatzteillogistik[16] und demnach der Ersatzteilversorgung[17]« gezählt werden [BOT03, S. 27; DOM20, S. 48]. Dies umfasst die Bereiche Ersatzteilproduktion, -beschaffung, -qualität und -vertrieb sowie übergeordnete Aufgabenstellungen, wie die »Durchsetzung von Anforderungen in der Produktentwicklung« [BOT03, S. 27; DOM20, S. 48; DOM07, S. 567].

Aufgrund des langfristigen Planungshorizonts und damit verbundenen hohen Unsicherheiten sowie komplexen wirtschaftlichen und technologischen Zusammenhänge in der Ersatzteilversorgung, gilt es, alle Phasen des Produktlebenszyklus zu berücksichtigen [DOM05a, S. 125; KLU18, S. 498]. Dazu dient das von DOMBROWSKI ET AL. entwickelte »Modell des lebenszyklusorientierten Ersatzteilmanagements«, siehe Abb. 9. Darin sind die Phasen des Produktlebenszyklus von der Produktentwicklung über Serien- und Nachserienversorgung bis hin zum Auslauf und die parallel dazu ablaufenden Prozesse des Ersatzteilmanagements dargestellt.

Die Prozesse lassen sich in drei Gruppen einteilen [DOM05a, S. 126; DOM20, S. 61]:

- **Prozesse der Zukunftsgestaltung**: Umfassen die ersatzteilversorgungsgerechte Produktentwicklung und das Änderungsmanagement in der Serienfertigung, womit sie die Rahmenbedingungen der späteren Ersatzteilversorgung beeinflussen.
- **Prozesse der Vergangenheitsbewältigung**: Umfassen Planung und Steuerung der Nachserienversorgung sowie Rückkauf[18] der Komponenten bzw. Ersatzteile, um ein wirtschaftliches Optimum bei gegebenen Bedingungen zu erreichen.

---

[15] Obsoleszenz bezeichnet »die Alterung (natürlich oder künstlich) eines Produktes«, wodurch es »nicht mehr geeignet ist, ein Bedürfnis zu befriedigen« [PRA16, S. 64]. Nach COOPER wird zwischen absoluter (das Produkt ist nicht mehr funktionsfähig) und relativer (das funktionsfähige Produkt wird aufgrund qualitativer, funktionaler oder ökonomischer Gründe ersetzt) Obsoleszenz differenziert [BAC20, S. 14-15; COO16, S. 15-17; POP19, S. 24].

[16] SCHUPPERT definiert die Aufgabe der Ersatzteillogistik als das »zeitlich, räumlich und mengenmäßig abgestimmte Zusammenführen von Ersatzteilen der benötigten Art mit defekten Primärprodukten sowie das Stellen von Ersatzgeräten« [BOT03, S. 27; SCH94, S. 2].

[17] Die Ersatzteilversorgung ist verantwortlich dafür, dass »alle Aktivitäten im Zusammenhang mit der Versorgung des Kunden mit Ersatzteilen« gemäß den Kundenwünschen durchgeführt werden [BOT03, S. 28; DOM20, S. 48].

[18] Der Rückkauf gebrauchter Primärprodukte dient einerseits zur Beendigung der freiwilligen Ersatzteilversorgung und der sich daraus ergebenden Möglichkeit neue Produkte zu verkaufen und andererseits zur erneuten Verwendung der Komponenten im Rahmen der Nachserienversorgung für andere Produkte [DOM05b, S. 199; DOM20, S. 62].

- **Übergreifende Prozesse**: Umfassen Wissensmanagement, Obsoleszenzmanagement und Life Cycle Costing[19], die die anderen Prozessgruppen beeinflussen.

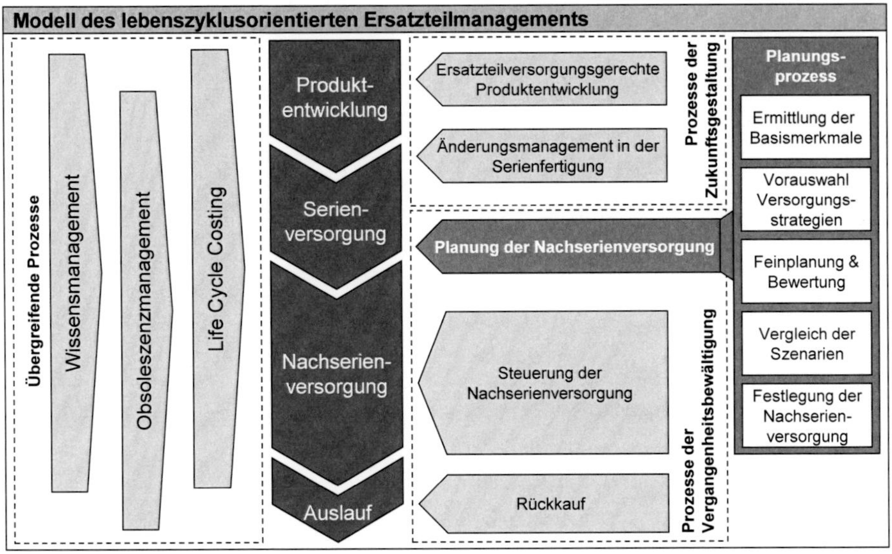

Abb. 9: Modell des lebenszyklusorientierten Ersatzteilmanagements inkl. Phasen des Planungsprozesses der Nachserienversorgung, eig. Darst. i. A. a. [DOM05a, S. 126; DOM05b, S. 199; DOM20, S. 58-62]

Im Fokus der vorliegenden Arbeit stehen die Prozesse der Vergangenheitsbewältigung und insbesondere die Planung der Nachserienversorgung, siehe Abb. 9, als elementarem Baustein zur Sicherstellung der Ersatzteilversorgung [DOM20, S. 61]. Der Planungsprozess umfasst die Ermittlung der Basismerkmale der Primärprodukte und Ersatzteile, die Vorauswahl der Versorgungsstrategien bspw. auf Basis technischer Merkmale, die Feinplanung und Bewertung der Alternativen hinsichtlich der Zielerreichung bspw. mittels Nutzwertanalyse, den Vergleich der Szenarien sowie die Festlegung und Umsetzung der geeignetsten Versorgungsstrategie [DOM05b, S. 198-199; DOM20, S. 57].

In der industriellen Praxis haben sich eine Reihe von Strategien etabliert, um die Nachserienversorgung zu gewährleisten. Diese Strategien werden im folgenden Unterabschnitt beschrieben.

---

[19] Ziel des Life Cycle Costing ist es, »die gesamten Kosten und Erlöse eines Systems und der damit verbundenen Aktivitäten und Prozesse, die über dessen Lebenszyklus entstehen, zu optimieren« [VDI05, S. 4]. Bspw. ist es möglich, höhere Kosten in der Produktentwicklung den potentiellen Einsparungen in der Nachserienversorgung gegenüberzustellen.

2.1.4 Strategien der Nachserienversorgung

Die Nachserienversorgung wird durch verschiedene Versorgungsstrategien sichergestellt. Abb. 10 zeigt einen Überblick der in der Literatur gewählten Differenzierungen der Strategien der Nachserienversorgung und deren Bezeichnungen.

Strategien zur Ersatzteilbereitstellung in der Nachserienversorgung

Autor	BOTHE [BOT03]	GRAF [GRA05]	JUNG [JUN17]	KLUG [KLU18]	ROSENTRITT & KNIGGE [ROS10]	SCHRÖTER [SCH06a]	Vorliegende Arbeit
Differenzierung und Bezeichnung der Strategien	Kompatible Teile	Kompatible Teile	Nutzung kompatibler Teile		Nutzung kompatibler Teile	Nutzung kompatibler Teile Redesign	Nutzung kompatibler Teile
	End-bevorratung (Allzeitbedarf)	End-bevorratung	Endbevorraten	Langzeit- und End-bevorratung	Endbevorraten	Abschlusslos	End-bevorratung
	Interne Nachfertigung Externe Nachfertigung	Nachfertigung Ersatzteil-werkstatt	Produzieren Beschaffen	Kontinuierliche Nachserien-fertigung	Produzieren Beschaffen	Nachfertigung Nachfertigung in Ersatzteil-werkstatt	Nachfertigung
	Wiederin-standsetzung (Reparatur) Altteil-Wieder-verwendung	Nutzung gebrauchter Geräte	Instand-setzung Altteilewieder-verwendung	Wieder-aufbereitung von Altteilen Wieder-verwendung von Altteilen	Instand-haltung Altteilewieder-verwertung	Produkt-komponenten-verwendung	Wieder-verwendung von Altteilen

Abb. 10: Versorgungsstrategien zur Ersatzteilbereitstellung, eig. Darst. i. A. a. [BOT03, S. 49; GRA05, S. 29; JUN17, S. 37; KLU18, S. 501-503; ROS10, S. 15; SCH06a, S. 108-112]

Angelehnt an KLEYLEIN-FEUERSTEIN wird in der vorliegenden Arbeit differenziert zwischen vier Versorgungsstrategien zur Ersatzteilbereitstellung [KLE19, S. 57]: Nutzung kompatibler Teile, Endbevorratung, Nachfertigung und Wiederverwendung von Altteilen.

Im Folgenden werden die Versorgungsstrategien allgemeingültig beschrieben.

Nutzung kompatibler Teile

In dieser Versorgungsstrategie wird der Ersatzteilbedarf durch kompatible Teile gedeckt, weshalb die zur Serienproduktion eingesetzten Fertigungseinrichtungen ggf. ausgemustert werden können [BOT03, S. 49]. Für den Einsatz muss ein Ersatzteil demnach u. a. funktional, montagetechnisch sowie signaltechnisch verträglich und kompatibel zum Primärprodukt sein [BRA09, S. 21; TRA00, S. 39]. Durch eine Modifikation der Ersatzteile ist es möglich, diese Kompatibilität auch nachträglich zu erzeugen [BOT03, S. 53; HER10, S. 367]. Die Nutzung kompatibler Teile erfolgt auf folgende Arten [BOT03, S. 50; ROS10, S. 27]:

- Produktion »abwärtskompatibler« Komponenten in der laufenden Serienproduktion.
- Neuentwicklung einer »universellen« Komponente, die nicht in der laufenden Serienproduktion hergestellt und als Ersatzteil für mehrere Primärprodukte eingesetzt wird.
- Neuentwicklung einer Komponente, die nicht in der laufenden Serienproduktion hergestellt wird und nur zu einem Primärprodukt kompatibel ist (»Redesign«).

Voraussetzung ist die technische Umsetzbarkeit der Kompatibilität zwischen den Produkten bspw. durch einen modularen Aufbau, der bereits in der Produktentwicklung zu berücksichtigen ist [BOT03, S. 50-52; HER10, S. 367]. Dies ist möglicherweise ein Innovationshemmnis und erfordert eine langfristige Wirtschaftlichkeitsbetrachtung [BRA09, S. xiii; FIN10, S. 18]. Zudem müssen Informationen zur Kompatibilität der Ersatzteile und Primärprodukte verwaltet werden [BOT03, S. 52]. Der Komplexität – bedingt durch Restriktionen in der Produktentwicklung und erhöhten Kosten – steht die bedarfsgerechte Fertigung ohne komplexe Bedarfsprognose und Langzeitlagerung entgegen [BOT03, S. 49-52; DOM20, S. 51-52]. SCHRÖTER betrachtet das Redesign als eigene Versorgungsstrategie [SCH06a, S. 112]. Dieser Auffassung wird nicht gefolgt, sondern das Redesign der Nutzung kompatibler Teile zugeordnet (vgl. [BOT03, S. 50; GRA05, S. 30; JUN17, S. 38; ROS10, S. 27]).

Endbevorratung

Im Rahmen der Endbevorratung werden Ersatzteile für den gesamten Versorgungszeitraum vorproduziert und eingelagert (engl. make to stock) [BOT03, S. 54]. Die Produktion erfolgt in der Regel am Ende der Serienproduktion als abschließendes Produktionslos (»Abschlusslos«) [HER10, S. 366; SCH06a, S. 108]. Die abschließende Herstellung ist kostengünstig und die Fertigungseinrichtungen können anschließend ggf. ausgemustert werden [BOT03, S. 55; DOM20, S. 51; HER10, S. 366-367]. Insbesondere bei komplexen und aufwendig herzustellenden Ersatzteilen ist diese Versorgungsstrategie von großer Bedeutung [BOT03, S. 54].

Eine weitere Grundlage stellt die Prognostizierbarkeit des Ersatzteilbedarfs dar, um die Gefahr einer möglichen Über- oder Unterdeckung von Ersatzteilen im Versorgungszeitraum und damit verbundene Kosten für nicht benötigte Ersatzteile oder teure Sonderproduktionen zu vermeiden [BOT03, S. 54; DRE81, S. 4; PFO89, S. 18]. Die Bedarfsermittlung und Langzeitprognose am Ende der Serienproduktion stellt eine Herausforderung dar. Ursache sind u. a. der lange Versorgungszeitraum und die teilweise nur eingeschränkt verfügbaren Vergangenheitsinformationen bspw. zum Verbrauchsverlauf sowie den Ausfallwahrscheinlichkeiten und -ursachen [LOU06, S. 264; REC06, S. 272-276]. Nachteile sind u. a. die fehlende Flexibilität auf sich ändernde Ersatzteilbedarfe zu reagieren, das in den Ersatzteilen gebundene Kapital sowie die Kosten der Lagerhaltung [BOT03, S. 54-56; DOM20, S. 51-52].

Nachfertigung

Die Nachfertigung stellt eine Strategie dar, mit der auf Bedarfsschwankungen reagiert und die Lagerhaltungskosten im Vergleich zur Endbevorratung reduziert werden [BOT03, S. 57; SCH06a, S. 111]. Die Nachfertigung erfolgt periodisch bzw. bedarfsorientiert (»kontinuierliche Nachserienfertigung«), wodurch die langfristige Bedarfsprognose an Relevanz verliert [BOT03, S. 58; KLU18, S. 501]. Stattdessen müssen jedoch die entsprechenden Fertigungseinrichtungen und Werkzeuge sowie das erforderliche Know-how vorgehalten werden [BOT03, S. 58]. Durch die im Vergleich zur Serienproduktion geringere Produktionsmenge der Ersatzteilproduktion sinken die Losgrößen, was in der Regel zu einem Anstieg der Rüst- und Stückkosten führt [KLU18, S. 501; KNI09, S. 1148]. Der im Zeitverlauf sinkende Ersatzteilbedarf verstärkt diesen Effekt und erfordert Anpassungen bspw. hinsichtlich Losgrößen und Beständen [KLU18, S. 501; MAR88, S. 23; SCH06a, S. 111].

Sowohl GRAF als auch SCHRÖTER unterscheiden bei der Nachfertigung, ob die Produktion der Ersatzteile auf Maschinen und Anlagen der Serienproduktion erfolgt (»Nachfertigung«) oder in einer gesonderten Produktionsabteilung (»Ersatzteilwerkstatt«) [BOT03, S. 57; GRA05, S. 29-30; HER10, S. 367; SCH06a, S. 111-112]. Diese Differenzierung ist u. a. abhängig vom jeweiligen Anwendungsfall, Ersatzteilbedarf und den entstehenden Kosten [BOT03, S. 57; MEI94, S. 65]. In der vorliegenden Arbeit werden die beiden Strategien zusammengefasst.

Die Nachfertigung wird von BOTHE sowie ROSENTRITT & KNIGGE dahingehend untergliedert, ob diese intern (»Produzieren«) oder extern (»Beschaffen«) erfolgt [BOT03, S. 57-60; ROS10, S. 15-22]. Die Abwägung zwischen Eigenfertigung und Fremdbezug (engl. make-or-buy) stellt ein eigenes komplexes und strategisches Entscheidungsproblem dar [GAS13, S. 2; IRL11, S. 1-2; IVA21, S. 117-119].

Wiederverwendung von Altteilen

Eine weitere Versorgungsstrategie ist die Wiederverwendung gebrauchter Produkte oder Komponenten (»Altteile«) für den ursprünglichen Verwendungszweck [DIN20, S. 7; GRA05, S. 30; VDI02, S. 35]. Voraussetzung sind u. a. Verfügbarkeit und Zugriff auf Altteile sowie ein geeignetes Rückführsystem als Aufgabe der Rückführlogistik[20] (engl. reverse logistics), um durch Sammlung, Sortierung und Transport eine geordnete Produktrücknahme sicherzustellen [ARN08, S. 514; BOT03, S. 58]. Da der Zeitpunkt der Rücknahme sowie Menge und Zustand der Altteile in der Regel nur eingeschränkt prognostizierbar sind, stellt die Unsicherheit hinsichtlich der Anzahl wiederverwendbarer Komponenten eine zentrale Herausforderung dar [SCH06a, S. 113; THI95, S. 116; WEI15, S. 2]. Innerhalb der Versorgungsstrategie werden verschiedene Aufarbeitungsprozesse oder Verfahren zur Vorbereitung der Wiederverwendung differenziert [DEU12, S. 216; VDI02, S. 35]:[21]

- **Wiederverwendung als Gebrauchtteil (engl. reuse)**: Prozess, bei dem ein Produkt in seiner ursprünglichen Gestalt und Funktion zum Ende seiner Lebenszeit wieder zum gleichen Zweck in Betrieb genommen wird [BSI09, S. 5; NAS18, S. 41-42]. Es sind keine Änderungen oder Anpassungen am Produkt erforderlich [ALL14, S. 2].[22]
- **Instandsetzung (engl. repair)**: Handwerklicher Prozess, bei dem Korrekturen an einem defekten Produkt vorgenommen werden, indem defekte Bauteile bzw. Komponenten eines Produkts instandgesetzt oder ausgetauscht werden und das Produkt in einen funktionsfähigen Zustand gebracht wird [BSI09, S. 5; DIN19b, S. 6; NAS18, S. 42-43; STE99, S. 28].
- **Refabrikation (engl. remanufacturing)**: Industrieller und in der Regel kundenanonymer Prozess, der durch standardisierte Prozessschritte[23] die ursprüngliche Funktion eines Altteils wiederherstellt und ggf. Anpassungen hinsichtlich des technischen Fortschritts (»Upgrade«)[24] vornimmt [STE99, S. 28; THI95, S. 119]. Die Refabrikation ermöglicht einen neuen Nutzungszyklus der Altteile. Die Leistung und Garantie sind gleich- oder höherwertig zu einer äquivalenten Neufertigung. [BSI09, S. 4; DIN23, S. 10-14; NAS18, S. 46-48; STE99, S. 28].

---

[20] Die Rücknahme von Produkten nach deren Gebrauch wird u. a. als »Redistribution«, »Redistributionslogistik«, »Rücklauflogistik«, »Rückführungslogistik« oder »Retrodistributionslogistik« bezeichnet [ARN08, S. 514].

[21] Eine ausführliche Übersicht zeigen u. a. [APR12, S. 4-9; BRÄ19, S. 25-26; BSI09, S. 8; POT17, S. 15; REI18, S. 258].

[22] Wird das Produkt zu einem anderen Zweck in Betrieb genommen stellt dies eine Weiterverwendung (engl. repurpose) dar [VDI02, S. 35]. Die Entnahme einzelner Komponenten unter Aufgabe der Funktionsfähigkeit des Produkts wird »Kannibalisierung« genannt [BRÄ19, S. 26; THI95, S. 119].

[23] Die Prozessschritte der Refabrikation umfassen nach STEINHILPER die Demontage des Produkts, die Reinigung der Bauteile, die Prüfung und Sortierung der Bauteile, die Aufarbeitung der Bauteile bzw. den Ersatz durch Neuteile und die Wiedermontage des Produkts [STE99, S. 40]. FREIBERGER stellt für mechatronische Systeme die Eingangsfunktionsprüfung und -diagnose als zusätzlichen Prozessschritt voran [FRE07, S. 59-60].

[24] Nach DIN EN 45554 stellt ein Upgrade einen Prozess zur »Steigerung der Funktionalität, Leistung, Kapazität oder Ästhetik eines Produkts« dar, der Software, Firmware und/oder Hardware umfasst [DIN20, S. 7].

Zusammenfassung und Einschränkung

Abb. 11 zeigt die Kostenvergleichsmatrix der Versorgungsstrategien, mit der die treibenden Kostenarten einer Versorgungsstrategie identifiziert und die Ausprägung der Kostenarten unterschiedlicher Versorgungsstrategien gegenübergestellt werden [DOM05b, S. 199-200]. Die Versorgungsstrategie ist unternehmens- bzw. produktspezifisch auszuwählen, wobei eine Differenzierung bspw. nach Ersatzteilgruppe möglich ist [DOM08, S. 449; ROS10, S. 40]. Eine Kombination der Versorgungsstrategien wird in der vorliegenden Arbeit nicht vorgenommen [BOT03, S. 65-71; ROS10, S. 40].

Kosten*
○ Keine
◔ Geringe
◑ Mittlere
◕ Hohe
● Sehr hohe

Versorgungsstrategien	Verbreitung [%]		Kostenarten						
	[FIN10, S. 111] (n=64; a=208)	Eigene Erhebung, 2023 (n=40, a=68)	Allgemeine Planungskosten (inkl. Prognosekosten)	Herstellkosten der Nachserienversorgung	Entwicklungskosten	Lagerhaltungs- und Lagerabweichungs-kosten	Rückführungskosten	Sonderprüfkosten	Reparatur- oder Aufarbeitungskosten
Nutzung kompatibler Teile	16 %	18 %	◔	◑	●	○	○	○	○
Endbevorratung	17 %	22 %	●	◑	◔	●	○	◑	○
Nachfertigung	45 %	43 %	◑	◕	◑	◔	○	○	◕
Wiederverwendung von Altteilen	22 %	17 %	◑	○	◑	◑	◕	○	◕

*Allgemeingültige Darstellung. Abweichungen davon sind in der industriellen Praxis möglich.

Abb. 11: Kostenvergleichsmatrix der Versorgungsstrategien, eig. Darst. i. A. a. [DOM05b, S. 199]

Die Wiederverwendung von Altteilen ist aus technischen und ökonomischen Gründen nur eingeschränkt anwendbar und benötigt bspw. im Rahmen der Instandsetzung oder Refabrikation selbst Ersatzteile, um die ursprüngliche Funktion des Produkts herzustellen [DOM08, S. 449; SHU99, S. 179-180; STE99, S. 40]. Auch die Nutzung kompatibler Teile ist insbesondere durch unternehmensinterne und -externe Einflüsse (»Wandlungstreiber«) wie z. B. kürzere Produktlebenszyklen, steigende Variantenvielfalt und Innovationsgeschwindigkeit sowie sinkende Losgrößen oftmals nicht umsetzbar [BAU20, S. 23; ECK14, S. 3-10; FEC20, S. 13; GRU15, S. 13; HEI08, S. 21; NOF05a, S. 9; SCH20, S. 14-16]. Diesen Einschränkungen unterliegen die Endbevorratung und die Nachfertigung, die laut einer durchgeführten Erhebung von circa 60 % der befragten Unternehmen eingesetzt werden, nicht. Die Nutzung kompatibler Teile und die Wiederverwendung von Altteilen werden daher im Folgenden nicht betrachtet. Stattdessen wird der Einsatz additiver Fertigungsverfahren als Form der Nachfertigung untersucht und deren Einfluss auf die Bereitstellung von Ersatzteilen analysiert.

2.1.5 Ersatzteil-Supply-Chain

Die Bereitstellung von Ersatzteilen besitzt »Dualitätscharakter«, da sie sich aus der Perspektive des Herstellers (»Anbieterperspektive«) und des Verwenders (»Abnehmerperspektive«) zusammensetzt [PFO89, S. 7; WEC17, S. 10]. Die Ersatzteillogistik des Herstellers hat die »anforderungsgerechte Ersatzteilversorgung der Kunden« zur Aufgabe [COR17, S. 18; PFO18, S. 235]. Dazu zählen Forschung und Entwicklung, Produktion sowie Absatz bzw. Distribution der Ersatzteile [COR17, S. 18; PFO89, S. 8]. Als Hersteller gelten Unternehmen, die Ersatzteile als Primärprodukte herstellen und Unternehmen, die Ersatzteile für ihre Primärprodukte fertigen [PFO89, S. 7]. Beim Verwender erstrecken sich die Aufgaben der Ersatzteillogistik von der Beschaffung über Lagerhaltung bis zum Einsatz der Ersatzteile in der Instandhaltung und decken sich somit weitgehend mit den Aufgaben der Beschaffungslogistik [COR17, S. 18; PFO18, S. 235-237]. Verwender der Ersatzteile sind private Endverbraucher sowie Unternehmen, die Ersatzteile für die Instandhaltung der Primärprodukte einsetzen [PFO89, S. 7]. Anbieter bzw. Abnehmer von Ersatzteilen müssen nicht zwingend Hersteller bzw. Verwender (im Sinne des »Endabnehmers«) sein, sondern sind bspw. in die Distribution der Ersatzteile eingebunden [PFO89, S. 7]. Dadurch ergibt sich eine standort- und unternehmensübergreifende Zusammenarbeit in Form einer Lieferkette (engl. supply chain) für Ersatzteile, deren Planung, Steuerung und Kontrolle die Aufgabe des Ersatzteilmanagements als Teilgebiet des Supply Chain Managements darstellt [COR17, S. 16; STR12b, S. 576].

Die Supply Chain wird i. e. S. als Liefer- oder Versorgungskette bzw. Wertschöpfungskette[25] aufgefasst [BUS04, S. 4; WAN05, S. 1; WER20, S. 5]. Durch die Interaktion der Akteure entspricht die Supply Chain jedoch vielmehr einem »Wertschöpfungsnetzwerk« (engl. supply network oder supply chain network) bzw. Wertschöpfungssystem mit Netzwerkstruktur [BUS04, S. 4; SCH06c, S. 28; SUC04, S. 18; VAH03, S. 2]. DOBHAN definiert die Supply Chain daher als »Netzwerk aus Ressourcen, die auf mehrere Standorte verteilt sind und zur Durchführung von Wertschöpfungsprozessen dienen sowie aus horizontalen und vertikalen Beziehungen[26], die aus rechtlichen Verbindungen oder Informations-, Güter- und Zahlungsflüssen zwischen den Standorten bestehen können« [DOB12, S. 20; SUC04, S. 18; WEB06, S. 4].[27]

[25] Grundlage ist die Wertkette (engl. value chain) nach PORTER, die alle Wertschöpfungsaktivitäten eines Unternehmens umfasst, die direkt (»Primäraktivitäten«) oder indirekt (»unterstützende Aktivitäten«) zur Wertschöpfung beitragen und diese nach der operativen Durchführung anordnet [GRO12, S. 11-14; POR98, S. 36-39; WER20, S. 5].

[26] Vertikale Beziehungen bzw. Kooperationen bestehen zwischen Akteuren vor- und nachgelagerten Wertschöpfungsstufen, horizontale Beziehungen zwischen Akteuren der gleichen Wertschöpfungsstufe [WER20, S. 133-134].

[27] Für einen Überblick weiterer artverwandter Definitionen der Supply Chain siehe u. a. [HUG11, S. 3-4; JAN12, S. 194-197; LEM17, S. 1432-1438; OTT01, S. 159-160; SUC04, S. 7-9; WER20, S. 5-6].

Nach Hugos werden Produktion, Bestände, Standorte, Transport und Information als wesentliche Grundbausteine jeder Supply Chain aufgefasst [HUG11, S. 5-6]. In der Ersatzteilversorgung wird dieses Netzwerk u. a. gebildet aus dem Ersatzteilhersteller, dessen Lieferanten und Kunden sowie Distributoren und Dienstleistern bspw. für Logistik- oder Instandhaltungsaufgaben [COR17, S. 16; DRI14, S. 411-412]. Abb. 12 zeigt exemplarisch den Aufbau einer Ersatzteil-Supply-Chain mit zugehörigen Informations- und Materialflüssen in Form eines »Knoten-Kanten-Modells«[28] [STR12a, S. 182]. Quellen, Senken und Umschlagspunkte des Materialflusses werden durch Knoten im Netzwerk dargestellt und Kanten zeigen die Verbindungen zwischen den Akteuren bspw. durch Transporte [MUC18, S. 120].

Zur Vernetzung der Supply Chain und einem transparenten Informationsaustausch werden insbesondere Advanced Planning and Scheduling (APS) Systeme genutzt, die u. a. eine integrative und unternehmensübergreifende Planung und Steuerung von Bedarfen und Beständen ermöglichen [KAR06, S. 25-26].[29] Advanced Planning and Scheduling Systeme sind modular aufgebaut und stellen eine Erweiterung der Enterprise Resource Planning (ERP) Systeme dar, die in der Regel auf unternehmensinterne Prozesse ausgerichteten sind [HEL04, S. 99; KAR06, S. 24; WER20, S. 384-385]. Struktur und Leistungsmodule von Advanced Planning and Scheduling Systemen werden bspw. mithilfe der »Supply Chain Planning Matrix« beschrieben, vgl. Anhang A.2.

Durch einen schnellen und reibungslosen Informationsfluss zwischen den Akteuren soll u. a. dem »Peitscheneffekt« (engl. bullwhip effect) entgegengewirkt werden. Dieser Effekt lässt sich auf die Vergrößerung der Auftragsschwankungen (»Nachfragevariabilität«) zurückführen [BEC04, S. 6; IVA19, S. 91]. Demnach führen bereits kleine Schwankungen und Änderungen von Bedarfen und Bestellungen beim Endkunden zu bedeutsamen Auftragsmengen- und Lagerbestandsschwankungen, die sich mit jeder »stromaufwärts« angesiedelten Stufe der Supply Chain weiter verstärken [IVA19, S. 91-92; KAR06, S. 24].[30] Folge sind bspw. höhere Sicherheitsbestände und damit einhergehende Lagerhaltungskosten sowie Überproduktion bei Lieferanten und Herstellern [IVA19, S. 93].

[28] In der Literatur wird das Knoten-Kanten-Modell u. a. auch als »Leitungsnetz« bezeichnet [ARN08, S. 5].

[29] Nach Werner stellen Kundenorientierung, Realitätsnähe, Simultaneität, Geschwindigkeit und Flexibilität, Integration sowie Simulation die wesentlichen Merkmale eines APS-Systems dar [WER20, S. 387].

[30] Eine Übersicht verhaltensbedingter und operativer Ursachen des Peitscheneffekts zeigen Ivanov et al. [IVA19, S. 92].

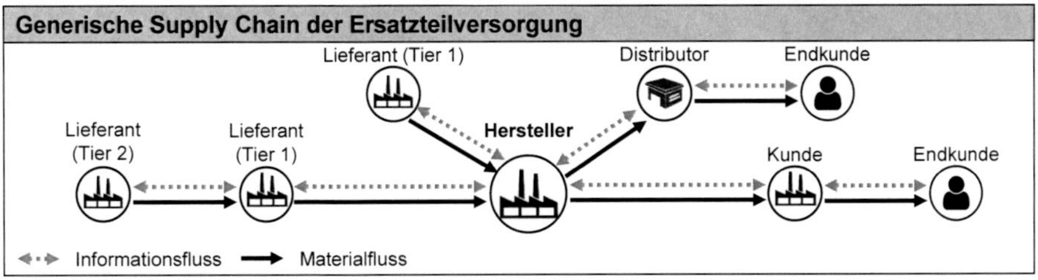

Abb. 12: Exemplarische Darstellung einer Ersatzteil-Supply-Chain mit dessen Akteuren und Informations- und Materialflüssen als »Knoten-Kanten-Modell«, eig. Darst. i. A. a. [SCH13a, S. 12]

Der Netzwerkgedanke führt u. a. zu einer Erweiterung der Aufgaben der Produktionsplanung und -steuerung (PPS) [KAM11, S. 180; SCH98, S. 16].[31] Die PPS nimmt damit nicht nur eine innerbetriebliche Perspektive ein, sondern hat zunehmend die überbetriebliche (»netzwerkweite«) Ressourcenplanung zum Gegenstand [SCH06b, S. 3-6]. Dies zeigt sich auch in der Erweiterung des »Aachener PPS-Modells«, das statt der sukzessiven Aufgabenabarbeitung eine vernetzte bzw. modulare Aufgabenstruktur aufweist [WIE96, S. 14-10; WIE10, S. 260]. Das Aachener PPS-Modell ist ein Referenzmodell zur Analyse, Bewertung und Konzeption der PPS und umfasst vier Referenzsichten: Aufgaben-, Prozessarchitektur, Funktions- und Prozesssicht [KAM11, S. 180; SCH06b, S. 18].

Die Aufgabensicht spezifiziert die Aufgaben der PPS sowohl auf überbetrieblicher (»Netzwerkaufgaben«) als auch innerbetrieblicher Ebene (»Kernaufgaben«) und umfasst zudem Querschnittsaufgaben, die der Integration und Optimierung der Netzwerk- und Kernaufgaben dienen, sowie die Datenverwaltung [SCH06b, S. 28-29]. Netzwerkaufgaben stellen alle im Kontext des Netzwerks angesiedelten planenden Aufgaben dar, bei denen eine Abstimmung zwischen den beteiligten Akteuren bzw. eine Koordination durch eine zentrale Planungsinstanz notwendig ist [SCH06b, S. 29]. Die Kernaufgaben definieren die PPS aus Sicht des Einzelunternehmens und umfassen dabei sämtliche Aufgaben des Produkterstellungsprozesses [KAM11, S. 182; SCH06b, S. 20]. Die Datenverwaltung stellt eine übergreifende Aufgabe dar und dient der Speicherung und Pflege von Daten [SCH98, S. 17].

[31] Aufgabe der PPS ist es »das laufende Produktionsprogramm in regelmäßigen Abständen nach Art und Menge für mehrere Planungsperioden im voraus zu planen und unter Beachtung gegebener oder bereitzustellender Kapazitäten zu realisieren« [WIE96, S. 14-1; WIE10, S. 251-252]. Dazu koordiniert die PPS die Herstellung von Produkten hinsichtlich Mengen, Terminen, Ressourcen und Einsatzfaktoren sowie Kosten [GIE07, S. 551].

Die Prozessarchitektursicht beschreibt die Verteilung und Koordination der einzelnen Prozesse auf Netzwerkebene. Die Funktionssicht beschreibt die Anforderungen an Informationssysteme und dient zur Auswahl geeigneter Informationssysteme zur Unterstützung der PPS. Die Prozesssicht dient zur Analyse und Gestaltung der Prozesse. [SCH06b, S. 19-26]

Abb. 13 zeigt die vier Referenzsichten des »Aachener Modells« der Produktionsplanung und -steuerung sowie die Struktur der Aufgabensicht, gegliedert in Netzwerk-, Kern- und Querschnittsaufgaben.

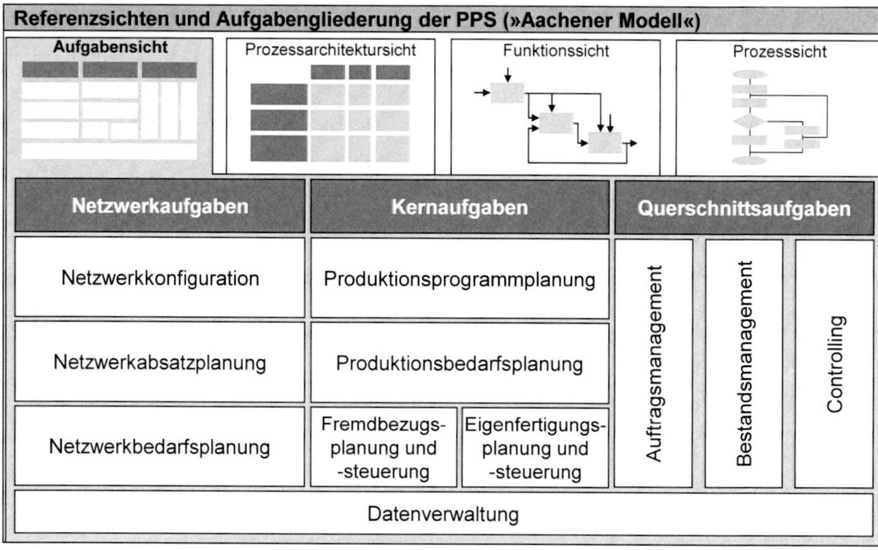

Abb. 13: Referenzsichten im »Aachener Modell« der PPS und Struktur der Aufgabensicht, eig. Darst. i. A. a. [SCH06b, S. 18 u. 21]

Durch die Integration additiver Fertigungsverfahren in die Ersatzteil-Supply-Chain entstehen sowohl kunden- als auch lieferantenseitig neue Potenziale [HOF16, S. 85-86]. Um auf diese Potenziale näher einzugehen, werden im Folgenden zunächst die Grundlagen der additiven Fertigung beschrieben.

2.2 Additive Fertigung

2.2.1 Begriffsbestimmung und Einordnung des Fertigungsverfahrens

Unter additiver Fertigung (engl. additive manufacturing) werden nach VDI-Richtlinie 3405 Fertigungsverfahren zusammengefasst, bei denen ein Werkstück »element- oder schichtweise« aufgebaut wird [VDI14a, S. 3]. Fertigungsverfahren dienen »zur Herstellung von geometrisch bestimmten festen Körpern« und werden nach DIN 8580 in sechs Hauptgruppen eingeteilt [DIN22b, S. 7]. Die Hauptgruppen unterscheiden sich danach, ob sie die Schaffung einer Form, die Änderung der Form oder die Veränderung der Stoffeigenschaften zum Ziel haben [DIN22b, S. 7]. Additive Fertigungsverfahren werden der Gruppe »Urformen durch additive Fertigung« zugeordnet. Merkmal der zugehörigen Hauptgruppe »Urformen« ist die Schaffung einer Form bzw. des Zusammenhalts formloser Stoffe, wie z. B. Flüssigkeiten, Pulver oder Granulat [DIN22b, S. 9]. Additive Fertigungsverfahren grenzen sich hinsichtlich der Entstehung geometrisch bestimmter fester Körper von subtraktiven und formativen Fertigungsverfahren ab [WIR17, S. 14].[32] Subtraktive Verfahren wie Fräsen oder Sägen zeichnen sich durch gezieltes Entfernen des Werkstoffs aus [DIN18b, S. 30; GEB16, S. 1; KLE19, S. 19]. Bei formativen Fertigungsverfahren wie Biegen oder Gießen wird der Ausgangswerkstoff unter Krafteinfluss und ggf. Temperatureinwirkung in eine definierte Form gebracht [DIN18b, S. 30; GEB16, S. 1; SCH21b, S. 86-87]. Additive Fertigungsverfahren basieren auf dem Hinzufügen von Volumenelementen oder dem schichtweisen Auftragen eines Ausgangswerkstoffs bzw. sukzessiver Materialzugabe [DIN18b, S. 30; KLE19, S. 20; KUM18, S. 7; VDI14a, S. 3]. Nach Kumke charakterisieren vier Eigenschaften die additive Fertigung, die gleichermaßen erfüllt sein müssen [KUM18, S. 17]:

- **Additiv**: Bauteile werden element- oder schichtweise durch das Hinzufügen von Material aufgebaut [VDI14a, S. 3; ZÄH18, S. 997].
- **Digital**: Die Herstellung eines dreidimensionalen Bauteils basiert auf digitalen 3D-CAD-Daten ohne zusätzliche Werkzeuge bzw. Vorrichtungen (»werkzeuglose Fertigung«) [KUM18, S. 7; VDI14a, S. 6].
- **Direkt**: Die Herstellung eines Bauteils erfolgt mit Ausnahme einer ggf. notwendigen Nacharbeit auf einer einzigen Maschine [GEB16, S. 3-4; GEB19, S. 16-17].
- **Generisch**: Es sind keine produktspezifischen Modifikationen bzw. Werkzeuge notwendig, um unterschiedliche Bauteile auf einer Maschine herzustellen [FEL16, S. 9; GEB16, S. 352].

Die Eigenschaften der additiven Fertigung begründen deren Potenziale.

[32] Subtraktive und formative Fertigungsverfahren werden in der Literatur oft als »konventionelle« Fertigungsverfahren (engl. conventional manufacturing) zusammengefasst (siehe u. a. [GEB16, S. 1; WIR17, S. 14]).

2.2.2 Potenziale und Hemmnisse der additiven Fertigung

Abb. 14 zeigt die Eigenschaften der additiven Fertigung, die nach BALDINGER ET AL. die Grundlage für deren Potenziale und den daraus abgeleiteten »Nutzenversprechen« darstellen [BAL13, S. 11-13; KUM18, S. 17-18].

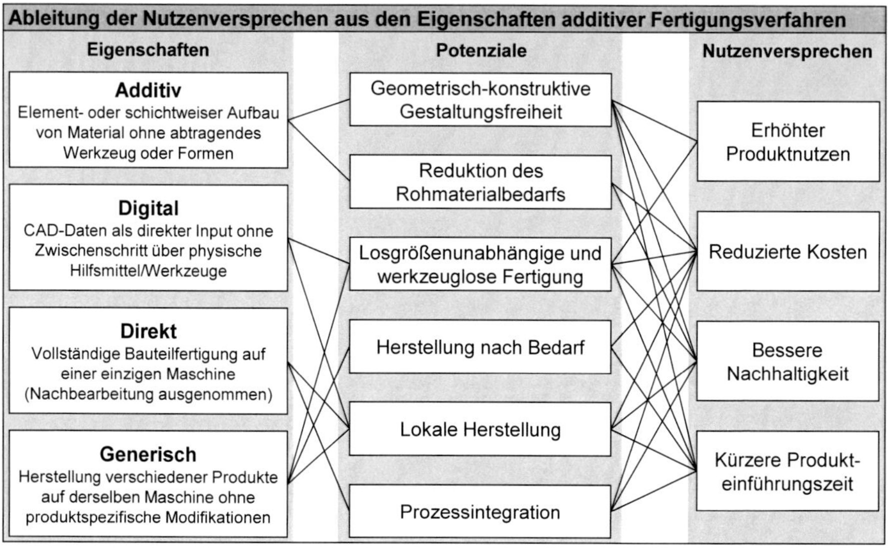

Abb. 14: Eigenschaften und Potenziale der additiven Fertigung, eig. Darst. i. A. a. [BAL13, S. 13; GEB19, S. 5; KUM18, S. 18]

Zu den Potenzialen der additiven Fertigung zählen:

- **Geometrisch-konstruktive Gestaltungsfreiheit (»complexity for free«)**: Durch die additive Fertigung ist es möglich, komplexe geometrische Bauteilstrukturen zu fertigen, die mit anderen Fertigungsverfahren nicht bzw. nur unter hohem Aufwand realisierbar sind [CAV17, S. 35; FEL19, S. 17; GEB16, S. 462-463; LAC20, S. 24].
- **Materialeffizienz (»buy to fly ratio«)**: Material wird nur dort hinzugefügt, wo es als Bauteilgeometrie oder Stützstruktur benötigt wird, wobei überschüssiges Material zum Teil erneut verwendet wird [BAN20, S. 12; DIR20, S. 2149]. Bspw. werden bei Metallpulvern bis zu 98 % wiederverwendet [FOR16a, S. 1575].
- **Losgrößenunabhängige und werkzeuglose Fertigung**: Es werden keine produktspezifischen Werkzeuge, Hilfsmittel oder Vorrichtungen benötigt, weshalb die Kosten eines Bauteils nahezu losgrößenunabhängig sind und somit insbesondere Einzelanfertigungen (»Losgröße 1«) oder Kleinserien wirtschaftlich realisierbar sind [BAN20, S. 12; CAV17, S. 35; GEB19, S. 16; LAC20, S. 24].

- **Bedarfsgerechte Produktion (»on demand production«)**: Aufgrund des Entfalls produktbezogener Produktionsvorbereitungen bzw. Rüstzeiten ist eine am Kundenbedarf ausgerichtete Produktion zum Bedarfszeitpunkt möglich [BAL13, S. 13; DIR20, S. 2149; KUM18, S. 19; MÖL21, S. 222].
- **Lokale Produktion (»on location production«)**: Durch die direkte Herstellung eines Produkts auf einer Maschine auf Basis von 3D-CAD-Daten ist eine lokale, dezentrale Produktion möglich [CAV17, S. 36; LAC20, S. 25; LEU16, S. 47-48].
- **Prozessintegration (»one shot«)**: Produktionsprozessketten können durch die additive Fertigung verkürzt werden, indem einzelne Prozessschritte in den additiven Fertigungsprozess integriert werden [BAL13, S. 13; GEB19, S. 16; KUM18, S. 19].

Die Potenziale selbst stellen keinen unmittelbaren Nutzen für das produzierende Unternehmen oder dessen Kunden dar [KUM18, S. 18]. Aus der Umsetzung der Potenziale können jedoch Nutzenversprechen (engl. value propositions) erwachsen, die einen konkreten Mehrwert bieten [KUM18, S. 20; OST10, S. 23]. Zu den Nutzenversprechen zählen:

- **Zusätzlicher bzw. höherer Produktnutzen**: Insbesondere durch die geometrisch-konstruktive Gestaltungsfreiheit bspw. in Form von Leichtbau, Funktionsintegration oder kundenindividueller bzw. personalisierter Massenfertigung (engl. mass customization) kann ein zusätzlicher bzw. höherer Produktnutzen geschaffen werden [BAN20, S. 20; GEB16, S. 462-470; GEB19, S. 16; LAC20, S. 24-25; LEU16, S. 49-50; PIL06, S. 153].
- **Kostenreduktion**: Der Entfall produktbezogener Rüstkosten und die werkzeuglose Fertigung führen insbesondere bei niedrigen Stückzahlen zu einer Kostenreduktion im Vergleich zu »konventionellen« Fertigungsverfahren. Weitere Ansätze zur Kostenreduktion sind u. a. die Verringerung der Montagekosten durch Bauteilkonsolidierung, die Reduktion der Transport- und Lagerhaltungskosten durch lokale und bedarfsgerechte Produktion sowie ein geringerer Materialverbrauch. [DIR20, S. 2149; KUM18, S. 20; LAC20, S. 24]
- **Nachhaltigkeitsverbesserung**: Der Einsatz additiver Fertigungsverfahren kann sich gleichermaßen positiv auf die drei Dimensionen der Nachhaltigkeit (»ökologisch«, »ökonomisch« und »sozial«) auswirken. Bspw. können der Transportaufwand sowie damit verbundene Emissionen durch eine lokale Produktion reduziert und neue Beschäftigungsverhältnisse vor Ort geschaffen werden. [DIR20, S. 2149; FEL16, S. 9; GIB21, S. 656-657; HUA13, S. 1200-1201; KRO19, S. 11-12; NIA19, S. 381]
- **Kürzere Produkteinführungszeit (»time to market«)**: Der Einsatz additiver Fertigungsverfahren zur Herstellung von Prototypen und Modellen ermöglicht eine Reduktion der Produktentwicklungszeit. Darüber hinaus kann bspw. durch Prozessintegration und lokale, werkzeuglose Herstellung, der Zeitraum von der Idee bis zum fertigen Produkt deutlich verkürzt werden. [BER17, S. 31; CAV17, S. 35; FEL19, S. 17; LAC20, S. 24; LEU16, S. 48-49]

Neben den in Abb. 14 dargestellten Beziehungen zwischen Potenzialen und Nutzenversprechen bestehen weitere Abhängigkeiten innerhalb dieser, auf die im Folgenden jedoch nicht näher eingegangen wird [KUM18, S. 18-22].

Neben den Potenzialen existieren auch Hemmnisse bzw. Restriktionen additiver Fertigungsverfahren. Deren Ausprägung ist verfahrensabhängig und hinsichtlich des technologischen Fortschritts zeitlich veränderlich [KUM18, S. 22]. So wird der Einsatz additiver Fertigungsverfahren zur Herstellung von Bauteilen u. a. durch die begrenzte Auswahl umfassend charakterisierter Werkstoffe eingeschränkt [GIB21, S. 10; KUM18, S. 22]. Zudem wird bei kammergebundenen Fertigungsverfahren die maximale Größe der Bauteile durch die Dimensionen des Bauraums limitiert [FEL19, S. 21; LAC20, S. 25]. Darüber hinaus ist die Genauigkeit und Oberflächengüte bspw. hinsichtlich Maßhaltigkeit, mechanischen Eigenschaften oder Temperaturbeständigkeit häufig geringer als z. B. beim Einsatz subtraktiver Fertigungsverfahren [FEL16, S. 11; GEB16, S. 342; WIR17, S. 58-59]. Daher ist in der Regel eine manuelle Nachbearbeitung der additiv gefertigten Bauteile notwendig [FEL19, S. 21; GIB21, S. 10]. Die geringe Geschwindigkeit des additiven Fertigungsprozesses, die insbesondere von der Schichtdicke und dem damit erreichbaren Detaillierungsgrad des Bauteils abhängt, führt in der Regel zu einer höheren Prozesszeit im Vergleich zu »konventionellen« Fertigungsverfahren [FEL16, S. 11; WIR17, S. 57]. Die notwendigen Investitionen in Maschinen, lange Prozesszeiten sowie manuelle Nachbearbeitung der Bauteile verursachen hohe fixe und variable Kosten [WIR17, S. 59]. Durch die losgrößenunabhängige Fertigung stellt sich im Vergleich zu »konventionellen« Fertigungsverfahren bei steigenden Stückzahlen zwar ein Lerneffekt, aber kaum eine Kostendegression aufgrund von Skaleneffekten (engl. economies of scale) ein [AFS19, S. 587; DYC06, S. 30; GEB16, S. 342].

Daher ist der Einsatz additiver Fertigungsverfahren für den jeweiligen Anwendungsfall zu beurteilen und u. a. geeignete additive Fertigungsverfahren und Materialien auszuwählen [FEL16, S. 27-31; GIB21, S. 429; ILG19, S. 79-83]. Weitere Hemmnisse bestehen bspw. hinsichtlich rechtlicher oder organisatorischer Aspekte, auf die im Rahmen dieser Arbeit nicht näher eingegangen wird [LEU16, S. 56-58].

Der generische Prozessablauf, der additiven Fertigungsverfahren zugrunde liegt, wird im Folgenden näher beschrieben.

2.2.3 Prozessablauf der additiven Fertigung

Additive Fertigungsverfahren setzen sich aus mehreren Prozessschritten zusammen, um aus einem digitalen Objekt ein Bauteil herzustellen, das den anwendungsspezifischen Anforderungen genügt [MÖH18, S. 9]. Abb. 15 zeigt den generischen Prozessablauf der additiven Fertigung.

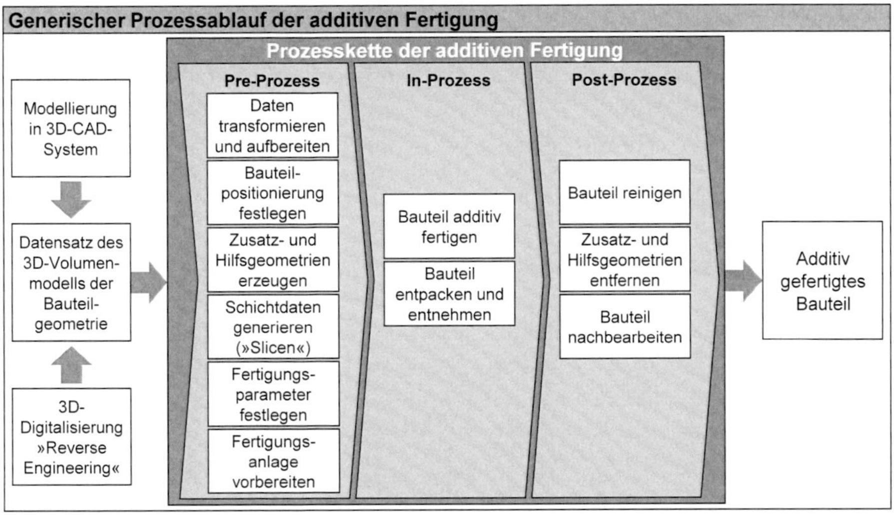

Abb. 15: Generischer Prozessablauf der additiven Fertigung vom Datensatz bis zum additiv gefertigten Bauteil, eig. Darst. i. A. a. [LAC16, S. 9; LAC20, S. 9; VDI14a, S. 6]

Grundlage der additiven Fertigung ist die Verfügbarkeit eines vollständigen 3D-Volumenmodells der Bauteilgeometrie in Form eines digitalen 3D-Datensatzes [DIN16b, S. 7; GEB16, S. 27; LAC16, S. 10]. Das digitale Volumenmodell wird entweder direkt in einem 3D-CAD-System modelliert oder mittels 3D-Datenerfassung bzw. 3D-Digitalisierung eines physischen Objekts einschließlich entsprechender Datenaufbereitung (»Reverse Engineering«) erstellt [DIN16b, S. 7-8; LAC16, S. 10; VDI17, S. 23]. Der 3D-Datensatz ist der Input für die Prozesskette der additiven Fertigung, die sich nach VDI-Richtlinie 3405 in Pre-Prozess, In-Prozess und Post-Prozess unterteilt [LAC16, S. 9; VDI14a, S. 6-7].

Im **Pre-Prozess** sind alle Prozessschritte zusammengefasst, die zur Vorbereitung des additiven Fertigungsprozesses dienen und diesem vorgelagert sind [MÖH18, S. 9; VDI14a, S. 6]. Zunächst wird ein 3D-Volumenmodell in ein für die additive Fertigung kompatibles

Datenformat transformiert [GIB21, S. 5].[33] Als Standardformat hat sich das STL-Format (Standard Triangulation Language, bzw. Surface Tessellation Language) etabliert [DIN16b, S. 9; LAC20, S. 10; SRI20, S. 53].[34]

Nach der Übertragung der STL-Datei auf die additive Fertigungsanlage wird das zu fertigende Bauteil virtuell im Bauraum positioniert und die Bauteilorientierung als wesentlicher Einflussfaktor auf Bauteilqualität, Prozessgüte und Bauzeit festgelegt [GIB21, S. 5; LAC16, S. 10; VDI14a, S. 31; ZEY17, S. 67]. Werden mehrere Bauteile gleichzeitig gefertigt, ist zudem deren Anordnung im Bauraum (»Nesting«) zu spezifizieren und dabei u. a. die Kollisionsfreiheit der Bauteilgeometrien, die Ausnutzung des Bauraums und die Post-Prozessfolge der Bauteile zu berücksichtigen [MÖH18, S. 10; ZEY17, S. 71]. Anschließend werden notwendige Zusatz- und Hilfsgeometrien, wie z. B. zusätzliche Stützkonstruktionen erzeugt, um bspw. bei überhängenden Bauteilbereichen eine mechanische Anbindung sicherzustellen [VDI14a, S. 4; ZEY17, S. 32-33]. Auch für die Regulierung des Wärmetransports oder zum Entgegenwirken von Bauteilverformungen durch Eigenspannungen werden Hilfsgeometrien genutzt [MÖH18, S. 11; VDI14a, S. 4]. Anschließend werden die Schichtdaten generiert (»Slicen«) [ZÄH18, S. 1001]. Dazu wird das Facettenmodell anhand der verfahrensdefinierten Schichtdicke in eine Vielzahl aufeinander aufbauender (virtueller) Schichten »zerschnitten« und die entsprechenden Schichtinformationen zur Erzeugung der einzelnen Konturlinien pro Schicht ermittelt [GEB16, S. 28; LAC20, S. 10; VDI14a, S. 26]. Die Schichtinformationen werden dann in Steuerdaten der Anlage umgewandelt und die verfahrensspezifischen Fertigungsparameter festgelegt [ZÄH18, S. 1001]. Abgeschlossen wird der Pre-Prozess mit der Vorbereitung der additiven Fertigungsanlage für die eigentliche Fertigung des Bauteils. Dies beinhaltet u. a. Prüfung, Reinigung und Kalibrierung der Maschine sowie die Bestückung mit Material, Bauplattform und ggf. Schutzgas [MÖH18, S. 11-12; VDI14a, S. 6].

In-Prozess umfasst zum einen den von der additiven Fertigungsanlage automatisierten schichtweisen Aufbau des Bauteils, wie er bereits im Pre-Prozess festgelegt wird [GIB21, S. 5; LAC20, S. 10-11; VDI14a, S. 6]. Zum anderen werden auch die an der additiven Fertigungsanlage durchgeführten Prozessschritte nach Fertigstellung des Baujobs dem In-Prozess zugeordnet [VDI14a, S. 6]. Dazu zählen bspw. die Entnahme der Bauteile aus dem Bauraum, aber auch eine vorgelagerte Abkühlung der Prozesskammer, falls erforderlich [MÖH18, S. 14; VDI14a, S. 6].

[33] Der 3D-Datensatz wird mittels Polygonisierung bzw. Triangulierung in ein volumenbasiertes Facettenmodell überführt. Plane Facetten oder Polygone beschreiben die Objektoberfläche als Dreiecknetz, wobei die Auflösung (Anzahl und Größe der Facetten) bestimmt, wie genau die tatsächliche Geometrie abgebildet wird [DIN16b, S. 7-8; VDI14a, S. 26].

[34] Weitere häufig verwendete Datenformate nach DIN EN ISO 17296-4 sind: Virtual Reality Modelling Language (VRML), Initial Graphics Exchange Specification (IGES), Verband der Automobilindustrie-Flächenschnittstelle (VDA-FS), Standard for the Exchange of Product Model Data (STEP) sowie Additive Manufacturing File Format (AMF) [DIN16b, S. 9-10].

Abschließend wird im **Post-Prozess** u. a. das Bauteil von überschüssigem Material gereinigt, wobei das Material ggf. aufbereitet und wiederverwendet wird [LAC16, S. 11-12; LAC20, S. 11]. Im nächsten Schritt werden Hilfs- und Zusatzgeometrien, wie z. B. Bauplatte oder Stützstrukturen entfernt [MÖH18, S. 16]. Umfang und Aufwand der Prozessschritte im Post-Prozess sind stark abhängig vom Material und dem genutzten additiven Fertigungsverfahren [LAC20, S. 11]. Je nach Anforderung an das Bauteil ist oftmals eine Nachbehandlung zur Erreichung geforderter optischer, mechanischer oder haptischer Eigenschaften erforderlich [VDI14a, S. 7]. Dies umfasst z. B. die spanende Nachbearbeitung zur Reduktion der Oberflächenrauigkeit, die Grundierung und Lackierung von Bauteilen oder die Wärmebehandlung zur Homogenisierung des Materials und dem Abbau innerer Spannungen [GIB21, S. 6; LAC20, S. 11].

Der konkrete Prozessablauf ist abhängig vom jeweiligen additiven Fertigungsverfahren. Verfahrensbedingt können bspw. Prozessschritte entfallen, modifiziert oder ergänzt werden bzw. sich deren Abfolge im Prozessablauf ändern. Die additiven Fertigungsverfahren und deren übergeordnete Prozesskategorien werden im nächsten Unterabschnitt beschrieben.

2.2.4 Prozesskategorien und additive Fertigungsverfahren

Die Vielzahl unterschiedlicher additiver Fertigungsverfahren, von denen derzeit jedoch nur ein geringer Teil kommerziell etabliert ist, lässt sich nach DIN EN ISO/ASTM 52900 in sieben Prozesskategorien aufteilen [DIN17, S. 8; WOH21, S. 60]. In Abb. 16 werden die einzelnen Prozesskategorien beschrieben und diesen i. A. a. VDI-Richtlinie 3405 ausgewählte, kommerziell etablierte additive Fertigungsverfahren zugeordnet [VDI14a, S. 8].[35]

In Anhang A.3 wird die Eignung der einzelnen additiven Fertigungsverfahren in Abhängigkeit von Produktanforderungen, Werkstoffen und Verfahrensgrenzen aufgezeigt. Weitere Möglichkeiten zur Klassifizierung der additiven Fertigungsverfahren umfassen u. a. den Aggregatszustand sowie die Form des Ausgangswerkstoffs, den Bindungsmechanismus oder die Aktivierungsquelle [DIN16a, S. 8-14; LAC20, S. 12; MÖH18, S. 7-8; SRI20, S. 26].

[35] Eine ausführliche Übersicht weiterer additiver Fertigungsverfahren findet sich u. a. in [JIM19, S. 4; KUM20, S. 11-13].

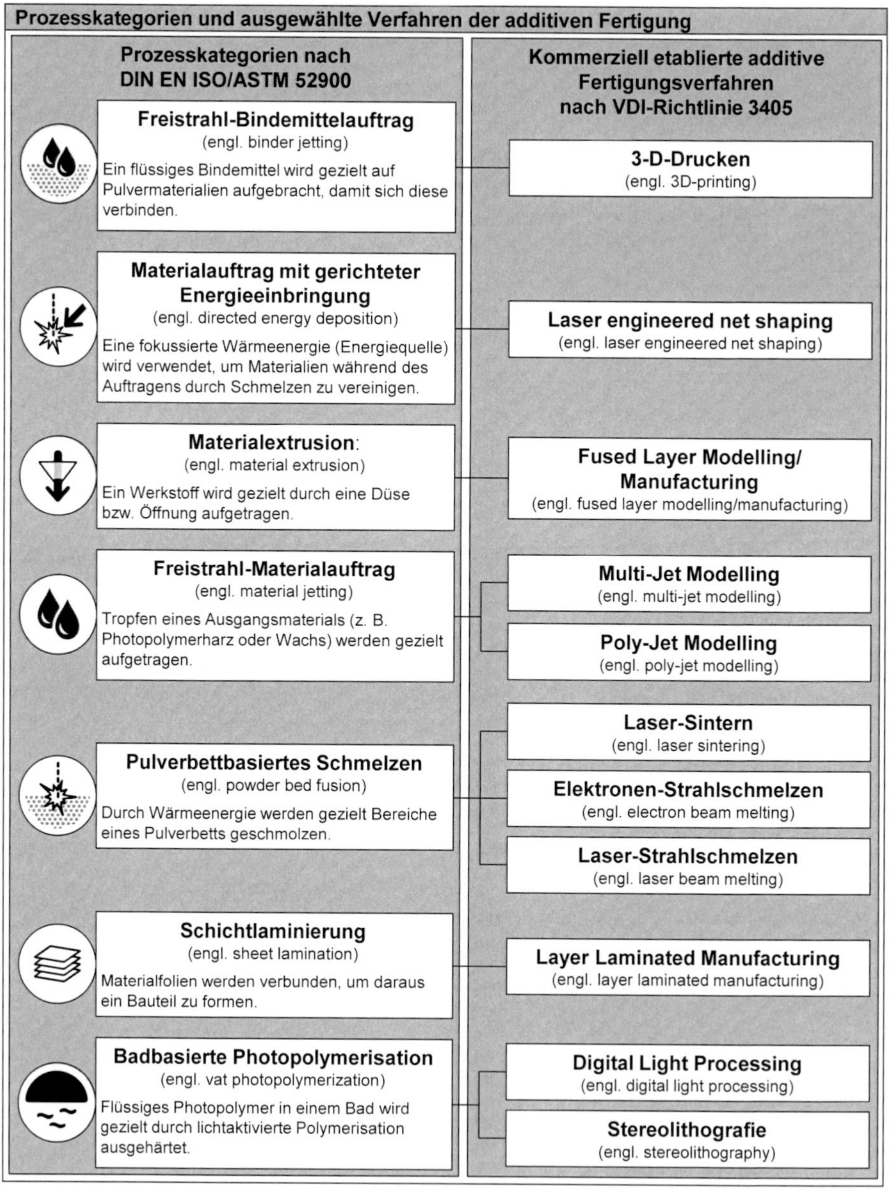

Abb. 16: Prozesskategorien mit Beschreibung nach DIN EN ISO/ASTM 52900 und ausgewählte Verfahren der additiven Fertigung nach VDI-Richtlinie 3405, eig. Darst. i. A. a. [DIN18b, S. 8; VDI14a, S. 8]

2.2.5 Einsatz additiver Fertigungsverfahren im Produktlebenszyklus

Die additive Fertigung kommt entlang aller Phasen des Produktlebenszyklus zum Einsatz. Der Einsatz reicht von der Produktentwicklung bis zum Ende der Nutzungsphase eines Produkts [VDI02, S. 10; WES06, S. 117]. Je nach Verwendung des additiv gefertigten Werkstücks wird auf der Anwendungsebene differenziert zwischen Rapid Prototyping, Rapid Tooling, Rapid Manufacturing bzw. Direct Manufacturing sowie Rapid Repair bzw. Additive Repair [GEB16, S. 7; KLO15, S. 130; LAC16, S. 6-7; LAC20, S. 7-8; MÖH18, S. 20; VDI14a, S. 4]. Abb. 17 zeigt den Zusammenhang zwischen Anwendungsbereichen der additiven Fertigung und dem Produktentstehungsprozess nach VDI-Richtlinie 2221 zzgl. After Sales.

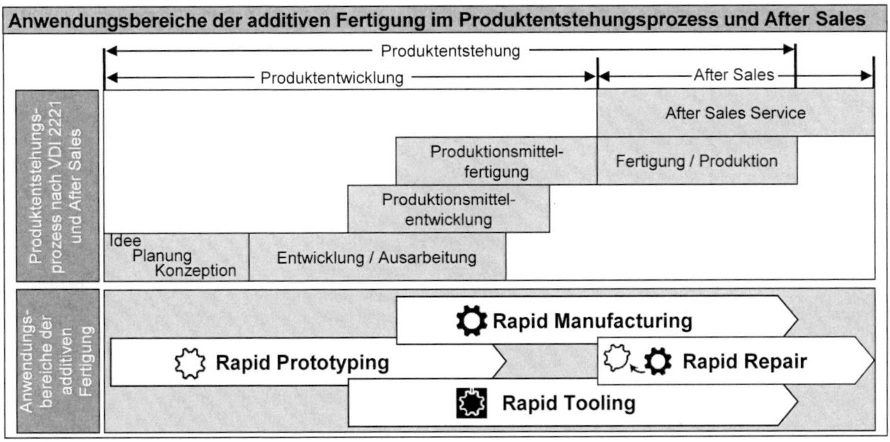

Abb. 17: Anwendungsbereiche der additiven Fertigung bezogen auf die Lebenszyklusphasen technischer Produkte, eig. Darst. i. A. a. [FEL19, S. 13; GEB16, S. 14; JUN17, S. 4; LAC16, S. 7; LAC20, S. 8]

Die additive Herstellung von Modellen und Prototypen mit eingeschränkter Funktionalität zu Beginn des Produktentstehungsprozesses wird als **Rapid Prototyping** bezeichnet [KUM18, S. 8; VDI14a, S. 4]. Die Modelle und Prototypen werden nicht als Endprodukt eingesetzt und weisen lediglich spezifische Merkmale bzw. repräsentative Eigenschaften des in der Entwicklung befindlichen Produkts auf, die jedoch für die jeweilige Evaluation ausreichend ausgeprägt sind [GEB16, S. 6-7; KUM18, S. 8; VDI14a, S. 4]. Ziel ist es, möglichst schnell und kostengünstig aussagekräftige Modelle und Prototypen herzustellen, um so bereits frühzeitig entwicklungsrelevante Erkenntnisse zu erlangen [GEB16, S. 7; LAC16, S. 7; ZÄH18, S. 999]. Der Einsatz additiver Fertigungsverfahren im Werkzeug- und Formenbau wird als **Rapid Tooling** bezeichnet [BRE13, S. 12; GIB21, S. 609; VDI14a, S. 4]. Innerhalb des Rapid Tooling wird differenziert zwischen dem direkten Tooling bspw. zur additiven Herstellung von Werkzeugformen und dem indirekten Tooling bspw. zur additiven Herstellung von Negativformen für Gusswerkzeuge [BER17, S. 34-38; LAC16, S. 7; LAC20, S. 7]. Die additive Herstellung von Endprodukten wird **Rapid Manufacturing** bzw. Direct Manufacturing genannt [GEB16, S. 9; VDI14a, S. 4]. Die hergestellten Endprodukte weisen die in der Produktentwicklung festgelegten Eigenschaften auf [KUM18, S. 8; VDI14a, S. 4]. Nach LACHMAYER wird zudem der Einsatz additiver Fertigungsverfahren während der Nutzungsphase eines Produkts unter dem Begriff **Rapid Repair** bzw. Additive Repair als weiterer Anwendungsbereich differenziert [LAC16, S. 7; LAC20, S. 8]. Dies umfasst einerseits die Bereitstellung von Ersatzteilen, weshalb dieser Anwendungsbereich in der Literatur oft dem Rapid Manufacturing zugeordnet wird und andererseits die »Rekonstruktion und Modifizierung bereits gefertigter Komponenten« [ZGH16, S. 58].

2.2.6 Additive Fertigung in der Ersatzteilversorgung

Ziel des Ersatzteilmanagements ist es, die Ersatzteilverfügbarkeit unter gleichzeitiger Berücksichtigung der Wirtschaftlichkeit sicherzustellen [DOM20, S. 48]. Dazu muss die Ersatzteil-Supply-Chain einerseits auf kurzfristige, nicht planbare Ersatzteilnachfrage reagieren und andererseits Abwägungen hinsichtlich der gegenläufigen Abhängigkeit (»Trade-Offs«) bspw. zwischen Kosten, Beständen und Lieferzeiten treffen [LI17, S. 1500; LIU14, S. 1170-1171]. Der Einsatz der additiven Fertigung hat weitreichende Auswirkungen auf die Nachserienversorgung [DOM14, S. 622-623; HOF21, S. 38]. Abb. 18 zeigt die Zuordnung der Potenziale der additiven Fertigung zu den Herausforderungen der Nachserienversorgung [KUM18, S. 17-18].

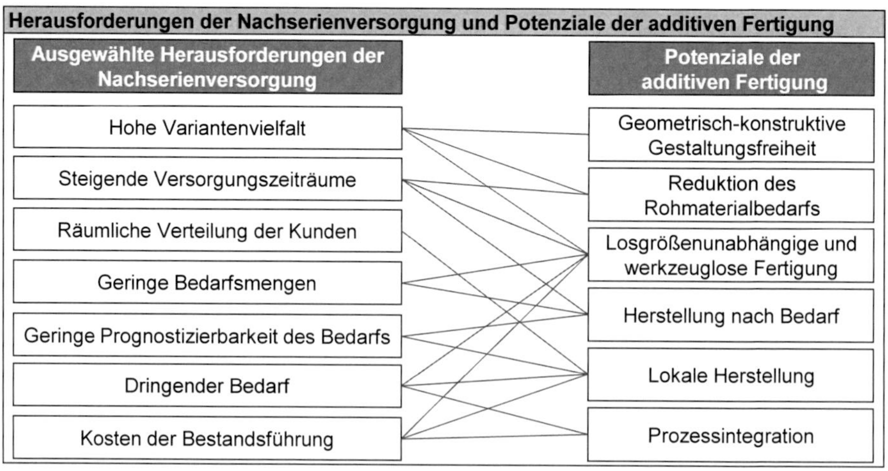

Abb. 18: Herausforderungen der Nachserienversorgung und zugeordnete Potenziale der additiven Fertigung, eig. Darst. i. A. a. [JUN17, S. 313; KOL22, S. 895; KUM18, S. 17-18; LI17, S. 4; LOU06, S. 252-253]

Gegenüber der Endbevorratung wird durch die bedarfsgerechte additive Fertigung der Ersatzteile eine langfristige Einlagerung vermieden. Zudem ist es möglich, flexibel auf Bedarfsschwankungen innerhalb des Versorgungszeitraums zu reagieren. [DOM20, S. 86; DOM14, S. 623] Im Vergleich zur »konventionellen« Nachfertigung müssen zudem keine Werkzeuge und Vorrichtungen der Serienproduktion vorgehalten werden und auch eine Produktion kleiner Losgrößen ist wirtschaftlich [DOM20, S. 86; JUN17, S. 1]. Zudem erlaubt die additive Fertigung eine lokale und bedarfsgerechte Produktion der Ersatzteile.

Unterschiedliche Konfigurationen ermöglichen die Integration additiver Fertigungsanlagen in die Ersatzteil-Supply-Chain (vgl. Abb. 2, S. 4) [HOF21, S. 33-34]. In der zentralen Konfiguration werden die Ersatzteile vom Anbieter additiv hergestellt und vom Herstellungsort an die Kunden bzw. den jeweiligen Bedarfsort transportiert. In der dezentralen Konfiguration erfolgt die Produktion am Ort des Ersatzteilbedarfs. Hierdurch werden Transportaufwand, Lagerbestände und Wiederbeschaffungszeit der Ersatzteile sowie die Supply Chain Komplexität[36] reduziert. Die Ersatzteilverfügbarkeit und Kundenzufriedenheit sowie Wirtschaftlichkeit der Ersatzteilversorgung wird somit gesteigert. [DOM20, S. 48; HOF21, S. 33; JUN17, S. 54-55; KHA14, S. 58; LI17, S. 6]

Im Vergleich zur zentralen Produktion ist dadurch eine Steigerung der Supply Chain Resilienz[37] möglich [GHA18, S. 859; HOF21, S. 33; KHA14, S. 58; TOG19, S. 70]. Darüber hinaus ist eine Steigerung der Nachhaltigkeit der Supply Chain in Form einer Reduktion der CO_2-Emissionen u. a. durch erhöhte Materialeffizienz im Prozess und sinkende Transporte möglich [GHA18, S. 859; HOF21, S. 33; LI17, S. 1512]. Die Hub-Konfiguration[38] kombiniert die Vorteile der zentralen und dezentralen Produktion [HOF21, S. 34; IVA19, S. 238; KHA18, S. 1184-1186]. Dazu zählen u. a. eine Verringerung der Kapazitäten von Maschinen und Personal und Bündelungseffekte durch weniger Produktionsstandorte als in der dezentralen Konfiguration bei dennoch geringeren Transport- und Lieferzeiten im Vergleich zur zentralen Konfiguration [HOF21, S. 34; KHA18, S. 1185-1186; MUC18, S. 127-128]. Die Gestaltung der Hub-Konfiguration selbst ist u. a. von der Anzahl der einzurichtenden Hubs, deren geografischen Lage sowie deren Verknüpfung mit einem oder mehreren Bedarfsorten abhängig [DOM18, S. 10-11; KHA18, S. 1185]. Die Konfiguration der Ersatzteil-Supply-Chain muss für den jeweiligen Anwendungsfall bspw. simulativ untersucht werden [HOF21, S. 36].

---

[36] Supply Chain Komplexität wird charakterisiert durch die »Struktur, Art und Umfang der voneinander unabhängigen Aktivitäten, Transaktionen und Prozesse in der Supply Chain, die auch Bedingungen und Unsicherheiten einschließt, unter denen diese Aktivitäten, Transaktionen und Prozesse ablaufen« [MAN11, S. 523].

[37] Nach BIEDERMANN ist Supply Chain Resilienz »die adaptive Fähigkeit einer Supply Chain, sich auf unvorhersehbare Ereignisse vorzubereiten, auf Störungen zu reagieren und durch die kontinuierliche Ausführung der Geschäftsprozesse auf das angestrebte Leistungsniveau zurückzukehren, mit dem Ziel, die Leistungsfähigkeit und Wettbewerbsfähigkeit einer Supply Chain zu steigern« [BIE18, S. 49].

[38] Hubs stellen einen zentralen Umschlagspunkt dar und werden auch Hauptumschlagsbasis genannt [MUC18, S. 127].

2.3 Simulation

2.3.1 Systembegriff

Nach DIN IEC 60050-351 ist ein System die »Menge miteinander in Beziehung stehender Elemente, die in einem bestimmten Zusammenhang als Ganzes gesehen und als von ihrer Umgebung abgegrenzt betrachtet werden« [DIN14, S. 21]. Die Elemente erfüllen in Summe einen Zweck, weshalb sich ein System hinsichtlich seiner Zielsetzung, wie z. B. der Ausführung einer bestimmten Funktion charakterisieren lässt [BOS89, S. 10; DIN14, S. 21; FOR72, S. 9]. Zustände und Verhalten eines Systems erklären sich dabei nicht nur aus den Eigenschaften der Elemente selbst, sondern vielmehr aus den Beziehungen (»Relationen«)[39] zwischen den Elementen und sind oftmals unerwartet (»Emergenz«) [BER68, S. 55; BLI00, S. 25-26; FUC84, S. 83]. Nach ROPOHL setzen sich Systeme aus drei systemtechnischen Konzepten zusammen: funktionales, strukturales und hierarchisches Konzept [ROP09, S. 75]. Diese müssen beschrieben werden, um ein vollständiges Systemmodell zu erhalten [DRE19, S. 8; ROP09, S. 77]. Abb. 19 veranschaulicht die systemtechnischen Konzepte und deren Betrachtungsweise eines Systems [DAN17, S. 29-30; ROP09, S. 75-77].

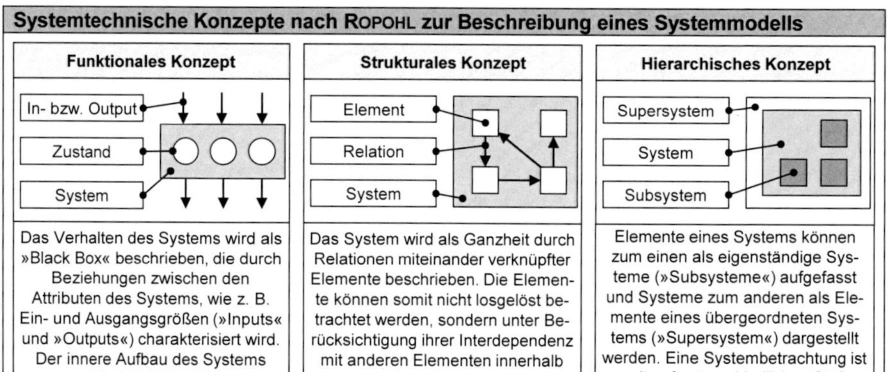

Abb. 19: Schematische Darstellung und Beschreibung der systemtechnischen Konzepte nach ROPOHL, eig. Darst. i. A. a. [DAN17, S. 29-30; DRE19, S. 8; ROP09, S. 75-77; VDI19b, S. 13]

Den Aufbau eines Systems anhand der systemtechnischen Konzepte zeigt Abb. 20. Das System besteht aus Systemelementen mit Zuständen und Attributen, die durch Relationen

[39] In der Literatur werden die Beziehungen zwischen den Systemelementen u. a. auch als »Interdependenzen« [AUL12, S. 19] »Wirkzusammenhänge« [TRI07, S. 61] oder »Interaktion« [BLI00, S. 25] bezeichnet (vgl. [PAT82, S. 19]).

in Form von Eingangs- und Ausgangsgrößen miteinander verbunden sind. Die Systemgrenze trennt den endogenen Bereich (»System«) vom exogenen Bereich (»Umwelt«) ab und muss hinsichtlich der Problemstellung festgelegt werden [DRE19, S. 9; HAA13, S. 19]. Systemelemente können als Subsystem aufgefasst werden, welches wiederum aus Subsystemelementen bestehen kann. Dadurch wird eine Aggregation der Subsysteme zu einem Gesamtsystem und somit eine ganzheitliche Betrachtung ermöglicht. [WES09a, S. 57-58] Weitere Kennzeichen eines Systems werden in Anhang A.4 beschrieben.

Generischer Aufbau eines Systems

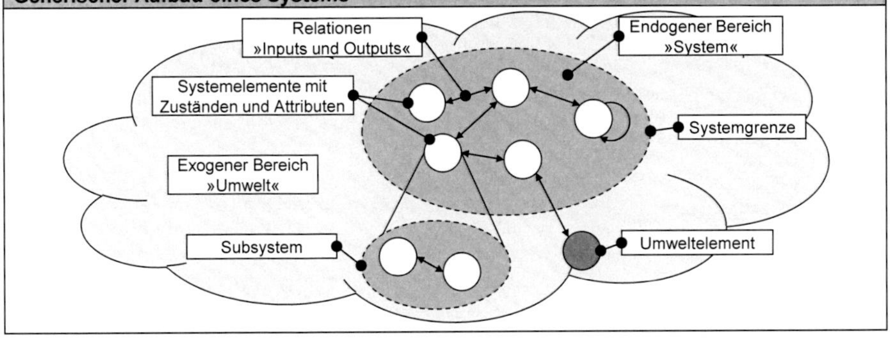

Abb. 20: Generischer Aufbau eines Systems, eig. Darst. i. A. a. [AUL12, S. 20; BOS89, S. 11; DRE19, S. 9; GUT17, S. 10-13; ROP09, S. 76; TRI07, S. 62; WES09a, S. 58]

Der Systemansatz lässt sich auf die Ersatzteil-Supply-Chain übertragen. Abb. 21 zeigt die Akteure einer Supply Chain bzw. eines Wertschöpfungsnetzes als System, wobei die Relationen bspw. den Material- und Informationsfluss darstellen [HAB19, S. 4; MÜL09, S. 41]. Die einzelnen Akteure werden in über- bzw. untergeordnete Systeme bzw. Subsysteme strukturiert [MÜL09, S. 41].[40] Im Folgenden werden die untergeordneten Systeme am Beispiel des Herstellers in Abb. 21 näher beschrieben. MOLENDA differenziert zwischen: Produktionssystem, Bereichsebene, Betriebsmittelebene und Prozessebene [GRE17, S. 6; MOL20, S. 10-11]. Die Ebenen bilden eine Hierarchie, wobei die übergeordneten Ebenen jeweils die untergeordneten Subsysteme bzw. Ebenen umfassen [HEI08, S. 21].

[40] In der Literatur existieren verschiedene Strukturierungsansätze, die sich bspw. hinsichtlich der Anzahl der Systemebenen unterscheiden (vgl. [DUF12, S. 588; WES09b, S. 527]) [GRE17, S. 6].

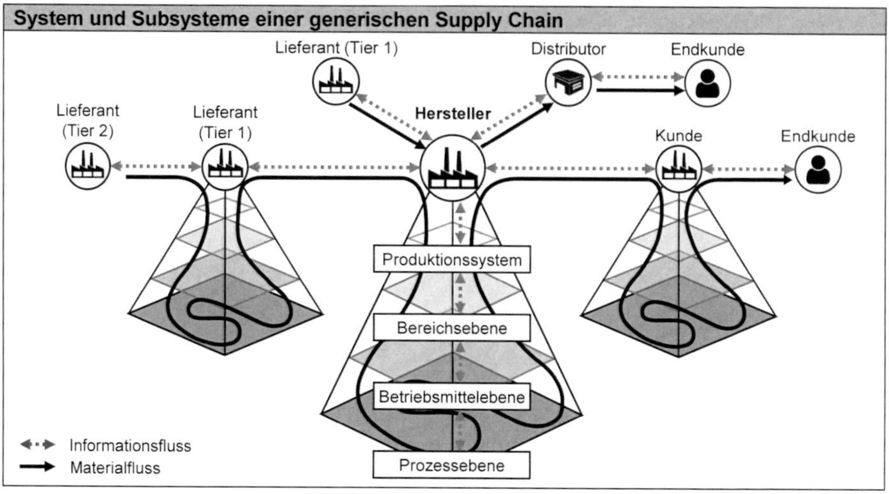

Abb. 21: System und Subsysteme einer generischen Supply Chain, eig. Darst. i. A. a. [BRO11, S. 7; DEI11, S. 13; MOL20, S. 11; MÜL09, S. 42; SCH13a, S. 12]

Produktionssysteme sind als Input-Throughput-Output Systeme zu verstehen, deren Aufgabe es ist, gewünschte Produkte nach Art und Menge herzustellen [DRE19, S. 7; DYC07, S. 13; FAN91, S. 1; HAA13, S. 17; HEI08, S. 20].[41] Die dazu notwendigen Eingangsgrößen (»Produktionsfaktoren«) umfassen nach GUTENBERG einerseits die Elementarfaktoren Arbeit(sleistung), Werkstoffe und Betriebsmittel und andererseits die dispositiven Faktoren Leitung, Planung, Organisation und Kontrolle [BLO14, S. 6; GUT51, S. 3]. Durch die produktive Kombination und Transformation der Produktionsfaktoren in wertschöpfenden (z. B. Montage oder Fertigung) oder assoziierten (z. B. Transport oder Lagerung) Prozessen[42] (»Produktion« bzw. »Produktionsprozesse«) erfolgt die Erstellung der gewünschten Ausgangsgrößen in Form von Produkten oder Dienstleistungen. Darüber hinaus entstehen in der Regel weitere, teils unerwünschte Ausgangsgrößen wie z. B. Ausschuss oder Emissionen [BLO14, S. 3; DAN09, S. 1-3; DAN17, S. 70; FAN91, S. 1-2; HEI08, S. 20].

[41] Abweichend zur verwendeten Definition wird der Begriff Produktionssystem in einem anderen Kontext auch als »methodisches Regelwerk, für die Gestaltung von Produktion und sämtlicher Prozesse« definiert [DOM06, S. 3].

[42] Nach DIN EN ISO 9000 handelt es sich bei einem Prozess um einen »Satz zusammenhängender oder sich gegenseitig beeinflussender Tätigkeiten, der Eingaben zum Erzielen eines vorgesehenen Ergebnisses verwendet« [DIN15, S. 33]. Das vorhergesehene Ergebnis wird kontextbezogen als Ergebnis, Produkt oder Dienstleistung bezeichnet [DIN15, S. 33]. Weitere Prozessdefinitionen finden sich u. a. in DIN IEC 60050-51 und VDI-Richtlinie 3600 [DIN14, S. 32; VDI01, S. 2].

Das Produktionssystem besteht in der Regel aus unterschiedlichen Produktionsbereichen, bei denen es sich um eine funktionell-räumliche Zusammenfassung handelt, in denen Betriebsmittel gebündelt werden [GRU15, S. 274; HEI08, S. 21; MÜL09, S. 41]. Auf der Betriebsmittelebene erfolgt der eigentliche Transformationsprozess in Form von Fertigungs-, Montage- und Logistikverfahren [MOL20, S. 11; WIE14, S. 178]. Betriebsmittel umfassen die »Gesamtheit der Anlagen, Geräte und Einrichtungen, die zur betrieblichen Leistungserstellung dienen«, wie z. B. Werkzeugmaschinen, Arbeitsstationen oder Prüfautomaten [EVE96a, S. 87; VDI78, S. 2].[43] Zur detaillierten Analyse der Arbeitsvorgänge werden die Betriebsmittel durch Prozesse sowie deren Verkettung als unterste Betrachtungsebene beschrieben [LÖL05, S. 44; MOL20, S. 11; NOF05b, S. 22; SCH96, S. 10-56].

2.3.2 Modelle zur Untersuchung von Systemen

Um Wirkbeziehungen zwischen Elementen eines Systems zu verstehen und das Systemverhalten zu prognostizieren, ist es notwendig, das System näher zu untersuchen. Eine bloße Beobachtung des Systems reicht für ein tieferes Verständnis jedoch nicht aus: »to find out what happens to a system when you interfere with it you have to interfere with it (not just passively observe it)« [BOX66, S. 629]. Nach LAW & KELTON existieren verschiedene Ansätze zur Analyse eines Systems, siehe Abb. 22 [LAW91, S. 3-6]. Der Untersuchung am realen System in Form von Experimenten steht in der Praxis häufig Wirtschaftlichkeit, Zweckmäßigkeit oder grundsätzliche Durchführbarkeit entgegen [DAN17, S. 24; DOM15, S. 233; LAW91, S. 4-5; MEH94, S. 1; PAG91, S. 4; REG15, S. 111]. Eine Alternative ist die Abbildung bzw. Repräsentation des realen Systems durch ein Modell, an dem stellvertretend Untersuchungen durchgeführt werden. Dazu zählen sowohl physische als auch mathematisch-analytische Modelle [LAW91, S. 4-5; LOP15c, S. 4].

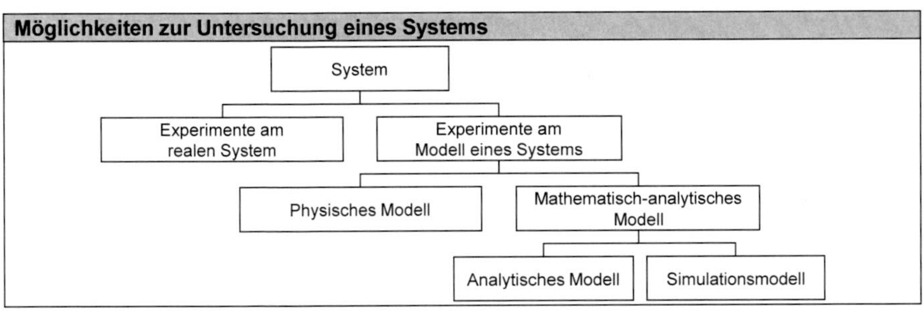

Abb. 22: Ansätze zur Untersuchung eines Systems, eig. Darst. i. A. a. [LAW91, S. 4]

[43] Betriebsmittel lassen sich in acht Gruppen gliedern: Ver- und Entsorgungsanlagen, Fertigungsmittel, Mess- und Prüfmittel, Fördermittel, Lagermittel, Organisationsmittel sowie Innenausstattung [EVE96b, S. 7-107].

Modelle werden nach der allgemeinen Modelltheorie durch Modellzweck, Abstraktion und Abbildung charakterisiert [BOS92, S. 27-28; KÜH06, S. 28]. Demnach dienen Modelle einem bestimmten Zweck bzw. zur Beantwortung einer definierten Fragestellung und bilden dazu die relevanten Merkmale des realen Systems ab [KÜH06, S. 28]. Nach VDI-Richtlinie 3633 ist ein Modell eine »[v]ereinfachte Nachbildung eines geplanten oder existierenden Systems mit seinen Prozessen in einem anderen begrifflichen oder gegenständlichen System« [VDI14b, S. 3]. Ziel ist es, durch die gewonnenen Erkenntnisse am Modell Rückschlüsse auf das Verhalten des realen Systems zu ziehen [KÜH06, S. 20]. Der hinreichend genaue Detaillierungs- bzw. Abstraktionsgrad, mit der ein Modell ein reales System abbildet, ist dabei u. a. abhängig vom Untersuchungsziel, der Komplexität des Betrachtungsgegenstandes und dem zugehörigen Toleranzrahmen [BRA18, S. 130; DUN14, S. 35; KÜS95, S. 46-47; MEH94, S. 1; VDI14b, S. 3]. Mithilfe von Modellen werden somit bspw. Konfigurationen bestehender Supply Chains untersucht, ohne in die realen Produktionsprozesse eingreifen zu müssen. Auch zur Planung neuer Systeme eignen sich Modelle, um das noch nicht existierende System zu untersuchen und die Erkenntnisse als Entscheidungsgrundlage zu verwenden [ELE12, S. 6-7; VDI14b, S. 4-5].

Die formalen mathematisch-analytischen Modelle werden zudem in analytische Modelle, bestehend aus analytischen, empirischen und heuristischen Verfahren sowie Simulationsmodelle unterteilt [LAU99, S. 181-182; PAG91, S. 4; WIE91, S. 64-65]. Die Verwendung von Simulationsmodellen ist u. a. dann vorzuziehen, wenn aufgrund der Komplexität des realen Systems analytische Ansätze nicht existieren oder aufgrund eines zu hohen Abstraktionsgrads die Aussagekraft der Ergebnisse eingeschränkt ist [CHI16, S. 325; LAW91, S. 1-3; MÄR11, S. 10-11; SCH08, S. 118]. Vorbereitung, Durchführung und Auswertung gezielter Experimente an einem Simulationsmodell wird i. w. S. als Simulation bezeichnet [DRE19, S. 34; VDI14b, S. 3; WIT93, S. 3837-3838]. Im Folgenden werden die Simulation und der Ablauf von Simulationsstudien näher beschrieben.

2.3.3 Simulation und Simulationsstudien

Simulation wird in VDI-Richtlinie 3633 definiert als »Nachbilden eines Systems mit seinen dynamischen Prozessen in einem experimentierbaren Modell, um zu Erkenntnissen zu gelangen, die auf die Wirklichkeit übertragbar sind« [VDI14b, S. 3]. Durch die Extrapolation verschiedener Szenarien und deren Auswirkungen sowie der Bestimmung optimaler Parametereinstellungen bei gegebenen Zielkriterien eignet sich die Simulation sowohl zur Planung noch nicht existierender Systeme als auch zur Analyse und Optimierung bereits bestehender Systeme [ELE12, S. 4; HED13, S. 3; KOL92, S. 13]. Die Simulation stellt dabei eine Lösungsmethode dar, um eine konkrete Aufgabe bzw. Problemstellung zu lösen, die selbst simulationswürdig ist [BAL89, S. 26; BAN08, S. 10-11; RAB08, S. 29]. Das Spektrum der Einsatzmöglichkeiten im industriellen Umfeld reicht von der Untersuchung einzelner Prozesse über die Abbildung von Produktionssystemen bis hin zu globalen Wertschöpfungsnetzwerken und deckt dabei Planungs-, Realisierungs- sowie Betriebsphase ab [DRE19, S. 37; ELE12, S. 5; GUT17, S. 44-47; HRD97, S. 6; WIT93, S. 3839].

Die generische Vorgehensweise der Modellbildung und Simulation lässt sich als iterativer Kreislauf darstellen, siehe Abb. 23 [ELE12, S. 4]. Die einzelnen Phasen sind miteinander verbunden und bauen aufeinander auf. Allerdings führen die im Verlauf gewonnenen Erkenntnisse ggf. dazu, dass Anpassungen in einer früheren Phase notwendig werden und somit einzelne Phasen iterativ mehrfach durchgeführt werden [BAL89, S. 62].

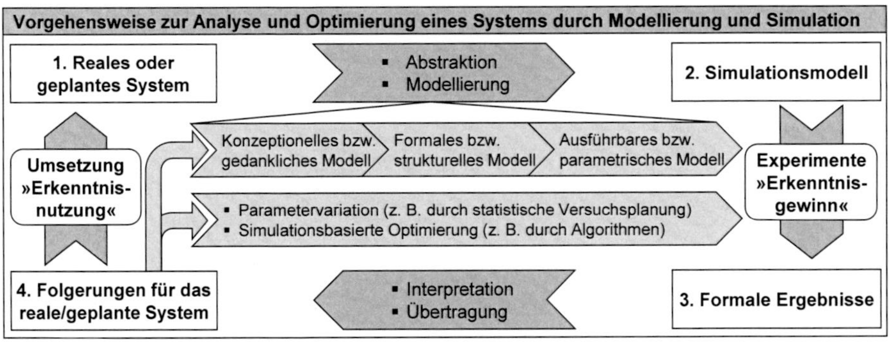

Abb. 23: Vorgehensweise der Systemmodellierung und -simulation, eig. Darst. i. A. a. [DRE19, S. 35; HRD97, S. 3; KÜH06, S. 21]

Ausgehend von einem realen bzw. geplanten System erfolgt die Systemanalyse, um die Zielvereinbarung und Systembeschreibung bspw. hinsichtlich des Detaillierungsgrads als Grundlage für das Simulationsmodell festzulegen [BAN11, S. 2-3; GUT17, S. 144]. Anschließend erfolgt die Erstellung eines Simulationsmodells durch Abstraktion nicht relevanter Merkmale und der Abbildung relevanter Merkmale [ELE12, S. 4; TRI07, S. 76]. Dazu wird zunächst ein deskriptives Konzeptmodell bzw. konzeptionelles Modell erstellt, in dem die grundsätzlichen Systemfunktionen und Wechselwirkungen enthalten sind [WEN08, S. 7]. Das Konzeptmodell wird durch das formale bzw. strukturelle Modell konkretisiert und bspw. durch Programmablaufpläne, Zustandsübergangsdiagramme oder Blockdiagramme strukturell beschrieben [VDI14b, S. 31; WEN08, S. 7]. Anschließend erfolgt die Implementierung, das heißt die Erstellung eines ablauffähigen Programms, dem Simulationsmodell, durch die Verwendung geeigneter Programmiersprachen [VDI14b, S. 31-32].

In Form von Simulationsexperimenten werden daraufhin Informationen zur Erklärung des Verhaltens des realen Systems und zum zukünftigen Verhalten des geänderten realen Systems gewonnen [TRI07, S. 76]. Ein Simulationsexperiment ist eine empirische Untersuchung des Modellverhaltens durch wiederholte Simulationsläufe mit systematischer Variation der Parameter oder dessen Struktur [VDI14b, S. 3]. Dabei stellt ein Simulationslauf die »Nachbildung eines Systems mit einem spezifizierten ablauffähigen Modell über einen bestimmten [...] Zeitraum (Simulationszeit) [dar,] wobei gleichzeitig die Werte untersuchungsrelevanter Zustandsgrößen erfasst und ggf. statistisch ausgewertet werden« [VDI14b, S. 4]. Die statistische Versuchsplanung (engl. design of experiments, DOE) ermöglicht es, die Anzahl der Szenarien und Simulationsläufe durch gezielte Parametervariationen zu minimieren [KÜH06, S. 111-112; VDI14b, S. 35-36].

Nach der Untersuchung mittels Simulationsexperimenten liegen zunächst formale Ergebnisse vor, die entweder zur Anpassung des Simulationsmodells (»Erkenntnisgewinnung«) oder zur Umsetzung im realen bzw. geplanten System (»Erkenntnisnutzung«) verwendet werden [NYH08, S. 8; NYH12, S. 7]. Die Simulationsergebnisse dienen zur Entscheidungsunterstützung und müssen ausgewertet und in geeigneter Form aufbereitet werden, um eine Interpretation zu ermöglichen [VDI14b, S. 36-37; WIT93, S. 3839-3842]. Ausgehend von den Folgerungen für das reale System wird der Kreislauf geschlossen, bspw. um das Modell an neue Gegebenheiten des realen Systems anzupassen [BAL89, S. 65]. Die Anpassung des Simulationsmodells sowie die simulationsbasierte Optimierung bspw. durch mathematische Optimierungsverfahren oder systematische Parametervariation führen zu Iterationen [VDI14b, S. 3]. Projekte im Bereich der Produktion und Logistik, bei denen Simulation eingesetzt wird, werden als Simulationsstudie bezeichnet [GUT17, S. 141]

In der Literatur finden sich eine Reihe verschiedener Vorgehensmodelle zur Durchführung von Simulationsstudien.[44] Die Vorgehensmodelle unterscheiden sich teilweise deutlich hinsichtlich Umfang, Komplexität und Anzahl der Phasen bzw. Schritte, die ihnen zugrunde liegen [RAB08, S. 29]. Dennoch bestehen fast alle Vorgehensmodelle aus Aufgabenanalyse, Modellformulierung, Modellimplementierung, Modellüberprüfung und Modellanwendung, wobei die Bezeichnungen zum Teil deutlich abweichen [RAB08, S. 29]. Abb. 24 zeigt exemplarisch das Vorgehensmodell nach RABE ET AL. zur Durchführung von Simulationsstudien, das auch in VDI-Richtlinie 3633 Blatt 1 beschrieben wird, sowie die Zuordnung der übergeordneten Phasen in das Vorgehensmodell [RAB08, S. 5; VDI14b, S. 19].

[44] Vorgehensmodelle zur Durchführung von Simulationsstudien finden sich u. a. in [ARN09, S. 318; BAL89, S. 62-70; BAN08, S. 10-14; BAN14, S. 14-19; BOS92, S. 40-46; ELE12, S. 17; HED13, S. 5-9; KÜH06, S. 99-120; LAW91, S. 106-109; RAB08, S. 4-8; STE94, S. 20-24; VDI14b, S. 18-19].

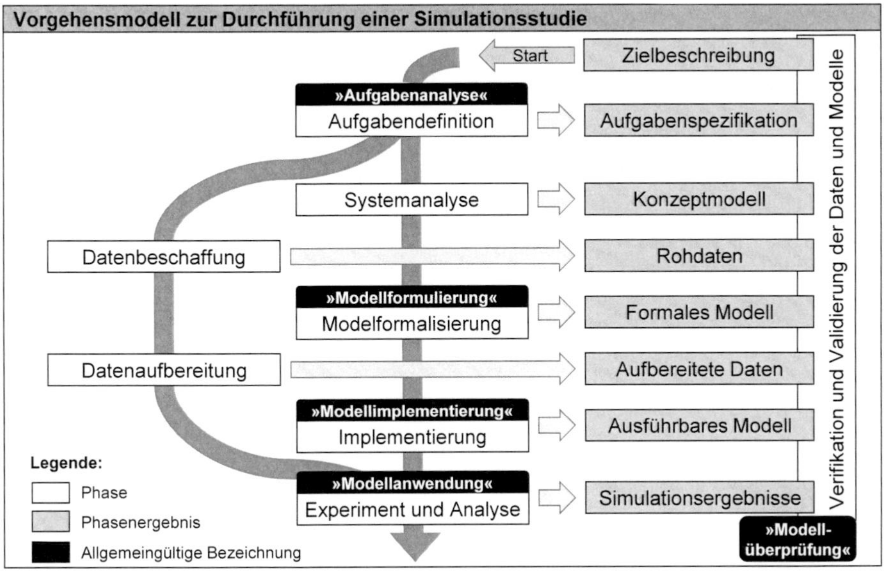

Abb. 24: Vorgehensmodell zur Durchführung von Simulationsstudien, eig. Darst. i. A. a. [RAB08, S. 5; VDI14b, S. 19]

In diesem Vorgehensmodell lässt sich u. a. die Bedeutung der Verifikation und Validierung der Daten und Modelle als Querschnittsaufgabe der einzelnen Phasen erkennen, auf die im Folgenden näher eingegangen wird.

2.3.4 Verifikation und Validierung von Simulationsmodellen

Die durchgängige Verifikation und Validierung ist ein wesentliches Qualitätskriterium und wichtiger Bestandteil einer Simulationsstudie [RAB08, S. 1; WEN08, S. 4]. Zu den Zielen der Verifikation und Validierung von Simulationsmodellen zählen [RAB08, S. 3]:

- Schaffung fundierter und nachvollziehbarer Grundlagen für die Entscheidung über die Glaubwürdigkeit des Modells
- Frühzeitige Erkennung von Fehlern während der Modellbildung
- Sicherstellung, dass gewonnene Erkenntnisse vollständig und korrekt in die weitere Modellbildung einfließen
- Gewährleistung der richtigen Anwendung glaubwürdiger Modelle, um fehlerhafte Schlüsse aus richtigen Modellen zu verhindern

Im Folgenden werden die Begriffe Verifikation und Validierung im Rahmen von Simulationsstudien sowie deren Zusammenhang erläutert.

Verifikation

Nach VDI-Richtlinie 3633 Blatt 1 wird der »formale Nachweis der Korrektheit des Simulationsmodells« als Verifikation bezeichnet [VDI14b, S. 37]. Mittels Verifikation wird geprüft, ob das Modell keine logischen Fehler enthält (»semantische Korrektheit«) und ob die Simulationssoftware oder andere Modellierungsmittel nach den vorgegebenen syntaktischen Regeln richtig eingesetzt werden (»syntaktische Korrektheit«) [HED13, S. 8]. Aufgrund der im Allgemeinen hohen Komplexität eines Simulationsmodells ist es jedoch meist nicht möglich, dessen Korrektheit vollständig zu prüfen [PAG91, S. 150; RAB08, S. 14]. Statt des Simulationsmodells selbst wird daher in der Regel die Korrektheit der Transformation von einer Beschreibungsart in eine andere geprüft [BAL98, S. 336; RAB08, S. 14].

Validierung

Ein valides Simulationsmodell stellt eine für den Modellzweck geeignete Repräsentation des realen Systems mit annähernd gleichen Eigenschaften dar [LAW09, S. 2004; LOP15b, S. 22; STE94, S. 24]. Somit lassen sich aus dem Simulationsmodell auf den Modellzweck bezogene Erkenntnisse ableiten, die vergleichbar mit einer Untersuchung am realen System sind [TÖL10, S. 17]. Validierung bedeutet dabei die Überprüfung der Übereinstimmung von Modell und realem System [VDI14b, S. 37]. Die Validierung soll sicherstellen, »dass das Modell das Verhalten des realen Systems genau genug und fehlerfrei widerspiegelt« [VDI14b, S. 37]. Ab einem gewissen Grad der Modellvalidität ist eine Steigerung dieser jedoch nicht mehr erstrebenswert, da keine signifikante Verbesserung der aus dem Modell abgeleiteten Entscheidungen erzielt wird [LAW09, S. 24; VDI14b, S. 37-38].

Zusammenhang von Verifikation und Validierung

Verifikation und Validierung sind in der praktischen Anwendung eng miteinander verknüpft. Die Verifikation stellt sicher, dass ein Simulationsmodell richtig erstellt wird, während die Validierung sicherstellt, dass das richtige Modell erstellt wird [GUT17, S. 204; HED13, S. 8]. Da weder Korrektheit noch Gültigkeit eines Modells vollständig garantiert werden können, gilt es möglichst großes Vertrauen bzw. Glaubwürdigkeit in das Simulationsmodell durch eine systematische Vorgehensweise herzustellen [HED13, S. 13; RAB08, S. 20]. Die Verifikation und Validierung ist dabei als permanenter, iterativer Prozess zu verstehen, der alle Phasen einer Simulationsstudie begleitet [VDI14b, S. 37; WEN08, S. 34]. Die Prüfung der Korrektheit und Gültigkeit der Phasenergebnisse erfolgt bereits während der Entstehung des Simulationsmodells [LOP15b, S. 2; RAB08, S. 7]. Abb. 25 zeigt den Zusammenhang zwischen dem Vorgehensmodell einer Simulationsstudie (vgl. Abb. 23, S. 41) und den Prozessen der Verifikation und Validierung [BAL98, S. 63; SAR04, S. 15; SCH79, S. 103].

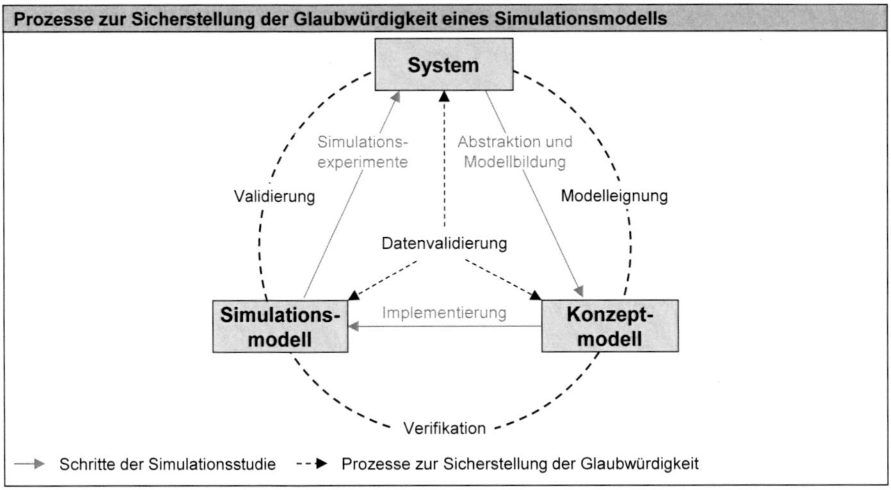

Abb. 25: Zusammenhang der Schritte einer Simulationsstudie und Prozesse zur Sicherstellung der Glaubwürdigkeit eines Simulationsmodells, eig. Darst. i. A. a. [BAL89, S. 63; SAR04, S. 15; SCH79, S. 103]

Die Überprüfung des Konzeptmodells wird als Modelleignung (engl. model qualification) bezeichnet und besteht in der Prüfung, ob die getroffenen Annahmen und Vereinfachungen des Systems in Bezug auf den Modellzweck angemessen sind [BAL89, S. 67; SCH79, S. 103]. Die korrekte Implementierung des Konzeptmodells wird daraufhin durch die Verifikation geprüft und anschließend die Gültigkeit des Simulationsmodells als Repräsentation des Systems durch die Validierung sichergestellt. Innerhalb der Simulationsstudie werden zudem Tests zur Verifikation und Validierung durchgeführt (engl. verification, validation and testing) [BAL98, S. 335; WEN08, S. 204]. Die Durchführung der Tests erfolgt durch den Einsatz verschiedener Verifikation- und Validierungstechniken, wie bspw. der Sensitivitätsanalyse (vgl. [BAL98, S. 354-379; RAB08, S. 95-112; SAR10, S. 186-187]). In Anhang A.5 sind Verifikations- und Validierungskriterien für Simulationsmodelle aufgeführt.

Im Folgenden wird beschrieben, wie Simulationsmodelle anwendungsspezifisch klassifiziert werden und welche Simulationsansätze sich in der Praxis etabliert haben, um das zugrundeliegende reale oder geplante System abzubilden [DRE19, S. 35].

2.3.5 Klassifikation von Simulationsmodellen und Beschreibung etablierter Simulationsansätze

In Abhängigkeit des Anwendungszwecks bestehen zwischen Simulationsmodellen große Unterschiede. Daher werden Simulationsmodelle u. a. hinsichtlich der Merkmale Zeitbezug, Zeitverhalten und Zufallsverhalten und den jeweiligen Ausprägungen unterschieden. Tab. 3 zeigt die Merkmale mit ihren jeweiligen Ausprägungen zur Klassifizierung von Simulationsmodellen sowie entsprechende Anwendungsbeispiele. Eine ausführliche Beschreibung der Merkmale und deren Ausprägung findet sich in Anhang A.6.

Tab. 3: Merkmale und deren Ausprägung zur Klassifikation von Simulationsmodellen, i. A. a. [BRA18, S. 118-120; DRE19, S. 35; HED13, S. 10-11; LAW91, S. 6-7; LOP15a, S. 90; ROS11, S. 13-14]

Merkmal	Merkmalsausprägungen	
Zeitbezug	**Statisch**: Das System wird nur zu einem definierten Zeitpunkt betrachtet bzw. die Zeit ist nicht relevant. z. B.: Monte-Carlo Simulation	**Dynamisch**: Das Simulationsmodell bildet das zeitliche Verhalten des Systems bzw. Änderungen im Zeitablauf ab. z. B.: Fertigungsanlage
Zeitverhalten	**Kontinuierlich**: Systemzustände im Simulationsmodell verändern sich kontinuierlich im Zeitablauf. z. B.: Finite-Elemente Simulation	**Diskret**: Systemzustände ändern sich zu diskreten Zeitpunkten im Zeitablauf. z. B.: Lagerhaltungssysteme
Zufallsverhalten	**Deterministisch**: Das Simulationsmodell berücksichtigt keine zufallsabhängigen Ereignisse. z. B.: Chemische Reaktion	**Stochastisch**: Das Verhalten des Simulationsmodells wird von zufälligen Ereignissen beeinflusst. z. B.: Warteschlangensysteme

Im Folgenden werden die systemdynamische, die ereignisdiskrete und die agentenbasierte Simulation als etablierte Simulationsansätze beschrieben sowie auf deren Kombinationsmöglichkeiten im Rahmen der Multimethodensimulation eingegangen [BOR13a, S. 4089].

Systemdynamische Simulation

Die systemdynamische Simulation (engl. system dynamics) stellt einen kontinuierlichen Simulationsansatz dar, um komplexe, dynamische sowie nichtlineare Systeme zu untersuchen. Dieser Simulationsansatz ermöglicht die Berücksichtigung schwer quantifizierbarer Wirkzusammenhänge, Interdependenzen, Informationsrückkopplungen und zirkuläre Kausalität [DOM15, S. 235-236; RIC09, S. 8967; STE00, S. 4-5].[45] Das Einsatzgebiet ist vielfältig und reicht von technischen über ökonomische sowie ökologische bis hin zu sozialen Systemen [SAN06, S. 64; WHI15, S. 157-158].

Die systemdynamische Simulation ermöglicht sowohl eine qualitative Beschreibung und Analyse komplexer dynamischer Systemstrukturen als auch eine quantitative Modellierung des systemischen Verhaltens [COY96, S. xiii]. Die qualitative Modellierung stellt die für den Modellzweck relevanten Einflussgrößen und deren Ursache-Wirkungszusammenhänge zunächst in Form von Kausaldiagrammen[46] (engl. causal-loop-diagrams) dar. Die einzelnen Kausaldiagramme bilden zusammen das gesamte Systemverhalten ab [SAN06, S. 72; STE00, S. 137]. Kausaldiagramme enthalten sowohl positive als auch negative Rückkopplungsschleifen (engl. feedback loops) sowie Verzögerungen (engl. time delays) zur Beschreibung der Wirkzusammenhänge eines Systems [FOR72, S. 19-21; STE00, S. 137-152; WHI15, S. 157]. Die geschlossenen Regelkreise berücksichtigen implizit Folgen von Handlungen bzw. Aktionen [SAN06, S. 63-64]. Abb. 26 zeigt die Bausteine exponentielles, zielsuchendes und oszillierendes Verhalten, aus deren Kombination sich komplexe Systemverhalten ableiten lassen [LIE04, S. 21; STE00, S. 108-133].[47] Darauf aufbauend erfolgt die Übertragung des Kausaldiagramms in ein formales quantitatives Flussdiagramm (engl. stock flow diagram) [SAN06, S. 72]. Grundlage bilden Bestandsgrößen (engl. stocks bzw. levels) und Flussgrößen bzw. Flussraten (engl. flows), die zentrale Elemente der dynamischen Systemtheorie sind [FOR77, S. 81-82; STE00, S. 191]. Bestandsgrößen stellen die Akkumulationen der Zu- und Abflüsse der Flussgrößen dar und werden nur durch diese beeinflusst [FOR72, S. 92; SAN06, S. 72; WHI15, S. 158]. Flussgrößen verändern Bestandsgrößen pro Zeiteinheit und sind somit ein Maß für die Geschwindigkeit der Veränderung von Bestandsgrößen [FOR72, S. 92-93; SAN06, S. 73]. Unter der Verwendung von Bestands- und Flussgrößen sowie weiterer Hilfsvariablen und Konstanten werden die Rückkopplungsschleifen auf Basis des Flussdiagramms in ein Differenzialgleichungssystem zur Analyse des dynamischen Systemverhaltens überführt [SAN06, S. 73; STE00, S. 202-203].

---

[45] Die systemdynamische Simulation wird auch als »Industrial Dynamics« bzw. »Business Dynamics« bezeichnet (vgl. [FOR58; STE00]) und geht zurück auf FORRESTER, der diesen Simulationsansatz Ende der 1950er-Jahre entwickelt hat.
[46] Kausaldiagramme werden in der Literatur u. a. als »Influence Diagram« [COY96, S. 18], »Causal-Loop-Diagram« [STE00, S. 137] oder »Wirkungsgraph« bzw. »Wirkungsdiagramm« [BOS92, S. 47] bezeichnet.
[47] Zudem lassen sich wiederkehrende Strukturmuster in Form kombinierter Rückkopplungsschleifen beschreiben (vgl. [SEN06; WOL03; WOL04]) [LIE04, S. 31].

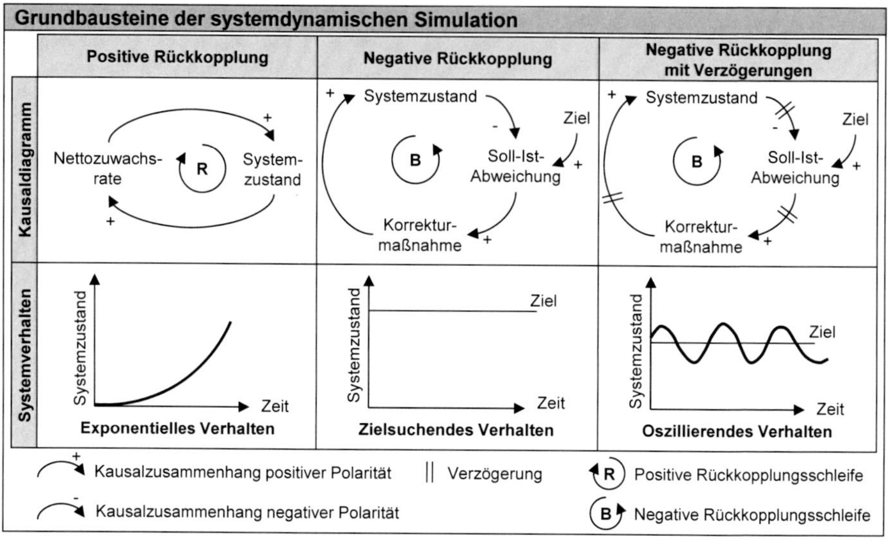

Abb. 26: Kausaldiagramm und Systemverhalten der Grundbausteine systemdynamischer Simulation, eig. Darst. i. A. a. [LIE04, S. 21-22; STE00, S. 108-116]

Ereignisdiskrete Simulation

Die ereignisdiskrete Simulation (engl. discrete event simulation), auch Ablaufsimulation genannt, bildet im Gegensatz zur kontinuierlichen Simulation das Systemverhalten nicht stetig ab. Stattdessen verändern sich die Werte bzw. Zustände der Statusvariablen sprunghaft zu definierten, endlich vielen Zeitpunkten [DOM15, S. 235; LAW91, S. 7; MEH94, S. 2-3].

Auslöser für eine Zustandsänderung sind Ereignisse (engl. events), die selbst keine Simulationszeit beanspruchen [MAT89, S. 201]. Die Ereignisse inkl. Ereignistyp und Zeitpunkt werden in einer Ereignisliste verwaltet und liegen dort zeitlich geordnet vor [HED13, S. 23; MAT89, S. 201; PAG91, S. 33]. Das Systemverhalten zwischen den Ereignissen wird nicht berücksichtigt, wodurch eine Einsparung von Rechenzeit möglich ist [DOM15, S. 235; ELE12, S. 8; HED13, S. 10; MEH94, S. 4]. Neben dem Auslösen von Zustandsveränderungen kennzeichnen Ereignisse den Beginn und das Ende von Aktivitäten und Prozessen [FIS01, S. 40-41; KÜS95, S. 14-15]. Als Aktivität wird hier eine zeitlich ausgedehnte Operation bezeichnet, durch die der Zustand eines Objekts verändert wird [MAT89, S. 201]. Ein Prozess umfasst in der Regel mehrere Aktivitäten und stellt eine inhaltlich zusammengehörige Folge von Ereignissen dar [ELE12, S. 8; MAT89, S. 201].

Weitere wichtige Elemente einer ereignisdiskreten Simulation sind nach MARKOWITZ: Objekte (engl. entities), Attribute (engl. attributes) und Gruppierungen in Listen (engl. sets bzw. lists) [LAW91, S. 11; MAR08, S. 357].[48] Die Summe der Objekte stellen das reale System dar, wobei einzelne Objekte in der Regel einem physischen Gegenstück entsprechen, wie z. B. einem Werkstück [BAN14, S. 91; LAW91, S. 11]. Objekte werden als bewegliche Elemente bezeichnet, die während der Simulation erzeugt, verändert und gelöscht werden können [ELE12, S. 9]. Attribute repräsentieren Eigenschaften der Objekte in Form von Datenwerten und dienen dazu, Zustände und Darstellungen der Objekte abzubilden [ELE12, S. 9-10]. Außerdem ist es möglich, Objekte mit gemeinsamen Eigenschaften in Listen zu gruppieren und anhand von Attributen zu ordnen [KAM71, S. 140; LAW91, S. 11].

Der prinzipielle Ablauf lässt sich nach PAGE in die Phasen Initialisierung, Zeitführung, Ereignisroutine und Ergebnisaufbereitung gliedern und ist in Abb. 27 dargestellt [PAG91, S. 35].

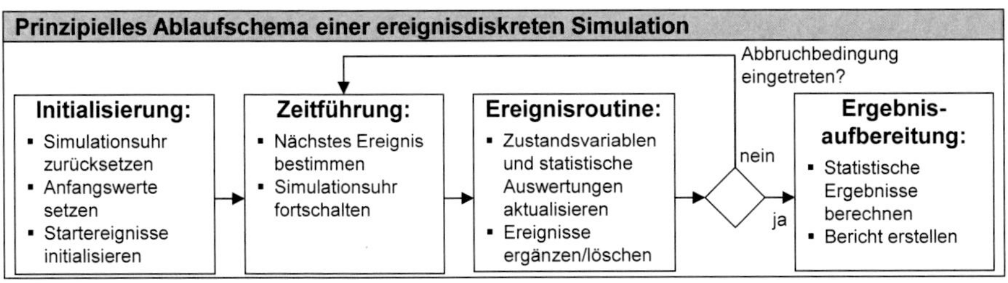

Abb. 27: Ablaufschema der ereignisdiskreten Simulation, eig. Darst. i. A. a. [PAG91, S. 35]

Agentenbasierte Simulation

Die agentenbasierte Simulation (engl. agent-based simulation) ist ein Ansatz zur Simulation dynamischer Systeme [BOR13b, S. 36; DOM15, S. 236]. Dieser Simulationsansatz eignet sich insbesondere zur Untersuchung komplexer adaptiver Systeme (engl. complex adaptive systems), bei denen sich komplexe Wirkzusammenhänge durch gegenseitig bedingte Aktionen (»Netzwerkeffekte«) einer Vielzahl heterogener Akteure entfalten [DEC10, S. 96; HOL06, S. 1-2]. Darüber hinaus lassen sich Phänomene der Emergenz analysieren, bei denen sich Änderungen des Systemzustands aus den indirekten Handlungen der Akteure ergeben, wobei in der Regel keine Beschreibung eines funktionalen Zusammenhangs zwischen den Akteuren und dem Systemzustand möglich ist [BLI00, S. 25-26; DOM15, S. 236].

Im Fokus der agentenbasierten Simulation steht das Verhalten von Agenten in einem System [SIE14, S. 18-19]. Ein Agent wird in diesem Zusammenhang als Objekt bzw. Entität

[48] Weitere Elemente zeigen u. a. [BAN14, S. 91-92; ELE12, S. 9-10; FIS01, S. 38-39; LAW91, S. 10-11; PAG91, S. 33].

definiert, der sich gemeinsam mit anderen Agenten in einer bestimmten Umwelt bzw. Umgebung befindet und innerhalb dieser zu autonomen Handlungen fähig ist, um eigene Ziele zu erreichen [FRA97, S. 25; SIE14, S. 18]. Demnach sind Agenten in der Lage, ihre Umwelt wahrzunehmen und entsprechend ihren Fähigkeiten darauf zu reagieren, um aktiv und zielorientiert Einfluss zu nehmen [BRA18, S. 132-133; SIE14, S. 18; WOO99, S. 32].[49] Das Verhalten der Agenten wird durch definierte Zustände und dem Wechsel zwischen diesen beschrieben [DEC10, S. 92; VEL20b, S. 52]. Der Zustandswechsel ist durch Übergangskriterien festgelegt und wird bspw. durch die Interaktion mit anderen Agenten ausgelöst [VEL20b, S. 52; WHI15, S. 140-142; WIL18, S. 201]. Grundlage bildet ein Verhaltensmodell, das mögliche Aktionen des Agenten sowie deren Bewertung und Auswahl beschreibt [DEC10, S. 94; DOM15, S. 236].

Voraussetzung für den Einsatz agentenbasierter Simulation ist ein hinreichendes Verständnis des individuellen Verhaltens der Agenten und den zugrunde liegenden Mechanismen [DEC10, S. 97; ROB05, S. 423]. Anwendungsgebiet sind in der Regel komplexe Systeme, wie z. B. logistische Netzwerke oder Wartungszyklen technischer Produkte [DEC10, S. 99-111; STR08, S. 81-88; VRB05, S. 1718-1723].

Multimethodensimulation

In Abhängigkeit der Problemstellung und des Ziels der Simulationsstudie gilt es einen geeigneten Simulationsansatz zu wählen [BOR13a, S. 4089]. Diese Entscheidung ist von hoher Bedeutung, da eine Änderung während der Durchführung einer Simulationsstudie nur unter hohem Aufwand realisierbar ist [WEN08, S. 18]. Dabei ist a priori jedoch häufig ungewiss, welcher Abstraktionsgrad erforderlich ist [BOR13b, S. 36]. Zusätzlich besteht insbesondere bei heterogenen Systemen die Problematik, dass sich die verschiedenen Simulationsansätze für einzelne Aspekte unterschiedlich gut eignen [BOR13a, S. 4089].

Der Einsatz der Multimethodensimulation ermöglicht die Bewältigung der genannten Herausforderungen. Dabei werden mindestens zwei Simulationsansätze verknüpft, die sich hinsichtlich ihrer Klassifikation bezogen auf Zeitbezug, Zeitverhalten und Zufallsverhalten unterscheiden. Eine Übersicht in der Praxis bewährter Kombinationsmöglichkeiten nach BORSHCHEV zeigt Abb. 28 [BOR13a, S. 4090]. Bspw. kombinieren LIEDER ET AL. ereignisdiskrete und agentenbasierte Simulationsansätze, um sowohl Zustandsänderungen basierend auf definierten Ereignissen als auch die Interaktion zwischen einzelnen Objekten im Simulationsmodell zu abzubilden [LIE17].

[49] Weitere Eigenschaften zur Beschreibung von Agenten wie z. B. der Fähigkeit, das Verhalten auf Basis von Erfahrungswerten anzupassen (»lernen«), sind abhängig vom individuellen Anwendungsfall (vgl. [DAN04, S. 31; FRA97, S. 29]).

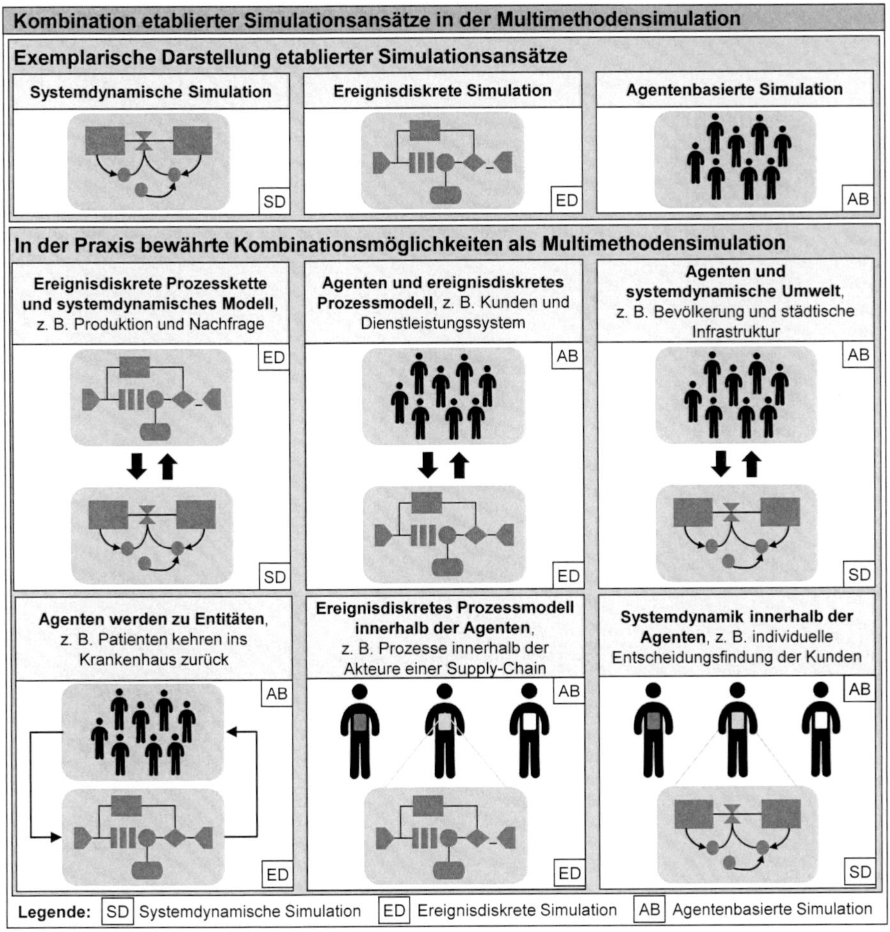

Abb. 28: Übersicht in der Praxis bewährter Kombinationsmöglichkeiten der Multimethodensimulation, eig. Darst i. A. a. [BOR13a, S. 4090]

Demnach ist insbesondere die Kombination des ereignisdiskreten und des agentenbasierten Simulationsansatzes für die Simulation einer Ersatzteil-Supply-Chain geeignet. Hierbei werden die Akteure der Supply Chain wie z. B. Kunden, Ersatzteilhersteller oder Logistikdienstleister als Agenten modelliert, die miteinander interagieren. Innerhalb der Agenten laufen ereignisdiskrete Prozesse wie z. B. die Ersatzteilherstellung ab.

Im Folgenden wird der Forschungsbedarf im Hinblick auf die Zielstellung der vorliegenden Arbeit konkretisiert.

3 Konkretisierung des Forschungsbedarfs und Festlegung der Anforderungen

3.1 Vorgehensmodell des Literature Reviews

Ein Literature Review stellt eine systematische, explizite, umfassende sowie reproduzierbare Methode dar, um bestehende Ansätze in der wissenschaftlichen Literatur zu identifizieren und darauf aufbauend eine Forschungslücke (engl. research gap) herauszuarbeiten [FIN14, S. 3; MÜL15, S. 2; OKO10, S. 4; WEB02, S. xiii; XIA19, S. 93-94]. Dazu werden die hinsichtlich der Forschungsfrage relevanten Veröffentlichungen und darin enthaltene Informationen aus der Gesamtheit der wissenschaftlichen Literatur extrahiert.

Basierend auf dem Vergleich zehn verschiedener Vorgehensmodelle entwickeln BRENDEL ET AL. ein generisches Vorgehensmodell zur Durchführung eines Literature Reviews, an dem sich die vorliegende Arbeit orientiert, siehe Abb. 29 [BRE21, S. 5].[50]

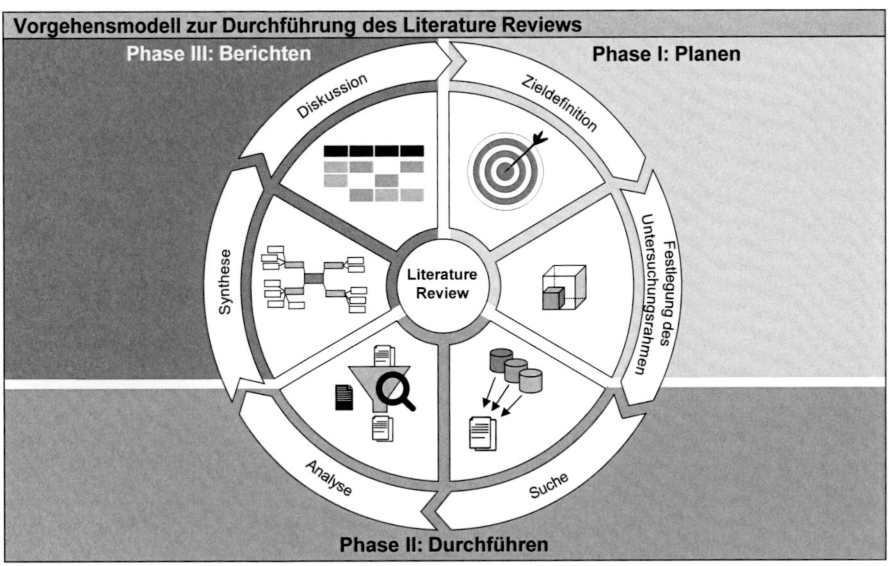

Abb. 29: Angewandtes Vorgehensmodell, eig. Darst. i. A. a. [BRE21, S. 6; VOM09, S. 2212]

[50] Die in der Literatur beschriebenen Vorgehensmodelle unterscheiden sich u. a. in der Anzahl und Detaillierung der beschriebenen Schritte, vgl. [BAN15, S. 159-181; KIT04, S. 3; LEV06, S. 182; OKO10, S. 6-7; VOM09, S. 2211-2212].

Das Vorgehensmodell besteht aus den Phasen Planen, Durchführen und Berichten, untergliedert in die sechs Schritte Vorbereitung, Festlegung des Untersuchungsrahmens, Suche, Analyse, Synthese und Diskussion [BRE21, S. 6]. Das Vorgehensmodell ist kreisförmig angelegt, da durch den ständigen Wissenszuwachs eine regelmäßige Aktualisierung notwendig ist [BAK00, S. 221; VOM09, S. 2211]

3.2 Planung des Literature Reviews

Das Literature Review beginnt mit der Planungsphase, die sich in die Schritte Zieldefinition und Festlegung des Untersuchungsrahmens aufteilt. Im ersten Schritt gilt es die übergeordnete Zielstellung festzulegen [BRE21, S. 6]. Dazu eignet sich die von COOPER entwickelte Taxonomie zur Einordnung von Literature Reviews anhand der Merkmale Ziel, Fokus, Perspektive, Umfang, Organisation und Zielgruppe, siehe Tab. 4. [COO88, S. 109].

Das Ziel des Literature Reviews in der vorliegenden Arbeit umfasst die Integration der identifizierten Veröffentlichungen zu allgemeinen Aussagen und die Identifikation zentraler Themen in den bestehenden Ansätzen. Der Schwerpunkt liegt auf Theorien und Forschungsmethoden und nicht auf reinen Forschungsergebnissen bezogen auf einen individuellen Anwendungsfall. Es wird auf eine vollständige Erfassung mit selektiver Zitierung, neutraler Darstellung sowie methodisch-konzeptioneller Gruppierung der relevanten Veröffentlichungen aus wissenschaftlicher Sicht abgezielt. [COO88, S. 109; RAN09, S. 2-4].

Tab. 4: Taxonomie zur Einordnung des Literature Reviews, i. A. a. [COO88, S. 109; FEL17, S. 12]

<table>
<tr><th>Merkmal</th><th colspan="12">Merkmalsausprägungen</th></tr>
<tr><td>Ziel</td><td colspan="4">Integration</td><td colspan="4">Kritik</td><td colspan="4">Identifikation zentraler Themen</td></tr>
<tr><td>Fokus</td><td colspan="3">Forschungs-ergebnisse</td><td colspan="3">Forschungs-methoden</td><td colspan="3">Theorien</td><td colspan="3">Anwendungen oder Praktiken</td></tr>
<tr><td>Perspektive</td><td colspan="6">Neutrale Darstellung</td><td colspan="6">Stellungnahme</td></tr>
<tr><td>Umfang</td><td colspan="3">Vollständig</td><td colspan="3">Vollständig mit selektiver Zitierung</td><td colspan="3">Repräsentativ</td><td colspan="3">Zentral oder entscheidend</td></tr>
<tr><td>Organisation</td><td colspan="4">Historisch</td><td colspan="4">Konzeptionell</td><td colspan="4">Methodisch</td></tr>
<tr><td>Zielgruppe</td><td colspan="4">Wissenschaft und Forschung</td><td colspan="4">Anwender und Entscheidungsträger</td><td colspan="4">Öffentlichkeit</td></tr>
</table>

Die übergeordnete Zielsetzung des Literature Reviews gilt es anhand einer Forschungsfrage zu konkretisieren [KIT04, S. 9-12]. Diese lautet in der vorliegenden Arbeit:

Welche Auswirkungen hat der Einsatz additiver Fertigungsverfahren in der Ersatzteilproduktion zur Nachserienversorgung technischer Produkte unter Berücksichtigung der räumlichen und zeitlichen Konfiguration der Supply Chain?

Im zweiten Schritt wird der Untersuchungsrahmen festgelegt. Berücksichtigt werden in der vorliegenden Arbeit deutsch- und englischsprachige Veröffentlichungen, die ein wissenschaftliches Begutachtungsverfahren (engl. peer-review) durchlaufen haben, um Signifikanz, Validität und Originalität sicherzustellen [KEL14, S. 228]. In der Planungsphase werden zudem geeignete Datenbanken ausgewählt [BRE21, S. 7]. In der vorliegenden Arbeit werden die elektronischen Datenbanken *IEEE Xplore*, *ScienceDirect*, *Scopus*, *Web of Science Core Collection* und *Wiley Online Library* verwendet, siehe Tab. 5. Erweitert wird der Suchraum um die Open Access Datenbank *Google Scholar*, bei der jedoch keine vollständige Transparenz über Art und Umfang der Veröffentlichungen herrscht [HAL17, S. 830].

Tab. 5: Verwendete elektronische Datenbanken

Elektronische Datenbank	Anzahl Publikationen	Quelle
Google Scholar	Unbekannt	[HAL17, S. 824]
IEEE Xplore	> 5 Mio.	[INS21]
ScienceDirect	> 18 Mio.	[ELS21a]
Scopus	> 80 Mio.	[ELS21b]
Web of Science Core Collection	> 79 Mio.	[CLA21]
Wiley Online Library	> 8 Mio.	[JOH21]

Anschließend werden geeignete Schlagworte (engl. keywords) als Suchbegriffe definiert. Hierbei gilt es den Zielkonflikt zwischen Genauigkeit und Vollständigkeit zu berücksichtigen [BRE21, S. 7].[51] Die Suche wird erweitert oder eingeengt, indem Suchbegriffe durch Boolesche Operatoren zu einer Suchanfrage verknüpft werden [BOO16, S. 118-119; FIN14, S. 24-25].[52] Die in der vorliegenden Arbeit verwendete Suchanfrage ist in Abb. 30 dargestellt.

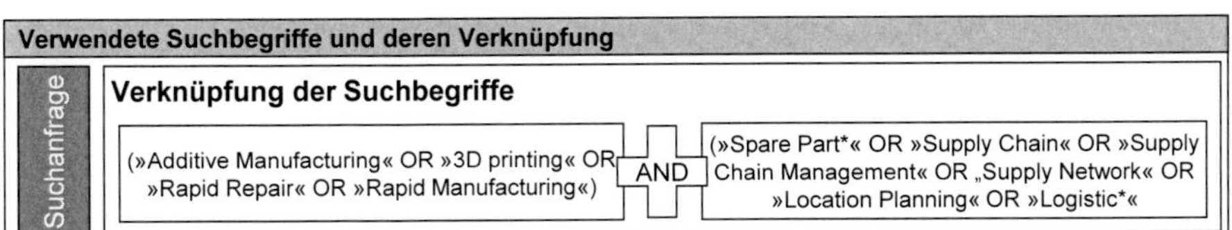

Abb. 30: Verknüpfung der Suchbegriffe zur Suchanfrage, eig. Darst. i. A. a. [BAR19, S. 24]

[51] Die Verwendung generischer Suchbegriffe führt zwar in der Regel zu einer höheren Anzahl an Veröffentlichungen, gleichzeitig steigt jedoch die Anzahl an Veröffentlichungen ohne Bezug zur Forschungsfrage [XIA19, S. 104].

[52] In der Booleschen Algebra werden im Allgemeinen Konjunktion, Disjunktion sowie Negation unterschieden [BEU11, S. 191]. Die Konjunktion in Form einer UND-Verknüpfung (engl. AND) bildet eine Schnittmenge und verringert die Anzahl der Ergebnisse, während die Disjunktion mittels ODER-Verknüpfung (engl. OR) eine Vereinigungsmenge darstellt und die Anzahl der Ergebnisse erweitert. Durch Kombination der Verknüpfungen werden komplexe Suchanfragen gebildet und durch Klammern Prioritäten gesetzt [BEU11, S. 191].

Die Themengebiete additive Fertigung und Ersatzteilversorgung werden mit »AND« und synonyme Suchbegriffe innerhalb der Themengebiete mit »OR« verknüpft. Im Themengebiet der additiven Fertigung werden auf der Technologieebene die synonymen Suchbegriffe »Additive Manufacturing« und »3D Printing« verwendet und diese um die Suchbegriffe »Rapid Repair« und »Rapid Manufacturing« auf der Anwendungsebene ergänzt [DIN17, S. 9; GEB16, S. 6; LAC16, S. 7; WOH20, S. 18].

Die verwendeten Suchbegriffe der Ersatzteilversorgung setzen sich aus dem Ersatzteil (engl. spare part) der Lieferkette (engl. supply chain) und dem Liefernetzwerk (engl. supply network) bzw. deren Koordination in Form des »Supply Chain Management« zusammen. Darüber hinaus wird die Logistik (engl. logistics) als zentrales Element zur Distribution der Ersatzteile als Suchbegriff berücksichtigt. Ergänzt werden die Suchbegriffe um die Standortplanung (engl. location planning).

Durch die Verwendung des Platzhalters »*« am Ende eines Suchbegriffs wird zudem Singular und Plural gleichermaßen berücksichtigt.

3.3 Durchführung des Literature Reviews

Die Durchführung des Literature Reviews gliedert sich in die Literatursuche sowie die Analyse der Ergebnisse hinsichtlich deren formaler und inhaltlicher Eignung. Das Vorgehen gleicht einem Trichter, an dessen Ende eine Auswahl geeigneter Veröffentlichungen steht [LEV06, S. 192]. Zunächst wird die Suchanfrage in den ausgewählten Datenbanken durchgeführt. Dabei gilt es vorab festzulegen, welcher Teil der Veröffentlichungen auf die definierten Suchbegriffe geprüft wird [LEV06, S. 190]. Die vorliegende Arbeit beschränkt sich auf den Titel, da eine Volltextsuche in der Regel zu einer hohen Anzahl ungeeigneter Ergebnisse führt [BRE21, S. 7]. In der im Januar 2021 durchgeführten Literatursuche werden insgesamt 658 Veröffentlichungen identifiziert und zu einem Datensatz zusammengestellt. Im Anschluss erfolgt die formale und inhaltliche Analyse der Veröffentlichungen, wobei ungeeignete Ergebnisse mittels entsprechender Exklusionskriterien aussortiert werden.

In der **formalen Analyse** werden zunächst 282 Dubletten im Datensatz entfernt. Anschließend werden zwölf Veröffentlichungen aufgrund der Sprache aussortiert. Zusätzlich wird der Zeitraum der Veröffentlichung auf die letzten zehn Jahre beschränkt, wodurch elf Veröffentlichungen aus den Jahren vor 2011 aussortiert werden [BRE21, S. 7]. Anschließend werden nicht begutachtete Veröffentlichungen aussortiert, wodurch sich der Datensatz um weitere 92 Veröffentlichungen verringert. Auf vier Veröffentlichungen ist kein Zugriff möglich, wodurch sich der Datensatz nach der formalen Analyse auf insgesamt 257 Veröffentlichungen reduziert. Eine Erweiterung der Datengrundlage durch Vorwärts- bzw. Rückwärtssuche ist nicht notwendig [LEV06, S. 190-192; WEB02, S. xvi].

Im Rahmen der **inhaltlichen Analyse** werden die Veröffentlichungen hinsichtlich ihrer Relevanz zur Forschungsfrage geprüft. Das Vorgehen zur Aussortierung erfolgt in Anlehnung an BOOTH ET AL. und besteht aus drei Teilschritten [BOO16, S. 143]. Zunächst wird der Titel jeder Veröffentlichung untersucht, anschließend die Kurzzusammenfassung (engl. abstract) und zuletzt der Volltext. Darüber hinaus werden Veröffentlichungen ausgeschlossen, die sich auf eine Branche beziehen, in der spezielle Bedingungen bzw. Anforderungen gelten. Dazu zählen das Gesundheitswesen oder die Rüstungsindustrie. Die dort entwickelten Ansätze und Methoden sind in der Regel nicht generalisierbar und nur eingeschränkt auf andere Branchen übertragbar. Dadurch werden insgesamt 226 der 257 formal geeigneten Veröffentlichungen aus der weiteren Betrachtung ausgeschlossen. 77 Veröffentlichungen aufgrund des Titels, 52 auf Basis des Abstracts und weitere 97 Veröffentlichungen nach Prüfung des Volltextes. Die Durchführung des Literature Reviews ist in Abb. 31 als Flussdiagramm in Anlehnung an das »Preferred Reporting Items for Systematic reviews and Meta-Analyses (PRISMA) statement« dargestellt [MOH09, S. 8; PAG21, S. 5].

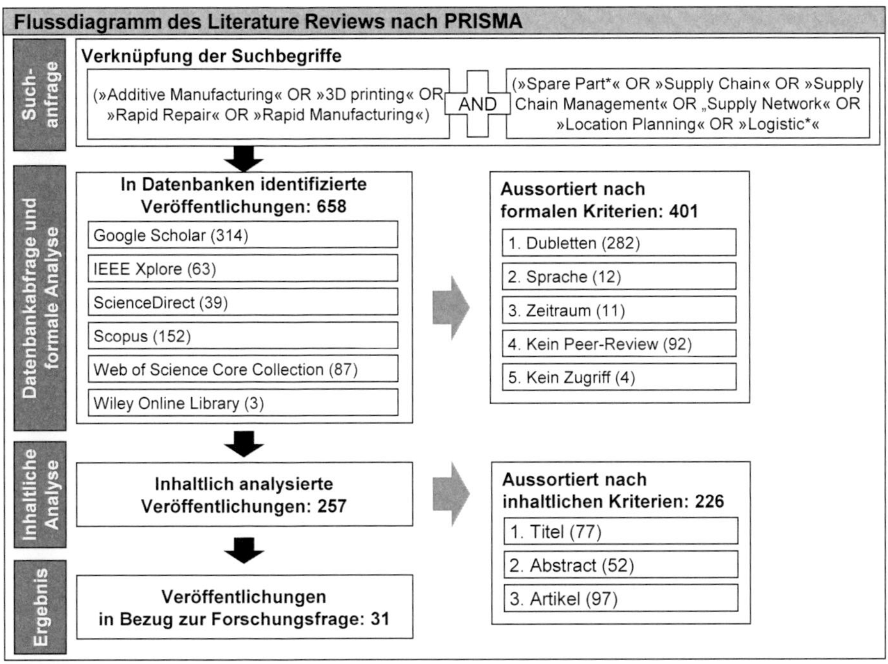

Abb. 31: Vorgehen als Flussdiagramm i. A. a. das »Preferred Reporting Items for Systematic reviews and Meta-Analyses (PRISMA) statement«, eig. Darst. i. A. a. [KOL22, S. 897; MOH09, S. 8; PAG21, S. 5]

3.4 Zusammenfassung bestehender Forschungsansätze und Ableitung des Handlungsbedarfs

Die dritte Phase des Vorgehensmodells besteht aus den Schritten Synthese und Diskussion. Grundlage bildet die Zusammenfassung der identifizierten Ansätze der 31 Veröffentlichungen mit Bezug zur Forschungsfrage [BRE21, S. 8]. Dazu werden Merkmale definiert, um die Forschungslücke der bestehenden Ansätze aufzuzeigen und den Handlungsbedarf abzuleiten. Die 31 Veröffentlichungen werden hinsichtlich der Merkmale Zielsetzung, Zielgrößen, Entscheidungsvariablen, untersuchte Szenarien, Art des verwendeten Modells und dessen Zufallsverhalten sowie Datengrundlage zur Validierung des Ansatzes kategorisiert und verglichen [KOL22, S. 898]. Die Merkmale und deren Ausprägungen sowie deren Häufigkeit werden im Folgenden näher beschrieben und analysiert.

Die **Zielsetzung** besteht entweder in der Optimierung eines bestehenden Systems oder in der Neuplanung der Ersatzteil-Supply-Chain. Je nach Zielsetzung unterscheiden sich die Freiheitsgrade deutlich, da z. B. Restriktionen aufgrund bestehender Infrastruktur bei einer Neuplanung nicht berücksichtigt werden müssen [GRU15, S. 18]. In den betrachteten Publikationen überwiegt die Konfiguration eines neuen Systems mit 17 von 31 Fällen.

Um die Zielerreichung zu messen, werden **Zielgrößen** verwendet. Zu den wichtigsten Zielen der Produktion zählen Zeit, Kosten und Qualität, die das »magische Zieldreieck« bilden und um weitere Dimensionen, wie z. B. Umweltaspekte erweitert werden können [DRE19, S. 22; GRO21, S. 1614; HER10, S. 312]. Die qualitative Eignung der additiv gefertigten Bauteile stellt eine Voraussetzung in der Mehrheit der Veröffentlichungen sowie der vorliegenden Arbeit dar und wird daher im Folgenden nicht näher betrachtet. Schwerpunkt der analysierten Veröffentlichungen bildet die Kostenbetrachtung, während die Zielgrößen Zeit und Nachhaltigkeit nur in geringem Maße (in neun bzw. fünf der 31 Veröffentlichungen) berücksichtigt werden.

Ein weiteres Merkmal stellt die Berücksichtigung der Standortwahl sowie der Lagerbestände entlang der Lieferkette als **Entscheidungsvariablen** dar. Die Berücksichtigung von Beständen erfolgt in 17 Fällen, während die Standortwahl in zehn der beschriebenen Ansätze in die Betrachtung einfließt. Dies steht in einem engen Zusammenhang mit den im jeweiligen Ansatz **untersuchten Szenarien** und der Dezentralisierung der Produktionsstandorte (vgl. Abschnitt 2.2.6). Die zentrale Fertigung von Ersatzteilen am Produktionsstandort des Herstellers wird in 20 Veröffentlichungen analysiert, während in weiteren zwölf Veröffentlichungen eine Hub-Konfiguration auf Händlerebene untersucht wird. In nur vier Veröffentlichungen wird die additive Fertigung am Bedarfsort bzw. beim Kunden betrachtet.

Als Referenzszenario wird in 24 Veröffentlichungen die »konventionelle« Fertigung von Ersatzteilen herangezogen. Die Untersuchungen der Ersatzteil-Supply-Chain erfolgen in allen Veröffentlichungen an geeigneten **Modellen**, da eine Untersuchung des realen bzw. geplanten Systems nicht wirtschaftlich umsetzbar ist (vgl. Abschnitt 2.3.2). Zwar ist der Einsatz von Simulationsmodellen den analytischen Modellen in einigen Fällen vorzuziehen, dennoch werden Simulationsmodelle derzeit nur in elf Veröffentlichungen angewandt, während analytische Modelle in 21 Veröffentlichungen genutzt werden. Das **Zufallsverhalten** der Modelle ist in der Regel stochastisch (21 Ansätze), wobei auch deterministisches Verhalten in zehn Veröffentlichungen berücksichtigt wird.

Abschließend wird die Datengrundlage zur **Validierung** des jeweiligen Ansatzes als weiteres Merkmal analysiert. Dabei wird unterschieden zwischen der Verwendung von Primärdaten aus einer realen Anwendung, der Verwendung von Sekundärdaten aus bereits veröffentlichten Fallstudien und der Verwendung fiktiver Daten bzw. der Durchführung numerischer Studien. In elf Veröffentlichungen werden Primärdaten zur Validierung verwendet, während 16 weitere Ansätze auf bereits veröffentlichte Daten zurückgreifen. Weitere sieben Studien verwenden fiktive Daten bzw. führen numerische Studien durch, um z. B. den Einfluss einzelner Variablen zu untersuchen. Abb. 32 zeigt die Häufigkeit der verschiedenen Merkmalsausprägungen. Die Summe der Merkmalsausprägungen weicht teilweise von der Anzahl der untersuchten Veröffentlichungen ab, weil einzelne Veröffentlichungen teils mehrere Ansätze beschreiben.

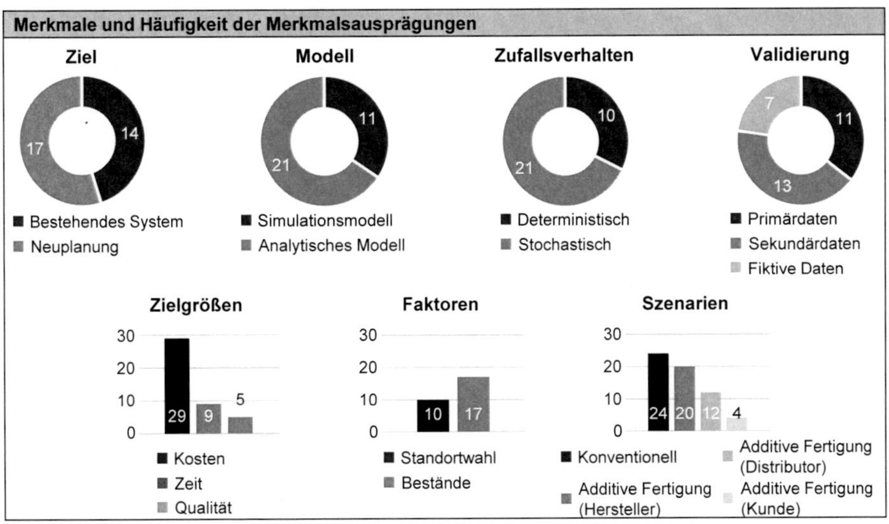

Abb. 32: Einordnung der Ansätze der analysierten Literatur, eig. Darst. i. A. a. [KOL22, S. 898]

Die Darstellung der absoluten Häufigkeit der Kombinationen bestimmter Merkmalsausprägungen mittels Kontingenztafeln ermöglicht die Analyse von Zusammenhängen innerhalb der Daten [TOU08, S. 97-98]. Tab. 6 zeigt eine Kontingenztafel, bei der in den Zeilen zum einen zwischen den beiden Zielsetzungen Optimierung und Neuplanung differenziert wird und zum anderen nochmals zwischen den drei verschiedenen Datengrundlagen zur Validierung unterschieden wird. In den Spalten wird differenziert, ob ein analytisches Modell oder ein Simulationsmodell verwendet wird. In den 31 analysierten Veröffentlichungen kamen 21 analytische Modelle und zehn Simulationsmodelle zum Einsatz.

Insgesamt 13 Ansätze zielen darauf ab, ein bestehendes System zu optimieren, weitere 18 Veröffentlichungen untersuchen eine Neuplanung. Zur Optimierung bestehender Systeme werden mehrheitlich analytische Modelle unter Verwendung von Primärdaten beschrieben. In nur drei Veröffentlichungen werden bestehende Systeme optimiert und dazu Simulationsmodelle eingesetzt. Von diesen nutzen nur CHIU & LIN Primärdaten zur Validierung [CHI16].

Tab. 6: Kontingenztafel, i. A. a. [KOL22, S. 900]

Zielsetzung	Validierung	Modell		Summe
		Analytisches Modell	Simulationsmodell	
Optimierung	Primärdaten	9	1	10
	Sekundärdaten	1	2	3
	Fiktive Daten	0	0	0
Neuplanung	Primärdaten	0	1	1
	Sekundärdaten	6	4	10
	Fiktive Daten	5	2	7
	Summe	21	10	31

Unabhängig von der Zielsetzung sind fast alle bestehenden Ansätze auf die Zielgröße Kosten ausgerichtet. Ökologische Faktoren wurden bisher nur in fünf Veröffentlichungen berücksichtigt, die alle auf die Auslegung neuer Systeme abzielen. Allerdings fehlt auch diesen Ansätzen die Validierung anhand realer Daten.

Fazit: Zusammenfassend lässt sich feststellen, dass bereits Veröffentlichungen existieren, die sich mit der grundsätzlichen Problemstellung (vgl. Abschnitt 1.2) befassen. Die vorgeschlagenen Lösungen beziehen sich jedoch in der Regel nur auf einzelne Aspekte bzw. Teilziele der vorliegenden Arbeit. Ein ganzheitlicher Ansatz und dessen industrielle Erprobung durch Primärdaten fehlen bisher. Dies wird durch die Klassifizierung der einzelnen wissenschaftlichen Veröffentlichungen sowie der Einordnung der vorliegenden Arbeit in Tab. 7 deutlich.

Tab. 7: Bewertung bestehender Ansätze und Einordnung der vorliegenden Arbeit, i. A. a. [KOL22, S. 899]

Legende:
- ● Hohe Berücksichtigung
- ◑ Mittlere Berücksichtigung
- ○ Niedrige Berücksichtigung

		Ziel		**Zielfaktoren**			**Faktor**		**Untersuchtes Szenario**				**Modell**		**Zufalls-verhalten**		**Validierung**		
Autor	**Quelle**	Optimierung	Neuplanung	Kosten	Zeit	Nachhaltigkeit	Standortwahl	Bestände	Konventionell	AF (Hersteller)	AF (Distributor)	AF (Kunde)	Simulationsmodell	Analytisches Modell	Deterministisch	Stochastisch	Primärdaten	Sekundärdaten	Fiktive Daten
Afshari et al.	[AFS19]	○	●	●	○	●	○	○	●	●	○	○	○	●	●	○	○	●	○
Afshari et al.	[AFS20]	○	●	●	○	●	○	○	●	○	●	○	○	●	○	●	○	●	○
Alogla et al.	[ALO19]	●	○	●	○	○	○	○	●	●	○	○	●	○	○	●	●	○	○
Ashour Pour et al.	[ASH17]	●	○	●	○	○	○	●	●	●	○	○	○	●	●	○	○	●	○
Barz et al.	[BAR16]	○	●	●	○	◑	●	○	●	●	○	○	○	●	○	●	○	○	●
Basto et al.	[BAS19]	●	○	●	○	○	○	●	●	○	●	○	○	●	●	○	●	○	○
Brito et al.	[BRI21]	●	○	●	○	○	◑	○	●	○	●	○	○	●	○	●	●	○	○
Cestana et al.	[CES19]	○	●	●	●	○	○	●	●	●	○	○	○	●	○	●	○	○	●
Chiu & Lin	[CHI16]	●	○	●	●	○	◑	○	●	●	○	○	●	○	○	●	●	○	○
Chung et al.	[CHU18]	○	●	●	○	○	●	○	○	○	●	○	○	●	●	○	○	○	●
Cokyasar et al.	[COK18]	●	○	●	○	○	○	●	●	●	○	○	●	○	○	●	○	●	○
Davis et al.	[DAV19]	○	●	●	●	○	◑	○	●	●	●	●	○	●	○	●	○	○	●
Dircksen & Feldmann	[DIR20]	○	●	●	●	●	●	●	○	○	○	○	●	○	●	○	○	○	●
Emelogu et al.	[EME19]	●	○	●	○	○	●	●	○	○	●	○	○	●	○	●	●	○	○
Ghadge et al.	[GHA18]	●	○	●	○	○	○	●	○	○	●	○	●	○	○	●	○	●	○
Knofius et al.	[KNO19]	●	○	●	●	○	○	●	●	●	○	○	○	●	○	●	●	○	○
Knofius et al.	[KNO20]	●	○	●	○	○	○	●	●	●	○	○	○	●	○	●	●	○	○
Li et al.	[LI17]	○	●	●	○	●	○	●	●	●	○	●	●	○	●	○	○	●	○
Li et al.	[LI19]	○	●	●	●	○	○	○	○	○	●	●	●	○	●	○	○	●	○
Lin et al.	[LIN14]	●	○	●	○	○	○	○	●	●	○	○	○	●	●	○	●	○	○
Liu et al.	[LIU14]	●	○	●	○	○	○	●	●	○	●	●	○	●	○	●	●	○	○
Özceylan et al.	[ÖZC18]	○	●	○	●	○	○	●	●	●	○	○	●	○	○	●	●	●	○
Mashhadi et al.	[MAS15]	○	●	○	●	○	○	●	●	○	●	○	●	○	○	●	○	○	●
Savolainen & Collan	[SAV20]	○	●	●	○	○	○	○	●	●	●	○	○	●	●	○	○	●	○
Scott & Harrison	[SCO15]	●	○	●	○	○	●	●	●	●	○	○	○	●	○	●	○	●	○
Sgarboassa et al.	[SGA21]	○	●	●	○	○	○	●	●	●	○	○	○	●	○	●	○	○	●
Sirichakwal & Conner	[SIR16]	○	●	●	○	○	○	●	○	●	○	○	○	●	○	●	○	●	○
Strong et al.	[STR18]	○	●	●	○	○	●	○	○	○	◑	○	○	●	●	○	○	●	○
Strong et al.	[STR20]	●	○	●	○	○	●	○	●	●	○	○	○	●	○	●	●	○	○
Togwe et al.	[TOG19]	○	●	●	●	○	○	●	●	●	○	○	●	○	○	●	○	●	○
Zhang et al.	[ZHA19]	○	●	●	○	○	○	○	●	●	○	○	●	○	○	●	○	●	○
Vorliegende Arbeit		●	○	●	●	●	◑	●	●	●	●	●	●	○	○	●	●	○	○

3.5 Festlegung der Anforderungen an das zu entwickelnde Vorgehensmodell

Basierend auf der Analyse des Standes der Erkenntnisse und der thematischen Ausrichtung zur Gestaltung der additiven Ersatzteilversorgung sowie der Evaluierung und Zusammenfassung bestehender Ansätze im Kontext der Zielsetzung der vorliegenden Arbeit leiten sich die in Tab. 8 dargestellten Anforderungen an das zu entwickelnde Vorgehensmodell ab.

Tab. 8: Anforderungen an das zu entwickelnde Vorgehensmodell

Nr.	Anforderung	Anforderungsspezifikation
1	**Bewertung der Ersatzteil-Supply-Chain Konfiguration**	Entscheidungsträger produzierender Unternehmen stehen vor der Herausforderung, wie die Ersatzteil-Supply-Chain bei Verwendung additiver Fertigungsverfahren zu konfigurieren ist. Zur Beurteilung der Ersatzteil-Supply-Chain Konfiguration ist daher die Operationalisierung geeigneter Zieldimensionen notwendig.
2	**Simulationsgestützte Analyse**	Die simulationsgestützte Analyse ermöglicht es, komplexe Strukturen, dynamische und stochastische Zusammenhänge sowie Interdependenzen der Ersatzteil-Supply-Chain abzubilden. Die Analyse soll dabei die Dynamik der Ersatzteilversorgung sowie unterschiedliche Zufallsereignisse berücksichtigen.
3	**Abbildung individueller Zielvorstellungen**	Sowohl die objektive Situation des Unternehmens als auch subjektive Präferenzen des Anwenders führen dazu, dass die Zieldimensionen der additiven Ersatzteilversorgung in der industriellen Praxis einen unterschiedlichen Stellenwert einnehmen. Das Vorgehen muss daher die jeweilige Wettbewerbsstrategie sowie individuelle Zielvorstellungen der Entscheidungsträger in produzierenden Unternehmen berücksichtigen.
4	**Allgemeingültigkeit und Übertragbarkeit**	Die Ersatzteilversorgung nach Ende der Serienproduktion ist unternehmensspezifisch festzulegen und von individuellen Merkmalsausprägungen abhängig. Das Vorgehen ist so zu gestalten, dass die Anwendbarkeit und Übertragbarkeit auf unterschiedliche Anwendungsfälle gewährleistet wird.
5	**Ableitung strategischer Handlungsempfehlungen**	Ergebnis des Vorgehens ist eine abgeleitete strategische Handlungsempfehlung auf Basis der simulationsgestützten Analyse und der individuellen Zielvorstellung des Anwenders. Die abgeleitete Handlungsempfehlung soll die Konfiguration der Ersatzteil-Supply-Chain konkretisieren und dient als Grundlage für deren Umsetzung.

Die aufgeführten Anforderungen und deren Spezifikation bilden gemeinsam mit der Zielsetzung den Rahmen für die Entwicklung eines Vorgehensmodells zur Planung und Bewertung der Ersatzteilversorgung durch additive Fertigung. Das Vorgehensmodell wird im Folgenden ausführlich beschrieben.

4 Entwicklung eines Vorgehensmodells zur Planung und Bewertung der Ersatzteilversorgung durch additive Fertigung

Das Vorgehensmodell zur simulativen Planung und Bewertung der Ersatzteilversorgung mittels additiver Fertigung setzt sich aus drei übergeordneten sequenziellen Schritten zusammen, siehe Abb. 33.

Im **ersten Schritt** gilt es die notwendigen Basismerkmale zu ermitteln und mögliche Einschränkungen hinsichtlich der Gestaltung der Ersatzteil-Supply-Chain zu berücksichtigen. Dazu erfolgen zunächst die Planung des Ersatzteilbedarfs und die Festlegung des Planungszeitraums. Darauf aufbauend erfolgt die Analyse und Beschreibung der ggf. bereits existierenden Ersatzteil-Supply-Chain bzw. deren zukünftiger Elemente, bspw. hinsichtlich bestehender Infrastruktur zur Lagerung oder potenzieller Standorte für die additive Fertigung der Ersatzteile. Abschließend müssen mögliche Restriktionen und Rahmenbedingungen identifiziert werden, die eine weitere Einschränkung in der Gestaltungsfreiheit der Ersatzteil-Supply-Chain begründen.

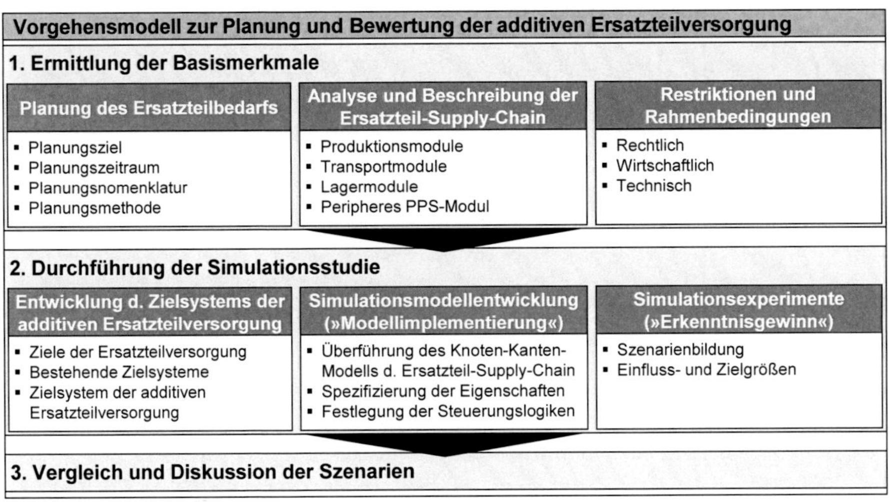

Abb. 33: Übersicht des Vorgehensmodells zur Planung und Bewertung der Nachserienversorgung durch additive Fertigung, eig. Darst.

Auf dieser Basis wird im **zweiten Schritt** eine Simulationsstudie zur Konfiguration der Ersatzteil-Supply-Chain durchgeführt. Bewertungsgrundlage bildet das Zielsystem der additiven Ersatzteilversorgung. Dazu erfolgt die Simulationsmodellentwicklung als zentrales Element des Vorgehensmodells unter Verwendung der in Abschnitt 2.3.5 beschriebenen etablierten Simulationsansätze. Das Simulationsmodell wird daraufhin zur Durchführung der Simulationsexperimente genutzt, vgl. Abschnitt 2.3.3, um somit Informationen über das Systemverhalten unterschiedlicher Konfigurationen der Ersatzteil-Supply-Chain zu gewinnen.

Im **dritten Schritt** erfolgt ein Vergleich der simulierten Szenarien und deren Interpretation sowie die Ableitung strategischer Handlungsempfehlungen zur Übertragung auf das reale System in Form der Umsetzung der geeignetsten Konfiguration der Ersatzteil-Supply-Chain.

Im Folgenden werden die Elemente des Vorgehensmodells zur Planung und Bewertung der additiven Ersatzteilversorgung und deren Zusammenhänge ausführlich beschrieben.

4.1 Planung des Ersatzteilbedarfs

Die Prognose der Ersatzteilbedarfe ist der Ausgangspunkt für die Planung der Nachserienversorgung. Eine unzureichende Ersatzteilbedarfsplanung führt unter Umständen zu erheblichen negativen Folgen [BOT03, S. 90; DOM20, S. 42; GÜR86, S. 138]. Nach GÜRMANN ET AL. umfasst die Ersatzteilbedarfsplanung die »sortimentsbezogene mengen- und wertmäßige Ermittlung des Bedarfs und seiner zeitlichen und örtlichen Verteilung [...]« [GÜR86, S. 138]. Das Vorgehen setzt sich dabei in Anlehnung an GÜRMANN ET AL. aus Ziel, Zeitraum, Nomenklatur und Methode der Planung zusammen, siehe Abb. 34 [GÜR86, S. 142].[53]

Elemente zur Planung des Ersatzteilbedarfs			
Planungsziel	**Planungszeitraum**	**Planungsnomenklatur**	**Planungsmethode**
Definition der Aufgabenstellung und des Planungsziels zur Ableitung der relevanten Anforderungen an die weiteren Elemente der Planung.	Festlegung des Planungshorizonts der Nachserienversorgung zur Prognose des Ersatzteilbedarfs.	Festlegung des Aggregationsniveaus des Ersatzteilbedarfs in Abhängigkeit des Planungsziels und des Planungszeitraums.	Auswahl geeigneter Planungsmethoden zur objektiven Bestimmung des prognostizierten Ersatzteilbedarfs im Planungszeitraum.

Abb. 34: Ausgewählte Elemente der Ersatzteilbedarfsplanung, eig. Darst. i. A. a. [GÜR86, S. 142]

[53] Die innerbetrieblichen Elemente der Ersatzteilbedarfsplanung: »Organisation des Planungsprozesses« zur Festlegung der Verantwortlichkeiten im Unternehmen sowie »Technische Basis des Planungsprozesses« u. a. zur Bestimmung der technischen Umsetzung der Datengewinnung, -übertragung und -bereitstellung werden nicht berücksichtigt [GÜR86, S. 144-145].

4.1.1 Planungsziel

Im ersten Schritt der Planung des Ersatzteilbedarfs gilt es, das Planungsziel und damit die Aufgabenstellung zu bestimmen. In der vorliegenden Arbeit stellt dies im Allgemeinen die Nachserienversorgung mittels additiver Fertigungsverfahren und die Festlegung der geeignetsten Konfiguration der Ersatzteil-Supply-Chain dar. Anwenderspezifisch muss darüber hinaus Planungsgegenstand, Planungsebene (vgl. Abb. 21, S. 38) und Betrachtungsrahmen bzw. Geltungsbereich festgelegt werden, bspw. hinsichtlich der geografischen Region oder dem zu betrachtenden Produkt- bzw. Kundensegment [IVA21, S. 15; SCH77, S. 21-23]. Durch die Typologisierung der Ersatzteile (vgl. Abschnitt 2.1.1) und der Anwendung von Klassifizierungskriterien wird der Planungsgegenstand bei Bedarf eingegrenzt.[54] Ausgehend vom Planungsziel leiten sich weitere Anforderungen an die Elemente der Ersatzteilbedarfsplanung ab [GÜR86, S. 143].

4.1.2 Planungszeitraum

Im nächsten Schritt gilt es, den Planungszeitraum festzulegen. Dieser umfasst in der vorliegenden Arbeit die Nachserienversorgung (vgl. Abb. 6, S. 11). Der Planungszeitraum hat direkten Einfluss auf die Höhe des Ersatzteilbedarfs und stellt zudem die zeitliche Bezugsgröße für die spätere Bewertung und Gegenüberstellung verschiedener Szenarien und Konfigurationen der Ersatzteil-Supply-Chain dar [VDI05, S. 11]. Die Festlegung des Planungszeitraums ist u. a. von vertraglichen Vereinbarungen abhängig, stellt jedoch auch eine strategische Entscheidung zur Kundenbindung dar und ist deshalb unternehmens- bzw. produktspezifisch festzulegen [BOT03, S. 41; VDI01, S. 15].

Mit steigendem Planungszeitraum steigt jedoch die Unsicherheit der Ersatzteilbedarfsprognose und damit das Risiko einer Bedarfsabweichung [MEI94, S. 83]. Abb. 35 stellt dies an Hand der Entwicklung der »Zukunftsräume« auf Basis zweier Unsicherheitsfaktoren bei Entscheidungen über mehrere Perioden exemplarisch dar [MÖL08, S. 27]. Demnach reduziert sich die Unsicherheit bei einem festgelegten Betrachtungszeitraum im fortschreitenden Zeitablauf schrittweise. Aufgrund der Dynamik des Ersatzteilbedarfs gilt es daher, die Bedarfsprognose regelmäßig zu prüfen und ggf. Korrekturen vorzunehmen [GÜR86, S. 146].

[54] Dazu zählen u. a. die ABC-Analyse zur Ermittlung der wertmäßigen Bedeutung bspw. in Form des Umsatzanteils und die XYZ-Analyse zur Analyse der Vorhersagegenauigkeit sowie deren Kombination als ABC-/XYZ-Analyse [ARN16, S. 21-28; BIE08, S. 91-92; SCH13b, S. 178-179; WAN21, S. 25-43].

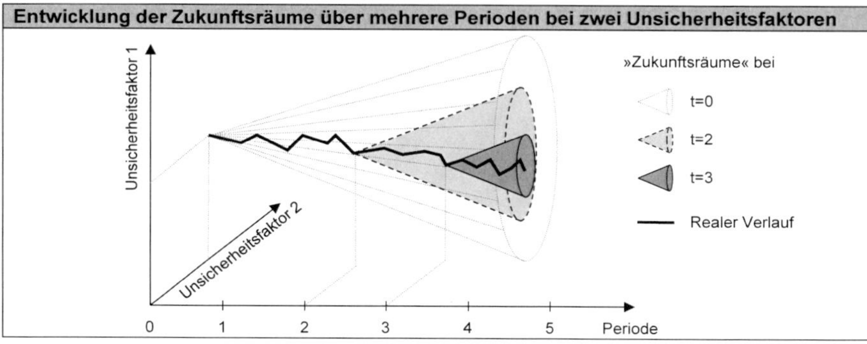

Abb. 35: Zukunftsräume bei Entscheidungen über mehrere Perioden, eig. Darst. i. A. a. [MÖL08, S. 27]

4.1.3 Planungsnomenklatur

Im nächsten Schritt gilt es, das Aggregationsniveau des Ersatzteilbedarfs in Abhängigkeit des Planungsziels und -zeitraums festzulegen. Dies erfolgt entweder »wertmäßig in zusammengefassten Nomenklaturen« wie z. B. pro Primärprodukt oder pro Baugruppe oder detailliert nach Sortiment, Volumen sowie zeitlicher und räumlicher Verteilung (»Sortimentsbedarf pro Ersatzteilposition«) [GÜR86, S. 144].

Der Detaillierungsgrad und die Auflösung der Informationen reicht dabei von einem hohen Abstraktionsgrad bei der Analyse geeigneter Standorte für die Herstellung oder Lagerung von Produkten bis hin zu einem niedrigen Abstraktionsgrad bspw. bei der Analyse wertschöpfender Aktivitäten auf Prozessebene (vgl. Systeme und Subsysteme einer Supply Chain in Abb. 21, S. 38) [IVA21, S. 15].

4.1.4 Planungsmethode

Abschließend gilt es, eine geeignete Planungsmethode zur Ermittlung des Ersatzteilbedarfs auszuwählen. Dabei wird zwischen deterministischen, heuristischen und stochastischen Verfahren zur Bedarfsermittlung differenziert [HAR93, S. 235; WEC17, S. 32]. **Deterministische Verfahren** leiten aus dem Primärbedarf bspw. über Stücklisten (»analytische Bedarfsauflösung«) bzw. Teileverwendungsnachweisen (»synthetische Bedarfsauflösung«) den Ersatzteilbedarf ab [HAR93, S. 249; WAN21, S. 75-76; WEC17, S. 34].[55] Unsicherheiten hinsichtlich des Ausfallverhaltens der Primärprodukte werden jedoch nicht berücksichtigt

[55] I. e. S. ist die deterministische Bedarfsermittlung nur in der Auftragsfertigung anwendbar, wobei in der industriellen Praxis oftmals prognostizierte Primärbedarfe als determiniert angesehen werden [HAR93, S. 237; WEC17, S. 33].

[BIE08, S. 36; DOM20, S. 43; WEC17, S. 33]. **Heuristische Verfahren** sind qualitative Verfahren bzw. subjektive Schätzungen, bei denen der zukünftige Ersatzteilbedarf entweder auf Erfahrungswerten der Entscheidungsträger (»Intuitivschätzung«) oder den Vergangenheitsdaten eines vergleichbaren Teils (»Analogschätzung«) basiert [HAR93, S. 288]. **Stochastische Verfahren** zur Bedarfsermittlung sind quantitativer Natur und prognostizieren mithilfe mathematisch-statistischer Methoden die zukünftigen Bedarfe auf Basis der Verbrauchsentwicklung in der Vergangenheit [BIE08, S. 36; WEC17, S. 34]. Dazu werden bei univariaten Verfahren wie den zeitreihenanalytischen Verfahren und den lebensdaueranalytischen Verfahren der Ersatzeilverbrauch bzw. die Ersatzteilnachfrage oder die Ausfallrate in Abhängigkeit der Zeit betrachtet [LOU06, S. 260]. Koeffizientenbasierte sowie kausalanalytische Verfahren stellen multivariate Verfahren dar, bei denen mehrere Einflussfaktoren berücksichtigt werden [LOU06, S. 260]. Abb. 36 zeigt heuristische und stochastische Verfahren zur Prognose des Ersatzteilbedarfs und deren Beschreibung.[56]

Methoden zur Ermittlung des Ersatzteilbedarfs		
Heuristische Bedarfsermittlung	**Stochastische Bedarfsermittlung**	
Intuitivschätzung Prognosen basierend auf Erfahrungswerten bzw. einfach aufgebauten Regeln.	**Zeitreihenanalytische Verfahren** Betrachtung des Ersatzteilverbrauchs (-nachfrage) mit ausschließlichem Bezug auf die Zeit.	**Koeffizientenbasierte Verfahren** Festlegung von Verschleißkoeffizienten unter Betrachtung einer Reihe von Einflussfaktoren.
Analogschätzung Betrachtung von Vergangenheitsdaten eines vergleichbaren Teils (z. B. ältere Generationen).	**Lebensdaueranalytische Verfahren** Betrachtung der Ausfallrate mit ausschließlichem Bezug auf die Zeit (Wahrscheinlichkeitsverteilungen).	**Kausalanalytische Verfahren** Betrachtung von Ausfallverhalten, Altersstruktur und Einsatzbedingungen der Primärprodukte etc.

Abb. 36: Planungsmethoden zur Prognose des Ersatzteilbedarfs, eig. Darst. i. A. a. [DOM20, S. 43; HAR93, S. 236; WEC17, S. 33]

In der vorliegenden Arbeit wird die Priorisierung der Methoden zur Ermittlung des Ersatzteilbedarfs nach BOTHE verwendet. Demnach werden zur Planung der Nachserienversorgung zunächst Vergangenheits- bzw. Analogiedaten herangezogen. Falls dies nicht möglich ist, gilt es unter Berücksichtigung etwaiger Störungen eine Prognose auf Basis des Ausfallverhaltens zu erstellen. Im Rahmen der Nachserienversorgung erfolgt eine kontinuierliche Beobachtung der realen Bedarfsverläufe und eine Prüfung auf systematische Abweichungen. [BOT03, S. 111]

[56] Innerhalb der Verfahren werden weitere Methoden differenziert wie z. B. die Regressionsanalyse oder das Weibull-Wahrscheinlichkeitsnetz innerhalb der lebensdaueranalytischen Verfahren [DOM20, S. 43-47; HAR93, S. 236; TEM06, S. 33-97; WEC17, S. 34-37].

4.2 Analyse und Beschreibung der Ersatzteil-Supply-Chain

Die Analyse und Beschreibung der Ersatzteil-Supply-Chain ist die Ausgangsbasis zur Planung der Nachserienversorgung und dient als Grundlage für die Simulationsmodellentwicklung. In Anlehnung an ROPOHL wird die Ersatzteil-Supply-Chain als Systemmodell aufgefasst (vgl. Abb. 19, S. 36). Dazu gilt es, das System von seiner Umwelt abzugrenzen und die Elemente des Systems zu identifizieren (vgl. Anhang A.4). Wie in Abschnitt 2.1.5 beschrieben, wird dabei zwischen »Anbieter« und »Abnehmer« der Ersatzteile differenziert, wobei Abnehmer sowohl Endkunden, also Verwender der Ersatzteile, als auch an der Distribution beteiligte Unternehmen umfassen. Die Systemgrenze ist daher u. a. in Abhängigkeit der Rolle des Unternehmens in der Instandhaltung der Primärprodukte, siehe Abb. 37, sowie der Kooperation zwischen den Akteuren der Ersatzteil-Supply-Chain zu wählen.

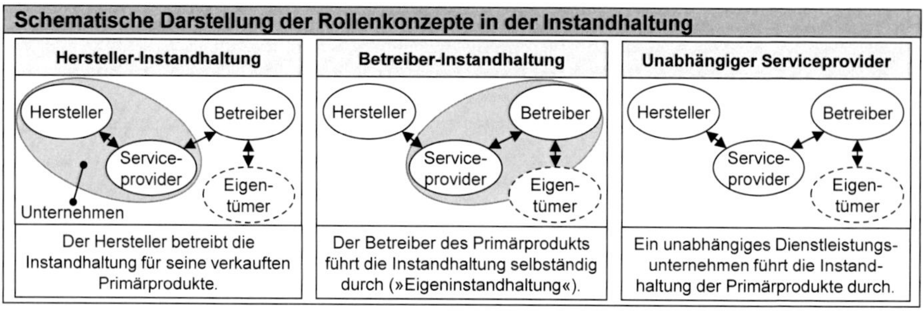

Abb. 37: Rollenkonzepte in der Instandhaltung, eig. Darst. i. A. a. [BAU02, S. 69; BAU18, S. 469-470]

Liegen bspw. keine Informationen über den Verbleib der Ersatzteile nach deren Verkauf an einen Abnehmer vor, ist eine vollständige Betrachtung der Ersatzteil-Supply-Chain bis zum Verwender des Ersatzteils nicht möglich. Daher müssen Quellen und Senken innerhalb der Ersatzteil-Supply-Chain definiert und die Systemgrenze für den jeweiligen Anwendungsfall festgelegt werden. Im nächsten Schritt werden die Systemelemente beschrieben. Obwohl jede Ersatzteil-Supply-Chain ihre eigene Charakteristik aufweist, setzt sie sich unabhängig von individuellen Ausprägungen aus Produktion, Lagerung und Transport der Ersatzteile, den unterschiedlichen Standorten sowie dem Informationsfluss innerhalb und zwischen den Beteiligten zusammen [HUG11, S. 5]. Zur Sicherstellung der Allgemeingültigkeit und Übertragbarkeit des Vorgehens werden Produktion, Transport und Lagerung entlang der Ersatzteil-Supply-Chain im »Knoten-Kanten-Modell« dargestellt (vgl. Abb. 12, S. 23).

Durch die modulare Zusammensetzung ist eine Analyse und Beschreibung der Ersatzteil-Supply-Chain möglich, die auf der einen Seite der hohen Variabilität gerecht wird und auf der anderen Seite diese möglichst aufwandsarm und übersichtlich abbildet. Die einzelnen

Standorte können wiederum als Subsysteme aufgefasst werden und erlauben so eine Betrachtung sowie Analyse der Ersatzteil-Supply-Chain auf unterschiedlichen Abstraktionsebenen (vgl. Abb. 21, S. 38). Der Abstraktionsgrad ist anpassbar hinsichtlich der jeweiligen Zielstellung und Informationsverfügbarkeit.

Im Folgenden werden Produktions-, Transport-, Lager- und PPS-Modul beschrieben, aus denen sich die Elemente des Systems zusammensetzen.

4.2.1 Produktionsmodule

Produktionsmodule umfassen die Kombination und Transformation der Produktionsfaktoren zur Herstellung der gewünschten Ersatzteile nach Art und Menge auf Grundlage des Input-Throughput-Output Systems (vgl. Abschnitt 2.3.1). Das Produktionsmodul beschreibt also die technischen Produktionsprozesse, deren Zusammenwirken von manuell oder maschinell ausgeführten Fertigungsverfahren nach DIN 8580 eine Wertschöpfung an der Sachleistung (dem Produkt) ermöglicht [DIN22b]. Dabei ist die Berücksichtigung sowohl additiver als auch »konventioneller« Fertigungsverfahren gleichermaßen gegeben.

Das Produktionsmodul beschreibt die technischen und organisatorischen Rahmenbedingungen am jeweiligen Standort, wie z. B. produzierbare Ersatzteile und deren Varianten aufgrund der verfügbaren Fertigungseinrichtungen. Innerhalb dieser Rahmenbedingungen erfolgt die unternehmensspezifische Ausgestaltung, die ebenfalls im Produktionsmodul abgebildet wird. Durch den skalierbaren Abstraktionsgrad ist sowohl die Einbindung externer Produktionsprozesse, die ggf. eine »Black Box« darstellen, über die nur wenig Informationen vorliegen als auch die detaillierte Betrachtung bspw. einer Prozesskette aus mehreren Produktionsprozessen möglich. Die Charakterisierung der einzelnen Maschinen durch ihre Betriebszustände und Zeitparameter wie z. B. Bearbeitungs- oder Rüstzeit ermöglicht eine weiterführende Analyse der Prozesskette.

4.2.2 Transportmodule

Das Transportmodul stellt alle Aktivitäten[57] dar, die zur Überbrückung räumlicher Distanzen sowohl an einem Standort (»innerbetriebliche Transportsysteme«)[58] als auch zwischen den einzelnen Standorten in der Supply Chain (»über- oder außerbetriebliche Transportsysteme«) dienen [STR12a, S. 183-184]. Ergebnis des Leistungserstellungsprozesses sind

---

[57] Dazu zählt nach DIN SPEC 1001: Beladen, Ladungssicherung, Zollabwicklung, Transport und Entladen [DIN10, S. 8].

[58] Nach DIN 30781 Teil 1 wird der innerbetriebliche Transport auch als »Fördern« bezeichnet [DIN89a, S. 2]. Die dafür genutzten Transportmittel werden dementsprechend als »Fördermittel« bezeichnet [DIN89b, S. 1].

Transportleistungen, die eine Weitergabe bzw. Positionsveränderung der Ersatzteile zwischen Sender und Empfänger ermöglichen [GLE08, S. 40; MOL20, S. 61; PFO18, S. 5]. Im Systemmodell wird das Transportmodul auf oberster Ebene durch Kanten (»Knotenverbindungen«) zwischen den Knoten der Ersatzteil-Supply-Chain dargestellt und zeigt die Möglichkeiten, ein Objekt[59] im System zu bewegen [PFO18, S. 5]. Allgemein lassen sich die in Abb. 38 dargestellten Grundstrukturen des Transports unterscheiden.

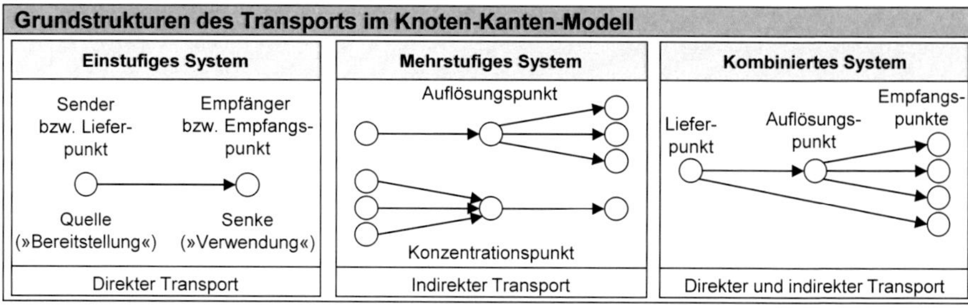

Abb. 38: Grundstrukturen des Transports, eig. Darst. i. A. a. [PFO18, S. 6; STR12a, S. 184]

Im einstufigen System erfolgt der Transport zwischen Sender und Empfänger. In einem mehrstufigen System sind Auflösungspunkte oder Konzentrationspunkte zwischengeschaltet, um die Objekte in kleinere Mengen aufzulösen bzw. in größeren Mengen zu bündeln. Kombinierte Systeme bestehen aus direkten und indirekten Transporten. [PFO18, S. 5-7; STR12a, S. 183-184] Die Gesamtheit der Transporte von Quelle zu Senke stellt eine Transportkette dar, die sich aus einzelnen Transportkettenelementen zusammensetzt [DIN22a, S. 17; GLE08, S. 68]. Eine Übersicht prinzipieller Distributionswege von Ersatzteilen ist in Anhang A.8 dargestellt. Die eingesetzten Transportsysteme setzen sich u. a. aus Transportobjekt, Transportmittel und genutzter Infrastruktur zusammen und werden bspw. hinsichtlich Distanz, Transportkapazität und Geschwindigkeit parametrisiert [DIN89b, S. 3; MOL20, S. 61; STR12a, S. 183].

4.2.3 Lagermodule

Das Lagern bzw. die Lagerung der Ersatzteile ist ein weiteres Element der Ersatzteil-Supply-Chain und umfasst jedes »geplante Liegen des Arbeitsgegenstandes im Materialfluss« [HOM18, S. 51; WLC19, S. 162]. Die Notwendigkeit der Lagerung entsteht, weil unter Berücksichtigung der Wirtschaftlichkeit in der Regel keine vollständige Synchronisation von

[59] Nach PFOHL werden Sachgüter, Energie, Informationen oder Menschen im Logistiksystem bewegt, wobei in der vorliegenden Arbeit ausschließlich der Transport von Sachgütern als Transportleistung betrachtet wird [PFO18, S. 5].

Angebot und Bedarf zwischen Quelle und Senke mittels technischer oder organisatorischer Maßnahmen möglich ist [ARN09, S. 173; WLC19, S. 161]. Hauptaufgabe eines Lagers als Raum bzw. Fläche ist demnach die zeitliche Aufnahme von Erzeugnissen und deren anschließende Weitergabe [MOL20, S. 61]. Darüber hinaus nehmen Lager weitere Funktionen wahr bzw. existieren eine Reihe von »Lagerhaltungsmotiven«, aus denen sich ein Nutzen durch die Lagerhaltung ergibt, siehe Abb. 39 [WAN21, S. 603].

Hauptfunktionen der Lagerhaltung und deren Ursachen nach WANNENWETSCH

Ausgleichsfunktion	**Sicherungsfunktion**	**Spekulationsfunktion**	**Entsorgungsfunktion**
Mengenmäßiger oder zeitlicher Versatz von Angebot und Nachfrage	Unzureichende Informationen über zukünftige Mengenbedarfe	Antizipation zukünftiger Preisschwankungen	Bündelung zu entsorgender Stoffe und Materialien
Veredelungsfunktion	**Sortimentsfunktion**	**Darbietungsfunktion**	**Informationsfunktion**
»Produktionsfunktion des Lagers« durch Veränderung des Produkts	Sortierung der Produkte, bspw. nach Qualität, Menge oder Abfolge	Verkauf der gelagerten Waren direkt an den Kunden	Erfassung von Kennzahlen zur Steigerung der Informationsqualität

Abb. 39: »Lagerhaltungsmotive« nach WANNENWETSCH, eig. Darst. i. A. a. [WAN21, S. 603-605]

Die Lagerhaltung setzt sich nach DIN SPEC 1001 aus den Bausteinen Wareneingang, Lagerung, Kommissionierung, Verpacken, Warenausgang, Cross Docking[60], Retourenabwicklung und Entsorgung zusammen, deren Ausprägungen die Ausgestaltung des Lagermoduls beschreiben [DIN10, S. 13].[61] Dazu zählen bspw. Parameter wie die Anzahl der Lager, deren Lagerkapazität oder der durchschnittliche Lagerbestand [DIN10, S. 14-15; MOL20, S. 61]. Somit ist eine Lagerhaltung sowohl zwischen Akteuren der Ersatzteil-Supply-Chain als auch zwischen Produktionsprozessen möglich [GLE08, S. 8].[62]

4.2.4 Peripheres PPS-Modul

Die Verknüpfung von Produktion, Lagerung und Transport erfolgt durch das periphere PPS-Modul. Grundlage bildet das Aachener PPS-Modell (vgl. Abschnitt 2.1.5) mit dessen Hauptaufgaben bestehend aus Netzwerkaufgaben, Kernaufgaben, Querschnittsaufgaben und Datenverwaltung sowie den zugehörigen Unteraufgaben, siehe Abb. 40.

[60] Beim Cross Docking handelt es sich nach DIN EN 14943 um einen »Vorgang, bei dem eingehende kombinierte Sendungen aufgeteilt, in Ladungen mit demselben Zielort sortiert (zusammengefasst) und unmittelbar für den Versand und weiteren Transport vorbereitet werden« [DIN06, S. 30].
[61] Für eine Typologisierung von Lagersystemen siehe u. a. [GLE08, S. 89-90; HOM18, S. 56-57; WAN21, S. 605].
[62] In der Literatur wird hinsichtlich der operativen Umsetzung zusätzlich zwischen Lagertypen für das Bevorraten, Puffern und Verteilen bzw. Sammeln unterschieden [GLE08, S. 89; HOM18, S. 54].

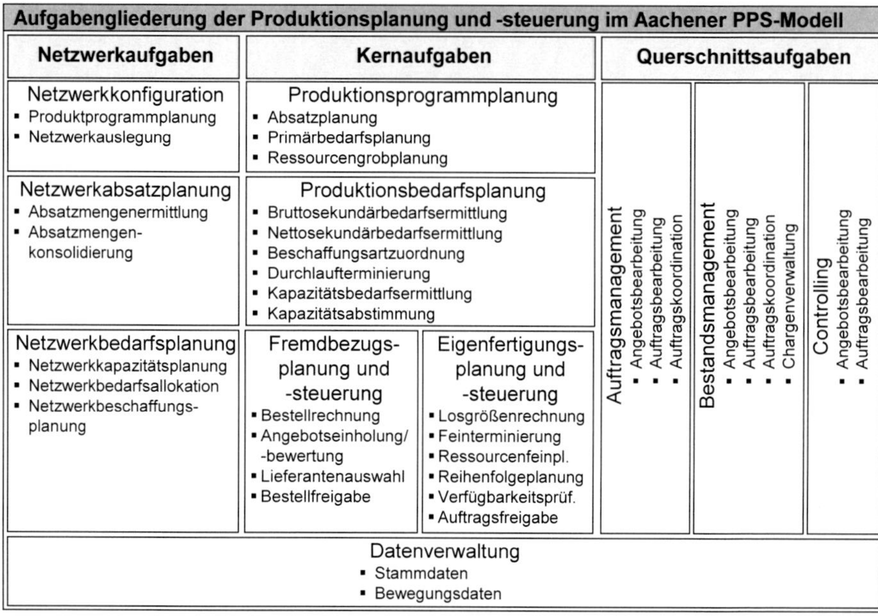

Abb. 40: Aufgabengliederung der PPS in Haupt- und Unteraufgaben, eig. Darst. i. A. a. [KAM11, S. 181-183; SCH98, S. 19; SCH06b, S. 30]

Das periphere PPS-Modul steuert den gesamten Auftragsabwicklungsprozess entlang der Ersatzteil-Supply-Chain. Dabei werden durch die Netzwerkaufgaben zunächst auf strategischer Ebene Zusammenarbeit, Informationsaustausch und Schnittstellen zwischen den beteiligten Akteuren der Ersatzteil-Supply-Chain beschrieben (»Unternehmensintegrierte Supply Chain«) [SCH06b, S. 31; WER20, S. 7].

Der überbetriebliche Informationsaustausch ist u. a. abhängig von der »Partnerschaft« zwischen den Akteuren auf den unterschiedlichen Wertschöpfungsstufen (»vertikale Integration«) [COR04, S. 17]. Dies reicht vom klassischen Rollenverständnis aus Lieferant und Kunde über die kollaborative Planung, die sich in der Synchronisation der Aktivitäten u. a. hinsichtlich der Bedarfs-, Kapazitäts- und Bestandsplanung widerspiegelt, bis hin zur gemeinschaftlichen Zusammenarbeit der Supply Chain über den gesamten Lebenszyklus der Ersatzteile [COR04, S. 17; WER20, S. 92]. Auch der innerbetriebliche Informationsfluss (»Unternehmensinterne Supply Chain«) wird durch das periphere PPS-Modul beschrieben [WER20, S. 7]. Dazu zählen u. a. die Kernaufgaben der PPS mit den Hauptaufgaben der Produktionsprogrammplanung, Produktionsbedarfsplanung sowie Fremdbezugs- und Eigenfertigungsplanung und -steuerung [KAR06, S. 24; SCH06b, S. 37].

Darüber hinaus dienen die Querschnittsaufgaben Auftragsmanagement, Bestandsmanagement und Controlling zur Integration und Optimierung der PPS [SCH06b, S. 58-59]. Der Zugriff auf die notwendigen Daten zur Umsetzung der Aufgaben wird durch die Datenverwaltung ermöglicht.

Das vollständig beschriebene Systemmodell umfasst somit die horizontale sowie vertikale Struktur der Ersatzteil-Supply-Chain. Damit sind Produktions- und Lagerstufen, deren Standorte und Anzahl auf jeder Stufe sowie die räumliche und zeitliche Verknüpfung durch die Transportmodule erfasst.

4.3 Restriktionen und Rahmenbedingungen

Parallel zur Analyse und Beschreibung der Ersatzteil-Supply-Chain und der Planung des Ersatzteilbedarfs müssen Restriktionen und Rahmenbedingungen berücksichtigt werden, bevor aufbauend auf der Simulationsmodellentwicklung entsprechende Simulationsexperimente durchgeführt werden. Dies stellt den Übergang von der Idealplanung zur Realplanung dar und schränkt die Ausgestaltung der Ersatzteil-Supply-Chain ein [GRU15, S. 273].

Geltende Rahmenbedingungen und Restriktionen sind sowohl unternehmensintern als auch unternehmensextern begründet. In Abhängigkeit des individuellen Anwendungsfalls gilt es diese zu identifizieren und im weiteren Vorgehen zu berücksichtigen. Im Allgemeinen werden rechtliche, wirtschaftliche und technische Rahmenbedingungen und Restriktionen differenziert. Rechtlich umfasst dies insbesondere gesetzliche Vorschriften, wie z. B. hinsichtlich Garantie und Gewährleistung sowie vertragliche Vereinbarungen bspw. hinsichtlich des Zeitraums der Ersatzteilversorgung. Wirtschaftlich fallen darunter bspw. das für Investitionen zur Verfügung stehende Budget eines Unternehmens oder die strategische Bedeutung eines Kunden. Technische Restriktionen und Rahmenbedingungen lassen sich auf das Produkt, den Prozess oder den Standort zurückführen. Abb. 41 zeigt eine Übersicht ausgewählter technischer Restriktionen und Rahmenbedingungen.

Übersicht technischer Rahmenbedingungen und Restriktionen		
Produkt	**Prozess**	**Standort**
▪ Geforderte Qualitätsmerkmale, u. a.: • Maßhaltigkeit • Oberflächengüte • Mechanische Belastung • Thermische Belastung • Chemische Belastung • Biokompatibilität ▪ Lagerfähigkeit des Produkts ▪ …	▪ Produktionsgeschwindigkeit ▪ Kapazität d. Maschinen und Anlagen ▪ Maximale Bauteilgröße ▪ Vor- und nachgelagerte Prozessschritte ▪ Rüstzeiten ▪ Reihenfolgerestriktionen ▪ …	▪ Vorhandene Produktions- und Logistikstandorte ▪ Produktions- und Lagerflächen sowie -kapazitäten ▪ Erweiterungsfähigkeit ▪ Räumliche Anordnung der Maschinen und Anlagen (»Materialfluss«) ▪ …

Abb. 41: Übersicht ausgewählter technischer Rahmenbedingungen und Restriktionen, eig. Darst. i. A. a. [ERL20, S. 297; HOM18, S. 352; VDI14a, S. 38]

4.4 Entwicklung des Zielsystems der additiven Ersatzteilversorgung

4.4.1 Ziele der Ersatzteilversorgung

Unternehmensziele beschreiben einen angestrebten zukünftigen Zustand, abgeleitet aus der übergeordneten Strategie bzw. dem Leitbild des Unternehmens [DRE19, S. 20; HAH96, S. 2-5; VDI12, S. 7]. Dabei dienen Ziele sowohl Externen, um das Verhalten eines Unternehmens zu erklären und zu verstehen, als auch der Gestaltung und Steuerung durch das Unternehmen selbst [MEY94, S. 8; VEL20b, S. 22]. Der Fokus der vorliegenden Arbeit liegt auf der Planung und Gestaltung der Ersatzteilversorgung, die durch strategische Ziele zur Erfüllung von Markt- und Kundenanforderungen gekennzeichnet ist. Die Zielsetzung bildet als Beurteilungskriterium für Entscheidungsalternativen die Grundlage für eine »rationale« Planung, bei der die geeignetste Konfiguration der Ersatzteil-Supply-Chain ausgewählt wird [ADA92, S. 83].[63] Die Ziele sind hinsichtlich Inhalt, Ausmaß und zeitlichem Bezug zu spezifizieren und werden nach KOSIOL grundsätzlich in Sach- und Formalziele unterteilt [DRE19, S. 20; EIC05, S. 186; HEI66, S. 50; KOS68, S. 261].

Sachziele beziehen sich auf das Tätigkeitsfeld bzw. die Leistungssphäre des Unternehmens, das heißt auf die Produkte und Dienstleistungen, die es am Absatzmarkt anbietet, bspw. hinsichtlich Art, Menge und Zeitpunkt sowie den vorgelagerten Aufgabeninhalten [EIC05, S. 187; GLA01, S. 26; HAH96, S. 2-6; KOS68, S. 261]. Das Sachziel der Ersatzteilversorgung ist es demnach, »sicherzustellen, dass ein gegebener Bedarf an Ersatzteilen in seiner mengenmäßigen, qualitativen, zeitlichen und räumlichen Dimension ›richtig‹[64], das heißt dem Anforderungsprofil der Instandhaltung und Produktion entsprechend, befriedigt wird« [BIE08, S. 6-7].[65] Während sich Sachziele auf das konkrete Handeln bei der Ausübung betrieblicher Funktionen beziehen, drücken Formalziele den Erfolg des unternehmerischen Handelns aus (»Erfolgsziele«) [THO20, S. 47]. Im Gegensatz zu Sachzielen, die einen »erwünschten naturalen Zustand« darstellen, stellen Formalziele einen »erwünschten geldwerten Zustand« dar, der die »Finanzsphäre« des Unternehmens betrifft [EIC05, S. 186-187; GLA01, S. 26].

[63] Nach HEINEN lässt sich der Zielbegriff bei der Bewertung von Alternativen umschreiben als »Aussagen, aus denen sich in Entscheidungsmodellen die für die Prognose der Konsequenzen relevanten Kriterien ergeben« [HEI66, S. 50].
[64] SCHULZ bezeichnet dies als »optimale« Ersatzteilbereitstellung [SCH77, S. 23].
[65] Vgl. hierzu auch die Ziele der Logistik (»6R«). Demnach besteht der logistische Auftrag darin, »die richtige Menge, der richtigen Objekte als Gegenstände der Logistik, am richtigen Ort im System, zum richtigen Zeitpunkt, in der richtigen Qualität, zu den richtigen Kosten zur Verfügung zu stellen« [JÜN89, S. 18].

Ausgangspunkt der Formalziele ist der optimale Einsatz der Produktionsfaktoren und die Ausrichtung des Unternehmens nach dem »ökonomischen Prinzip« [SCH67, S. 58; THO20, S. 46].[66] In produzierenden Unternehmen sind die Formalziele bspw. in Form von Wirtschaftlichkeit, Rentabilität und Gewinn den Sachzielen in der Regel übergeordnet (»Zielkonzeption mit Formalzieldominanz«) [EIC05, S. 187; KOS68, S. 262; SCH67, S. 60; THO20, S. 49].[67] Sachziele dienen u. a. zur Konkretisierung der Formalziele [GLA01, S. 27]. In der Praxis werden im Rahmen der Ersatzteilversorgung u. a. folgende Formalziele verfolgt: Kostenoptimierung, Serviceoptimierung, Lagerbestandsoptimierung, Zuverlässigkeitsmaximierung und Verfügbarkeitsmaximierung [BIE08, S. 8]. Die Formalziele der Ersatzteilversorgung sind aufgrund der Heterogenität der Akteure nicht allgemein gültig, sondern individuell festzulegen [ZIT18, S. 34].

4.4.2 Zielsysteme der Ersatzteilversorgung

In der Regel kommen in privaten Unternehmen im marktwirtschaftlichen System mehre Zielgrößen zum Einsatz. Gründe dafür sind u. a. [LAU18, S. 46-47]:

- Das Unternehmen verfolgt bereits »von vornherein« mehrere Ziele gleichzeitig, wie z. B. Sachziele und Formalziele oder Ziele unterschiedlicher Anspruchsgruppen (engl. stakeholder) [ADA92, S. 90; LAU18, S. 46; THO20, S. 46].
- Eine Zielgröße lässt sich operational nicht messen, sodass diese ersatzweise durch mehrere Zielgrößen abgebildet werden muss [LAU18, S. 46].
- Eine Zielgröße wird durch mehrere Zielgrößen ersetzt, um den Einsatz einfacherer Entscheidungsmodelle zu ermöglichen und Zielvorgaben auf unterschiedlichen Hierarchieebenen aufzustellen [LAU18, S. 47; THO20, S. 51-52].

Werden mehrere Ziele betrachtet, lassen sich diese durch Relationsaussagen zueinander in Beziehung setzen. Anhang A.9 zeigt eine Übersicht der Zielbeziehungen. Mithilfe eines Zielsystems lassen sich die unterschiedlichen Ziele und deren Relationen zusammenfassen und im Gesamtkontext betrachten [BUR09, S. 975-976; ROP09, S. 152; VEL20b, S. 29]. Dabei wird u. a. zwischen dem »Zielsystem der Unternehmung«, das der einheitlichen Ausrichtung aller Teilbereiche eines Unternehmens dient und »entscheidungsbezogenen Zielsystemen« zur Bewertung von Handlungs- und Lösungsalternativen durch Entscheidungsträger unterschieden [DRE19, S. 24; KLE11, S. 91-93].

---

[66] Nach THOMMEN ET AL. werden Maximal-, Minimal- und Optimalprinzip als Ausprägungen des »ökonomischen Prinzips« unterschieden, dessen Grad der Verwirklichung mittels Effizienz und Effektivität gemessen wird [THO20, S. 46].

[67] Bei öffentlichen Unternehmen wie z. B. Krankenhäusern sind die Sachziele häufig übergeordnet, und den Formalzielen kommt nur eine untergeordnete Rolle zu [EIC05, S. 115; KOS68, S. 262; SCH67, S. 60].

Entscheidungsbezogene Zielsysteme werden weiter in das operative und das operationale Zielsystem unterteilt [KLE11, S. 93-94]. Das operative Zielsystem besteht in der Regel aus einer Menge von Zielen, um das angestrebte Ergebnis des Entscheidungsproblems zu beschreiben [KLE11, S. 93]. Die Existenz von »Mittel-Zweck-Beziehungen« bzw. »Ursache-Wirkungs-Beziehungen« zwischen einzelnen komplementären bzw. identischen Zielen führt zu einer »Zielhierarchie« aus Ober-, Zwischen- und Unterzielen [THO20, S. 51; WIL16, S. 23].[68] Demnach stellen die beeinflussenden Unterziele oft nur ein Mittel zum Zweck zur Erfüllung eines beeinflussten Oberziels dar [WIL16, S. 23]. Das operationale Zielsystem präzisiert das operative Zielsystem, um messbare Zielgrößen zu erhalten [KLE11; THO20, S. 51]. Werden mehrere Oberziele parallel verfolgt, weist das Zielsystem zusätzlich eine horizontale Dimension zwischen den Oberzielen auf (»Multizielsystem«) [LAC76, S. 222; LAC79, S. 77].

Bestehende Zielsysteme

Die Gestaltung der Ersatzteil-Supply-Chain ist durch strategische Ziele zur Erfüllung der Markt- und Kundenanforderungen gekennzeichnet [DRE19, S. 22; KÄM07, S. 51]. In der Produktion stellen traditionell die Dimensionen Zeit, Kosten und Qualität die wichtigsten strategischen Ziele dar [BEC18, S. 14; ERL20, S. 11].[69] Diese werden als »magisches Dreieck« bezeichnet, weil sie in der Regel gegenläufig sind [EVE95, S. 27]. Sukzessive sind diese strategischen Ziele um zusätzliche Aspekte wie z. B. Flexibilität oder Nachhaltigkeit erweitert worden [AUR03, S. 214; HER10, S. 312; WIE10, S. 1-2].

Abb. 42 zeigt eine Übersicht ausgewählter strategischer Zielsysteme aus den Bereichen Produktion und Supply Chain Management im Allgemeinen sowie Ersatzteilversorgung bzw. -logistik im Speziellen.[70] Um eine Ausrichtung der Ersatzteil-Supply-Chain am strategischen Zielsystem zu ermöglichen, gilt es, die Ziele zu operationalisieren, also in messbare Zielgrößen bzw. Kennzahlen zu überführen [DRE19, S. 24]. Zielgrößen geben Sachverhalte in konzentrierter Form wider und sind u. a. gekennzeichnet durch den Informationscharakter, die Quantifizierbarkeit und die spezifische Form der Information [STÜ03, S. 29]. Dadurch ermöglichen Zielgrößen Urteile bzw. konkrete Aussagen über relevante Sachverhalte und vereinfachen komplexe Strukturen und Prozesse [STÜ03, S. 29].

[68] Nach KEENEY stellen die Ziele der obersten Hierarchieebene Fundamentalziele dar, die für sich selbst stehen und nicht zur Erreichung anderer Ziele dienen [KEE92, S. 30; VEL20b, S. 29].
[69] ERLACH spezifiziert die Ziele bspw. als »niedrige Herstellkosten, hohe- Produkt- und Leistungsqualität sowie kurze Durchlaufzeiten in Produktion und Auftragsabwicklung« [ERL20, S. 11].
[70] Weitere Zielsysteme finden sich u. a. in [API17, S. vii; ERL20, S. 23; EVE95, S. 27; HER10, S. 312; VDI14b, S. 9].

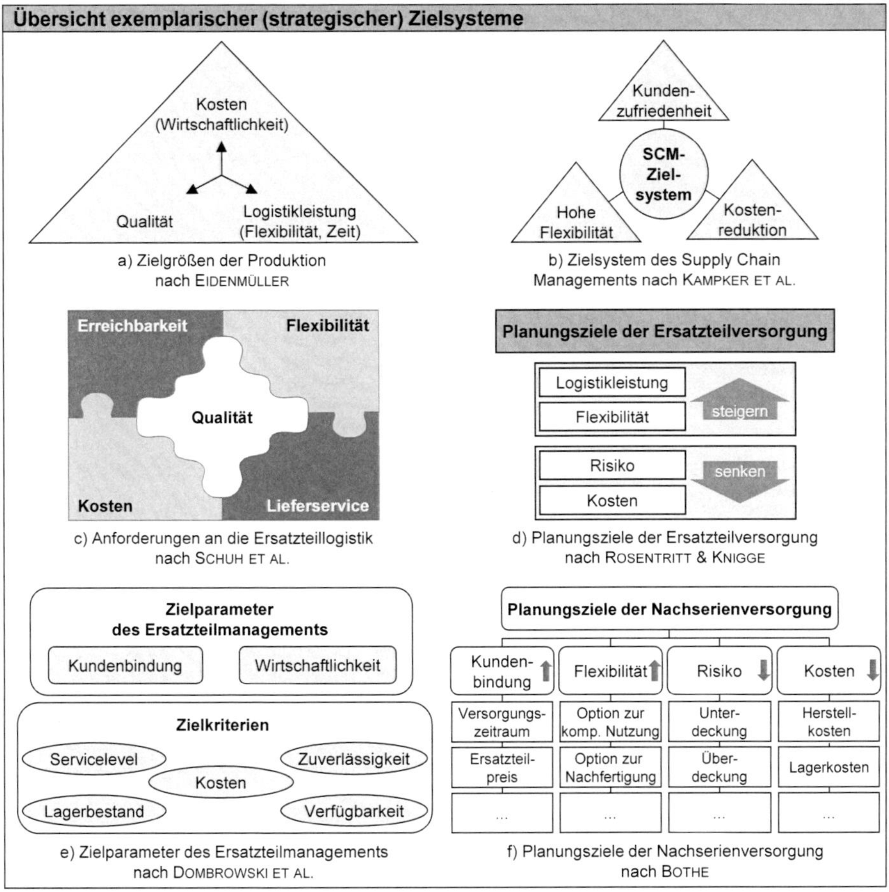

Abb. 42: Ausgewählte Strategische Zielsysteme, eig. Darst. i. A. a. a) [EID95, S. 33; ZAH96, S. 151], b) [KAM11, S. 193], c) [SCH13b, S. 171], d) [ROS10, S. 9], e) [DOM20, S. 50], f) [BOT03, S. 124]

Die Auswahl geeigneter Zielgrößen erfolgt nach dem übergeordneten Zweck und muss somit »entscheidungsorientiert« erfolgen [LAC06, S. 263]. In der vorliegenden Arbeit wird daher das Zielsystem der additiven Ersatzteilversorgung entwickelt, um deren spezifische Merkmale zu berücksichtigen. Dabei werden die einzelnen Zielgrößen durch das Simulationsmodell quantifiziert.

Im Folgenden werden die in der vorliegenden Arbeit genutzten Zieldimensionen zur Gestaltung und Bewertung der Ersatzteil-Supply-Chain beschrieben, die das Zielsystem der additiven Ersatzteilversorgung bilden.

4.4.3 Entwicklung des Zielsystems der additiven Ersatzteilversorgung

Zur Gestaltung der Ersatzteilversorgung werden in der vorliegenden Arbeit Zielgrößen in den Zieldimensionen Kosten, Zeit, Flexibilität und Treibhausgasemissionen herangezogen, die eine Quantifizierung und Bewertung unterschiedlicher Konfigurationen der Ersatzteil-Supply-Chain ermöglichen. Abb. 43 zeigt die Zieldimensionen der additiven Ersatzteilversorgung der Ersatzteile. Die Erfüllung der vom Kunden geforderten Bauteilqualität wird dabei implizit als Voraussetzung berücksichtigt und nicht gesondert als Zieldimension gelistet.

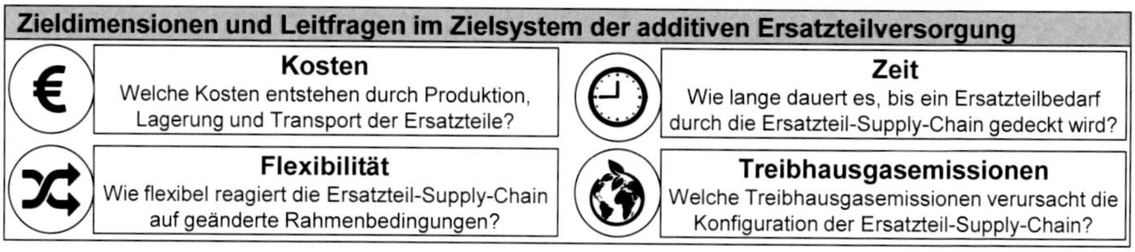

Abb. 43: Verwendete Zieldimensionen und zugehörige Leitfragen, eig. Darst.

Kosten

Die Kalkulation der entstehenden Kosten in der Ersatzteil-Supply-Chain basiert auf der Weiterentwicklung der klassischen Prozesskostenanalyse bzw. Prozesskostenrechnung zur Ressourcenorientierten Prozesskostenrechnung [GRU14, S. 66; SCH05, S. 201]. Anstatt die Gemeinkosten als prozentuale Zuschläge der Einzelkosten zu verrechnen, wie es in der Kosten- und Leistungsrechnung üblich ist, werden die Gemeinkosten über die zur Leistungserstellung in Anspruch genommenen Prozesse bzw. Aktivitäten auf die Erzeugnisse umgelegt [JOO14, S. 352; MOL20, S. 29; SCH05, S. 200]. Somit ist es möglich, die Einflüsse der Produktkomplexität, Variantenvielfalt und Auftragsmenge kostentechnisch abzubilden [MOL20, S. 29; SCH05, S. 199-200]. Durch Multiplikation eines prozessspezifischen Verrechnungssatzes, der die Ressourcenverbräuche enthält mit der Inanspruchnahme bspw. in Form der Bearbeitungsdauer erfolgt die produktspezifische und verursachungsgerechte Aufwandszuordnung entlang der Ersatzteil-Supply-Chain, bestehend aus Produktion, Transport, Lagerung und übergeordneter Auftragsabwicklung zzgl. möglicher Folgekosten.

Im Folgenden wird die Kostenmethodik beschrieben, die u. a. auf den Arbeiten von GRUND, JUNG, LINDEMANN ET AL., MOLENDA und RUFFO ET AL. basiert [GRU14; JUN17; LIN12; MOL20; RUF07; RUF06]. Dazu wird die Berechnung der Kosten detailliert dargestellt. Wenn, wie in der industriellen Praxis oftmals üblich, nur Kostensätze übergeordneter Prozessschritte vorliegen, werden die untergeordneten Prozessschritte ausgeblendet [JUN17, S. 25-26].

Die Gesamtkosten der Nachserienversorgung ergeben sich aus der Summe der Kostenanteile der durchlaufenen Produktions-, Transport-, Lager- und PPS-Module zzgl. entstehender und zurechenbarer Folgekosten je Ersatzteil *i* für die Anzahl der betrachteten Ersatzteile *n* im Betrachtungszeitraum der Nachserienversorgung, siehe Gleichung (4-1).

$$k^{Ges} = \sum_{i=1}^{n} k_{E_i}^{P} + \sum_{i=1}^{n} k_{E_i}^{T} + \sum_{i=1}^{n} k_{E_i}^{L} + \sum_{i=1}^{n} k_{E_i}^{A} + \sum_{i=1}^{n} k_{E_i}^{F} \tag{4-1}$$

mit

k^{Ges} Gesamtkosten der Ersatzteilversorgung [GE]

$k_{E_i}^{P}$ Produktionskosten des Ersatzteils *i* [GE]

$k_{E_i}^{T}$ Transportkosten des Ersatzteils *i* [GE]

$k_{E_i}^{L}$ Lagerhaltungskosten des Ersatzteils *i* [GE]

$k_{E_i}^{A}$ Auftragsabwicklungskosten des Ersatzteils *i* [GE]

$k_{E_i}^{F}$ Folgekosten des Ersatzteils *i* [GE]

In Abhängigkeit der Anzahl der betrachteten Standorte *s* und der Anzahl unterschiedlicher Ersatzteile bzw. Ersatzteilvarianten *v* werden die einzelnen Module der Ersatzteil-Supply-Chain als Matrix dargestellt, deren Matrixelemente die entsprechenden Kostensätze beinhalten. Bei Betrachtung der Produktion, der Lagerung und der Folgekosten spiegeln die Zeilen der jeweiligen Matrix die Anzahl der Standorte wider, während die Spalten die unterschiedlichen Ersatzteile darstellen ($s \times v$-Matrix).

Ausnahmen stellen die Transport- und Auftragsabwicklungsmatrix dar, die ausschließlich durch die Anzahl unterschiedlicher Standorte bestimmt werden und somit eine quadratische $s \times s$-Matrix bilden. Die Hauptdiagonalen dieser beiden Matrizen sind mit null vorbelegt, falls nur standortübergreifende Transporte bzw. Informationsflüsse berücksichtigt werden.

Durch die Konfiguration der Ersatzteil-Supply-Chain wird die zu jeder Kostenmatrix zugehörige Aktivierungsmatrix festgelegt. In Abhängigkeit der Häufigkeit der Inanspruchnahme eines bestimmten Moduls, ausgedrückt als Element einer der Aktivierungsmatrizen, wird der entsprechende Wert zugewiesen. So nimmt das zugehörige Element der Aktivierungsmatrix, wie z. B. die Produktion eines Ersatzteils an einem bestimmten Standort, den Wert null an, wenn das zugehörige Produktionsmodul nicht in Anspruch genommen wurde.

Durch die elementweise bzw. punktweise Multiplikation der Kostenmatrix mit der entsprechenden Aktivierungsmatrix einer gewählten Konfiguration *c* für jedes betrachtete Modul und dem anschließenden Aufsummieren aller Elemente der entstandenen Matrizen wird die Gesamtsumme der anfallenden Kosten der Ersatzteil-Supply-Chain berechnet, siehe Gleichung (4-2):

$$k_c^{Ges} = (\boldsymbol{P}^k . \times \boldsymbol{P}_{A_c}^k) + (\boldsymbol{T}^k . \times \boldsymbol{T}_{A_c}^k) + (\boldsymbol{L}^k . \times \boldsymbol{L}_{A_c}^k) + (\boldsymbol{A}^k . \times \boldsymbol{A}_{A_c}^k) + (\boldsymbol{F}^k . \times \boldsymbol{F}_{A_c}^k) \qquad (4\text{-}2)$$

mit

k_c^{Ges}	Gesamtkosten der Ersatzteil-Supply-Chain bei Konfiguration c [GE]
$\boldsymbol{P}^k$	Kostenmatrix der Produktion ($s \times v$-Matrix)
$\boldsymbol{P}_{A_c}^k$	Aktivierungsmatrix der Produktionskosten für Konfiguration c ($s \times v$-Matrix)
$\boldsymbol{T}^k$	Kostenmatrix des Transports ($s \times s$-Matrix)
$\boldsymbol{T}_{A_c}^k$	Aktivierungsmatrix der Transportkosten für Konfiguration c ($s \times s$-Matrix)
$\boldsymbol{L}^k$	Kostenmatrix der Lagerhaltung ($s \times v$-Matrix)
$\boldsymbol{L}_{A_c}^k$	Aktivierungsmatrix der Lagerhaltungskosten für Konfiguration c ($s \times v$-Matrix)
$\boldsymbol{A}^k$	Kostenmatrix der Auftragsabwicklung ($s \times s$-Matrix)
$\boldsymbol{A}_{A_c}^k$	Aktivierungsmatrix der Auftragsabwicklungskosten für Konfiguration c ($s \times s$-Matrix)
$\boldsymbol{F}^k$	Kostenmatrix der Folgekosten ($s \times v$-Matrix)
$\boldsymbol{F}_{A_c}^k$	Aktivierungsmatrix der Folgekosten für Konfiguration c ($s \times v$-Matrix)

Gleichung (4-3) zeigt die elementweise bzw. punktweise Multiplikation der jeweiligen Kosten- und Aktivierungsmatrizen an Hand der einzelnen Matrixelemente.

$$k_c^{Ges} = \sum_{x=1}^{s}\sum_{y=1}^{v} p_{xy}^k p_{A_c;xy}^k + \sum_{x=1}^{s}\sum_{y=1}^{s} t_{xy}^k t_{A_c;xy}^k + \sum_{x=1}^{s}\sum_{y=1}^{s} l_{xy}^k l_{A_c;xy}^k + \sum_{x=1}^{s}\sum_{y=1}^{v} a_{xy}^k a_{A_c;xy}^k + \sum_{x=1}^{s}\sum_{y=1}^{v} f_{xy}^k f_{A_c;xy}^k \qquad (4\text{-}3)$$

mit

p_{xy}^k	Kostenelement der Produktionsmatrix [GE]
$p_{A_c;xy}^k$	Element der Aktivierungsmatrix der Produktion [-]
t_{xy}^k	Kostenelement der Transportmatrix [GE]
$t_{A_c;xy}^k$	Element der Aktivierungsmatrix des Transports [-]
l_{xy}^k	Kostenelement der Lagerhaltungsmatrix [GE]
$l_{A_c;xy}^k$	Element der Aktivierungsmatrix der Lagerhaltungskosten [-]
a_{xy}^k	Kostenelement der Auftragsabwicklungsmatrix [GE]
$a_{A_c;xy}^k$	Element der Aktivierungsmatrix der Auftragsabwicklungskosten [-]
f_{xy}^k	Kostenelement der Folgekostenmatrix [GE]
$f_{A_c;xy}^k$	Element der Aktivierungsmatrix der Folgekosten [-]

Abb. 44 zeigt den Zusammenhang zwischen Kosten- und Aktivierungsmatrix und die Berechnung der Gesamtkosten an einem Beispiel. Zur Vereinfachung wird auf die Berücksichtigung der Auftragsabwicklungskosten und der Folgekosten verzichtet.

Exemplarische Darstellung der Kostenberechnung

Generisches Knoten-Kanten-Modell

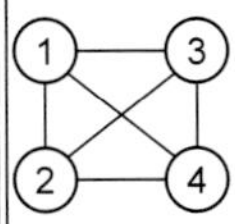

Anzahl Standorte $s = 4$
Anzahl Ersatzteilvarianten $v = 2$
Anzahl Ersatzteile $n = 7$

Keine Berücksichtigung der Auftragsabwicklungskosten sowie der Folgekosten

Kostenmatrizen

$$P^k = \begin{pmatrix} p_{11}^k & p_{12}^k \\ p_{21}^k & p_{22}^k \\ p_{31}^k & p_{32}^k \\ p_{41}^k & p_{42}^k \end{pmatrix} \quad T^k = \begin{pmatrix} 0 & t_{12}^k & t_{13}^k & t_{14}^k \\ t_{21}^k & 0 & t_{23}^k & t_{24}^k \\ t_{31}^k & t_{32}^k & 0 & t_{34}^k \\ t_{41}^k & t_{42}^k & t_{43}^k & 0 \end{pmatrix} \quad L^k = \begin{pmatrix} l_{11}^k & l_{12}^k \\ l_{21}^k & l_{22}^k \\ l_{31}^k & l_{32}^k \\ l_{41}^k & l_{42}^k \end{pmatrix}$$

Konfiguration $c=1$

#	Variante	Produktion	Transport	Lagerung
1	1	s_1	$s_1 \rightarrow s_2$ $s_2 \rightarrow s_3$	s_2
2	1	s_1	$s_1 \rightarrow s_3$	-
3	2	s_1	$s_1 \rightarrow s_4$ $s_4 \rightarrow s_3$	s_4
4	2	s_2	$s_2 \rightarrow s_3$	s_2
5	1	s_2	$s_2 \rightarrow s_4$	-
6	1	s_3	-	-
7	2	s_1	$s_1 \rightarrow s_3$	-

Aktivierungsmatrizen der Konfiguration $c=1$

$$P_{A_1}^k = \begin{pmatrix} 2 & 2 \\ 1 & 1 \\ 1 & 0 \\ 0 & 0 \end{pmatrix} \quad T_{A_1}^k = \begin{pmatrix} 0 & 1 & 2 & 1 \\ 0 & 0 & 2 & 1 \\ 0 & 0 & 0 & 0 \\ 0 & 0 & 1 & 0 \end{pmatrix} \quad L_{A_1}^k = \begin{pmatrix} 0 & 0 \\ 1 & 1 \\ 0 & 0 \\ 0 & 1 \end{pmatrix}$$

Elementweise Multiplikation

$$K_1^P = P^k . \times P_{A_1}^k$$
$$K_1^T = T^k . \times T_{A_1}^k$$
$$K_1^L = L^k . \times L_{A_1}^k$$

Aufsummieren der Matrixelemente am Beispiel des Produktionsmoduls

$$K_1^P = \sum_{x=1}^{s=4} \sum_{y=1}^{v=2} p_{xy}^k p_{A_1;xy}^k = 2p_{11}^k + 2p_{12}^k + p_{21}^k + p_{22}^k + p_{31}^k$$

Berechnung der Gesamtkosten der gewählten Konfiguration $c=1$ der Ersatzteil-Supply-Chain

$$k_1^{Ges} = \sum_{x=1}^{s=4} \sum_{y=1}^{v=2} p_{xy}^k p_{A_1;xy}^k + \sum_{x=1}^{s=4} \sum_{y=1}^{s=4} t_{xy}^k t_{A_1;xy}^k + \sum_{x=1}^{s=4} \sum_{y=1}^{v=2} i_{xy}^k i_{A_1;xy}^k$$

Abb. 44: Beispielhafte Kostenberechnung einer Konfiguration der Ersatzteil-Supply-Chain, eig. Darst

Zur Berechnung der Kosten einer Konfiguration c der Ersatzteil-Supply-Chain ist es somit notwendig, die Einträge der Kostenmatrizen zu definieren. Bspw. für die Produktion einer bestimmten Ersatzteilvariante an einem definierten Standort. Die Ermittlung dieser Kostenelemente wird im Folgenden für die einzelnen Module erläutert.

Die **Produktionskosten** eines Ersatzteils umfassen die Summe alle zuordenbaren Kosten in der Prozesskette der additiven Fertigung, bestehend aus Vorbereitung, Bauprozess und Nachbereitung (Pre-, In- und Post-Prozess, vgl. Abb. 15, S. 29), siehe Gleichung (4-4). Abschätzungen oder Approximationen sind notwendig, falls die Erfassung der Werte nicht am realen Objekt möglich ist.

$$p_{xy}^k = k_{xy}^{Pre} + k_{xy}^{In} + k_{xy}^{Post} \tag{4-4}$$

mit

k_{xy}^{Pre} Kosten der Vorbereitung am Standort x für die Variante y [GE]

k_{xy}^{In} Kosten des Bauprozesses am Standort x für die Variante y [GE]

k_{xy}^{Post} Kosten der Nachbearbeitung am Standort x für die Variante y [GE]

Die Kosten der Vorbereitung des additiven Fertigungsprozesses k_{xy}^{Pre} beinhalten insbesondere sämtliche Schritte der Datenvor- und -aufbereitung, von der Erzeugung des 3D-CAD Datensatzes bis hin zur Schichtdatenerzeugung an der Maschine. Die Ermittlung erfolgt durch den entsprechenden Ressourcenkostensatz und die zeitliche Inanspruchnahme nach Gleichung (4-5).

$$k_{xy}^{Pre} = RKS_{x}^{Pre} \times t_{xy}^{Pre} \tag{4-5}$$

mit

RKS_{x}^{Pre}	Ressourcenkostensatz der Vorbereitung des additiven Fertigungsprozesses am Standort x [GE/ZE]
t_{xy}^{Pre}	Zeitliche Inanspruchnahme der Vorbereitung am Standort x für die Variante y [ZE]

Die Kosten des Bauprozesses setzen sich aus direkten und indirekten Kostenanteilen zusammen, siehe Gleichung (4-6). Die direkten Kosten ergeben sich aus den zuordenbaren Materialkosten zzgl. möglicher Zukaufteile. Die Materialkosten ergeben sich aus den Einzelmaterialkosten pro Mengeneinheit des Materials multipliziert mit der für die Herstellung des Ersatzteils y benötigten Masse [GRU14, S. 68]. Die indirekten Kosten setzen sich zusammen aus der zeitlichen Inanspruchnahme in Form der Bauzeit multipliziert mit dem zugehörigen Ressourcenkostensatz der additiven Fertigungsanlage. Die Bestimmung der Bauzeit selbst ist stark verfahrensabhängig und steht nicht im Fokus der vorliegenden Arbeit.[71]

$$k_{xy}^{In} = k_{xy}^{dir} + k_{xy}^{ind} = (k_{xy}^{M} + k_{xy}^{Z}) + (RKS_{x}^{In} \times t_{xy}^{In}) \tag{4-6}$$

mit

k_{xy}^{dir}	Direkte Kosten der Produktion am Standort x der Variante y [GE]
k_{xy}^{ind}	Indirekte Kosten der Produktion am Standort x der Variante y [GE]
k_{xy}^{M}	Materialkosten der Produktion am Standort x der Variante y [GE]
k_{xy}^{Z}	Kosten der Zukaufteile zur Produktion am Standort x der Variante y [GE]
RKS_{x}^{In}	Ressourcenkostensatz der Produktion am Standort x [GE/ZE]
t_{xy}^{In}	Zeitliche Inanspruchnahme der Produktion am Standort x der Variante y [ZE]

Der Ressourcenkostensatz der Produktion setzt sich wiederum aus den Ressourcenkostensätzen für Personal und Betriebsmittel zusammen, siehe Gleichung (4-7). Der Ressourcenkostensatz des Produktionspersonals entspricht dabei den anfallenden Vollkosten, das

[71] Ansätze zur Ermittlung der Bauzeit finden sich u. a. bei [GRU14, S. 72-73; JUN17, S. 28-30].

heißt Lohn zzgl. Sozialabgaben, pro Zeiteinheit [GRU14, S. 70]. Durch Anpassung des Personalbedarfsfaktors der Produktion ist bspw. die Berücksichtigung einer Mehrmaschinenbedienung möglich.

$$RKS_x^{In} = RKS_x^{Pers,In} \times \phi_x^{In} + RKS_x^{Betr} \tag{4-7}$$

mit

$RKS_x^{Pers,In}$ Ressourcenkostensatz des Produktionspersonals am Standort x [GE/ZE]
ϕ_x^{In} Personalbedarfsfaktor der Produktion am Standort x [%]
RKS_x^{Betr} Ressourcenkostensatz der Betriebsmittel der Produktion am Standort x [GE/ZE]

Die im Ressourcenkostensatz der Betriebsmittel berücksichtigten indirekten Kosten werden in Tab. 9 beschrieben.

Tab. 9: Beschreibung der im Ressourcenkostensatz der Betriebsmittel berücksichtigten indirekten Kosten, i. A. a. [GRU14, S. 70-72; MOL20, S. 66]

Indirekte Kosten der Betriebsmittel	**Beschreibung**
Betriebsstoffe und Verbrauchsmittel	Kosten für den Betrieb der Betriebsmittel in Form von Energieträgern und sonstigen notwendigen Stoffen für Verbrauchsmittel (z. B. Beschichter, Filter, Siebe).
Abschreibungen auf Anlageinvestitionen	Absetzung für Abnutzung aufgrund der Wertminderung des Anlagevermögens der Betriebsmittel während der Nutzungsdauer.
Kapitalkosten	Kalkulatorische Zinsen des betriebsnotwendigen Kapitals.
Instandhaltung	Kosten für Reparatur und Wartung der Betriebsmittel zur Gewährleistung eines funktionsfähigen Zustands und Verlängerung der Nutzungsdauer.
Infrastruktur	Kosten für die Infrastruktur und der zugehörigen technischen Gebäudeausrüstung, wie z. B. Flächen, Beleuchtung oder Klimatisierung.

Dementsprechend lässt sich der Ressourcenkostensatz der Betriebsmittel nach Gleichung (4-8) berechnen:

$$RKS_x^{Betr} = \frac{k_x^{BuV,B} + k_x^{AfA,B} + k_x^{Kap,B} + k_x^{Ins,B} + k_x^{Inf,B}}{\sum t_x^{Betr}} \tag{4-8}$$

mit

$k_x^{BuV,B}$ Kosten für Betriebsstoffe und Verbrauchsmittel der Betriebsmittel am Standort x [GE]
$k_x^{AfA,B}$ Kosten für Abschreibungen auf Anlageinvestitionen der Betriebsmittel am Standort x [GE]
$k_x^{Kap,B}$ Kosten des eingesetzten Kapitals für Betriebsmittel am Standort x [GE]
$k_x^{Ins,B}$ Instandhaltungskosten der Betriebsmittel am Standort x [GE]
$k_x^{Inf,B}$ Infrastrukturkosten der Betriebsmittel am Standort x [GE]
t_x^{Betr} Zeitliche Inanspruchnahme der Betriebsmittel am Standort x [ZE]

Neben den Kosten der Produktion werden im nächsten Schritt die Einträge der Elemente der Kostenmatrix des **Transports** entlang der Ersatzteil-Supply-Chain ermittelt.

In Abhängigkeit des Bedarfsortes setzt sich jede Transportkette eines Ersatzteils aus einzelnen Transportkettenelementen[72] zusammen, was analog für die entstehenden Kosten gilt. Die Kosten eines Transportkettenelements sind abhängig vom verwendeten Ressourcenkostensatz des Transports und der zu überbrückenden Distanz, siehe Gleichung (4-9).

$$t_{xy}^{k} = RKS_{xy}^{Tran} \times d_{xy} \tag{4-9}$$

mit

RKS_{xy}^{Tran}	Ressourcenkostensatz des Transports zwischen Standort x und Standort y [GE/ZE]
d_{xy}	Transportzeit zwischen Standort x und Standort y [ZE]

Die Transportkosten eines Transportkettenelements werden in der Regel durch den jeweiligen Ressourcenkostensatz des Transports berechnet, es sind jedoch auch fixe Werte abbildbar. Der Ressourcenkostensatz des Transports ist der Quotient der Kosten für Transportmittel, Betriebsmittel, Instandhaltung und der Summe der distanzbezogenen Inanspruchnahme zuzüglich der Personalkosten, siehe Gleichung (4-10).[73]

$$RKS_{xy}^{Tran} = \frac{k_{xy}^{TM} + k_{xy}^{BuV,T} + k_{xy}^{Ins,T}}{\sum d_{x}} + RKS_{x}^{Pers,T} \times \phi_{x}^{Tran} \tag{4-10}$$

mit

k_{xy}^{TM}	Kosten der Transportmittel am Standort x [GE]
$k_{xy}^{BuV,T}$	Kosten für Betriebsstoffe und Verbrauchsmittel des Transports am Standort x [GE]
$k_{xy}^{Ins,T}$	Instandhaltungskosten der Transportmittel am Standort x [GE]
d_{x}	Zeitbezogene Inanspruchnahme der Transportmittel am Standort x [ZE]
$RKS_{x}^{Pers,T}$	Ressourcenkostensatz des Transportpersonals am Standort x [GE/ZE]
ϕ_{x}^{Tran}	Personalbedarfsfaktor des Transports am Standort x [%]

Die **Lagerhaltungskosten** umfassen sämtliche mit dem Wareneingang (z. B. Wareneingangsprüfung), der Lagerung (z. B. notwendige Lagerfläche) und dem Warenausgang (z. B. Verpackung) in Zusammenhang stehende Kosten, einschließlich der Kapitalbindungskosten während der Lagerdauer eines Ersatzteils. Die Lagerhaltungskosten berechnen sich entsprechend Gleichung (4-11)

[72] Als Transportkettenelement wird der »Abschnitt einer Transportkette [bezeichnet], innerhalb dessen die Fracht [...] von einem einzelnen Fahrzeug befördert wird [..]« [DIN22a, S. 17].

[73] Fehlt die notwendige Datenbasis zur Berechnung eines Ressourcenkostensatzes des Transports, werden als Alternative bspw. die Ressourcenkostensätze ähnlicher Transportvorgänge oder Literaturwerte herangezogen.

$$l_{xy}^{k} = t_{xy}^{Lag} \times (RKS_{x}^{Lag} + i_{k} \times EP_{y}) \tag{4-11}$$

mit

t_{xy}^{Lag}	Durchschnittliche Lagerdauer am Standort *x* für die Variante *y* [ZE]
RKS_{x}^{Lag}	Ressourcenkostensatz der Lagerhaltung am Standort *x* [GE/ZE]
i_{k}	Kalkulatorischer Zinssatz der Lagerhaltung am Standort *x* [%/ZE]
EP_{y}	Preis der Ersatzteilvariante *y* [GE]

Der Ressourcenkostensatz der Lagerhaltung berechnet sich dabei nach Gleichung (4-12):

$$RKS_{x}^{Lag} = \frac{k_{x}^{BuV,L} + k_{x}^{AfA,L} + k_{x}^{Kap,L} + k_{x}^{Ins,L} + k_{x}^{Inf,L}}{\sum t_{x}^{L}} + RKS_{x}^{Pers,L} \times \phi_{x}^{Lag} \tag{4-12}$$

mit

$k_{x}^{BuV,L}$	Kosten für Betriebsstoffe und Verbrauchsmittel der Lagerhaltung am Standort *x* [GE]
$k_{x}^{AfA,L}$	Kosten für Abschreibungen auf Anlageinvestitionen der Lagermittel am Standort *x* [GE]
$k_{x}^{Kap,L}$	Kapitalkosten der Lagerhaltung am Standort *x* [GE]
$k_{x}^{Ins,L}$	Instandhaltungskosten der Lagerhaltung am Standort *x* [GE]
$k_{x}^{Inf,L}$	Infrastrukturkosten der Lagerhaltung am Standort *x* [GE]
t_{x}^{L}	Zeitliche Inanspruchnahme der Lagerhaltung am Standort *x* [ZE]
$RKS_{x}^{Pers,L}$	Ressourcenkostensatz des Lagerpersonals am Standort *x* [GE/ZE]
ϕ_{x}^{Lag}	Personalbedarfsfaktor der Lagerhaltung am Standort *x* [%]

Die **Auftragsabwicklungskosten** des übergeordneten PPS-Moduls beinhalten u. a. die entsprechenden Personalaufwände zur Informationsweitergabe und lassen sich durch Gleichung (4-13) bestimmen:

$$a_{xy}^{k} = RKS_{x}^{Auft} \times t_{xy}^{Auft} \tag{4-13}$$

mit

RKS_{x}^{Auft}	Ressourcenkostensatz der Auftragsabwicklung am Standort *x* [GE/ZE]
t_{xy}^{Auft}	Zeitliche Inanspruchnahme der Auftragsabwicklung am Standort *x* für die Variante *y* [ZE]

Der Ressourcenkostensatz der Auftragsabwicklung am jeweiligen Standort umfasst die Kosten des notwendigen Verwaltungspersonals multipliziert mit dem Personalbedarfsfaktor zuzüglich der Kosten für Betriebsstoffe und Verbrauchsmittel sowie Abschreibungen und den entstehenden Kapital-, Instandhaltungs- sowie Infrastrukturkosten, siehe Gleichung (4-14).

$$RKS_x^{Auft} = \frac{k_x^{BuV,A} + k_x^{AfA,A} + k_x^{Kap,A} + k_x^{Ins,A} + k_x^{Inf,A}}{\sum t_x^A} + RKS_x^{Pers,A} \times \phi_x^{Auft} \quad (4\text{-}14)$$

mit

$k_x^{BuV,A}$	Kosten für Betriebsstoffe und Verbrauchsmittel der Auftragsabwicklung am Standort x [GE]
$k_x^{AfA,A}$	Kosten für Abschreibungen auf Anlageinvestitionen der Auftragsabwicklung am Standort x [GE]
$k_x^{Kap,A}$	Kapitalkosten der Auftragsabwicklung am Standort x [GE]
$k_x^{Ins,A}$	Instandhaltungskosten der Auftragsabwicklung am Standort x [GE]
$k_x^{Inf,A}$	Infrastrukturkosten der Auftragsabwicklung am Standort x [GE]
t_x^A	Zeitliche Inanspruchnahme der Auftragsabwicklung am Standort x [ZE]
$RKS_x^{Pers,A}$	Ressourcenkostensatz des Verwaltungspersonals am Standort x [GE/ZE]
ϕ_x^{Auft}	Personalbedarfsfaktor der Auftragsabwicklung am Standort x [%]

Über die klassischen Kostenelemente einer Supply Chain hinaus werden **Folgekosten** des Lieferverzugs und dadurch ggf. entstehende Ausfallkosten in die Kostenbetrachtung aufgenommen. Zu diesen zählen insbesondere Schadensersatzansprüche sowie vertraglich vereinbarte Sanktionen bei Eintritt des Verzugs in Form von Vertragsstrafen.

Nach § 280 BGB kann der Gläubiger Schadensersatz aufgrund der verspäteten Lieferung verlangen. Dabei ist der Geschädigte »vermögensmäßig so zu stellen, wie er bei rechtzeitiger Lieferung stünde« [VIE18, S. 55]. Führt der Verzug der Lieferung bspw. zu einem Anlagenstillstand, so sind die dadurch entstehenden Kosten, wie z. B. ein Mehraufwand für das Anhalten und Anfahren der Produktion, notwendige Überstunden sowie der entgangene Gewinn ersatzfähig [BGH10, S. 7; VIE18, S. 53-54]. Neben Schadensersatzansprüchen werden in der Praxis häufig Vertragsstrafen in den Allgemeinen Geschäftsbedingungen festgelegt, die bei einer vom Lieferanten zu vertretenden Verspätung der Lieferung wirken.[74] In der Regel wird dabei ein definierter Betrag für jeden Arbeitstag des Verzugs als Vertragsstrafe festgelegt und die Summe durch einen Höchstbetrag gedeckelt.[75] Die entstehenden Folgekosten aufgrund eines Lieferverzugs und die dafür notwendigen Voraussetzungen werden individuell zwischen Unternehmen vereinbart und werden daher in der vorliegenden Arbeit nicht allgemeingültig beschrieben.

Die zeitliche Inanspruchnahme ist eine Grundlage für die entstehenden Kosten der Ersatzteil-Supply-Chain und stellt darüber hinaus eine eigene Zieldimension dar.

[74] Eine Verspätung der Lieferung begründet nicht automatisch den Verzug, denn nach § 286 Abs. 1 BGB muss der Gläubiger zunächst eine Mahnung nach dem Eintritt der Fälligkeit aussprechen. Als Ausnahme dieses Erfordernisses gilt, wenn der Zeitpunkt der Leistung nach dem Kalender bestimmt ist (vgl. § 286 Abs. 2 S.1 BGB) oder ein Fixgeschäft vorliegt (vgl. § 376 HGB). [VIE18, S. 49-50].

[75] In der Praxis liegt die Höhe der Vertragsstrafe häufig im Bereich von 0,3-0,5 % der Auftragssumme je Arbeitstag und ist in der Regel bei 5 % der Auftragssumme limitiert [BOH18, S. 170; VIE18, S. 64].

Zeit

Die Erfassung der zeitlichen Inanspruchnahme einzelner Prozesse ist einerseits zum Teil Grundlage für die Berechnung der entstehenden Kosten in den einzelnen Modulen und dient andererseits zur Analyse, Gestaltung und Bewertung der Ersatzteil-Supply-Chain.

Eine wichtige Kennzahl stellt in diesem Zusammenhang die Durchlaufzeit dar [FAU09, S. 235; KUM09, S. 179]. Im Allgemeinen beschreibt die Durchlaufzeit die benötigte Zeitspanne (»Verweildauer«), um alle notwendigen Prozessschritte eines Input-Throughput-Output Systems zu durchlaufen [DRE19, S. 25; KUM09, S. 179]. In der Literatur ist die Durchlaufzeit nicht einheitlich definiert und unterscheidet sich u. a. hinsichtlich der Ereignisse, die den Beginn und das Ende der Zeitspanne definieren, sowie der Betrachtungsebene, die je nach Anwendungsfall von der einzelnen Arbeitsstation bis zum gesamten Produktionssystem reicht [ADA98, S. 550; GLO03, S. 618]. In Abhängigkeit der Systemgrenzen wird die Durchlaufzeit daher sowohl für lokale Prozessverbesserungen verwendet bspw. durch darauf aufbauende Wertschöpfungsanalysen als auch für die akteursübergreifende ganzheitliche Betrachtung der Ersatzteil-Supply-Chain [FAU09, S. 241; GRO21, S. 1616].

Aus Sicht des Verwenders des Ersatzteils (»Abnehmerperspektive«, vgl. Abschnitt 2.1.5) ist nicht allein die Produktionszeit entscheidend, sondern in der Regel die Gesamtabwicklungszeit eines Auftrags vom Zeitpunkt der Erteilung des Auftrags bis zu dessen Fertigstellung [ADA98, S. 551]. Diese Zeitspanne ist u. a. davon abhängig, ob auf Lagerbestände zurückgegriffen wird oder zunächst die Herstellung des Ersatzteils erfolgen muss. Daher ist die Quantifizierung der Zeitspannen einzelner Prozesse sowie der Gesamtabwicklungszeit essenziell für die Entwicklung des Simulationsmodells.

Zur Bewertung der Leistungsfähigkeit der Ersatzteil-Supply-Chain Konfiguration ist es möglich, das Servicelevel auf Basis der von den Kunden erwarteten Durchlaufzeiten zu berechnen, siehe Gleichung (4-15). Dazu wird die innerhalb der erwarteten Durchlaufzeit erfüllte Bestellmenge mit der Summe der Bestellmenge ins Verhältnis gesetzt.

$$S_{xy}^{BM} = \frac{BM_{xy}^{P}}{BM_{xy}^{Ges}} \tag{4-15}$$

mit

S_{xy}^{BM}	Servicelevel der Bestellmenge am Standort *x* für Variante *y* [%]
BM_{xy}^{P}	Am Standort *x* ausgelieferte Bestellmenge der Variante *y*, die die erwartete Durchlaufzeit der Kunden einhält [-]
BM_{xy}^{Ges}	Summe der am Standort *x* ausgelieferten Bestellmenge der Variante *y* [-]

Das Servicelevel beeinflusst den notwendigen Sicherheitsbestand. Im Folgenden wird das Vorgehen zur Ermittlung des Sicherheitsbestands bei definiertem Servicelevel dargestellt.

Abb. 45 zeigt vereinfacht die (s', S')-Lagerhaltungspolitik (links) und den idealen sowie das reale Verhalten des Lagerbestands an einem Standort *x* für eine Ersatzteilvariante *y* im Zeitablauf. Bei dieser Lagerhaltungspolitik wird bei Erreichen bzw. Unterschreiten des Bestellpunkts *s'* (»Meldebestand«) eine Bestellung ausgelöst und der Lagerbestand wird um die Menge aufgefüllt, die zum Erreichen des festgelegten Bestellniveaus *S'* benötigt wird [GLE08, S. 149]. Aufgrund des dynamischen und stochastischen Verhaltens weicht das reale Verhalten jedoch von diesem Idealbild ab. Demnach schwanken Nachfragemengen und Wiederbeschaffungszeiten, weshalb Sicherheitsbestände notwendig sind, um ein bestimmtes Servicelevel zu erfüllen und Lieferengpässe zu vermeiden [IVA21, S. 59]. In Abb. 45 (links) ist der Sicherheitsbestand dargestellt, um ein Servicelevel von 100 % zu erreichen. Darüber hinaus vorgehaltene Sicherheitsbestände sind redundant und führen zu einer Steigerung der Lagerhaltungskosten, ohne einen Nutzen für die Kunden zu erzeugen. Der Ermittlung des notwendigen Sicherheitsbestands in Abhängigkeit des definierten Servicelevels kommt daher eine wichtige Bedeutung zu und wird im Folgenden erläutert.

Zunächst wird die vereinfachte Darstellung der Lagerhaltungspolitik in eine Stufenfunktion überführt, wie sie in der Praxis vorliegt, siehe Abb. 45 (rechts). Bestandsänderungen erfolgen somit zu bestimmten Zeitpunkten. Jeder Lagerbestandswert nach einer Bestellung wird dabei als $I_{b,xy}$ bezeichnet. Ziel ist es, für die Summe der Bestellmenge BM_{xy}^{Ges} ein festgelegtes Servicelevel S_{xy}^{BM} zu erreichen. Dazu ist die Identifikation des Schwellwerts (SW_{xy}) des Lagerbestands notwendig, mit dem dieses Servicelevel eingehalten wird.

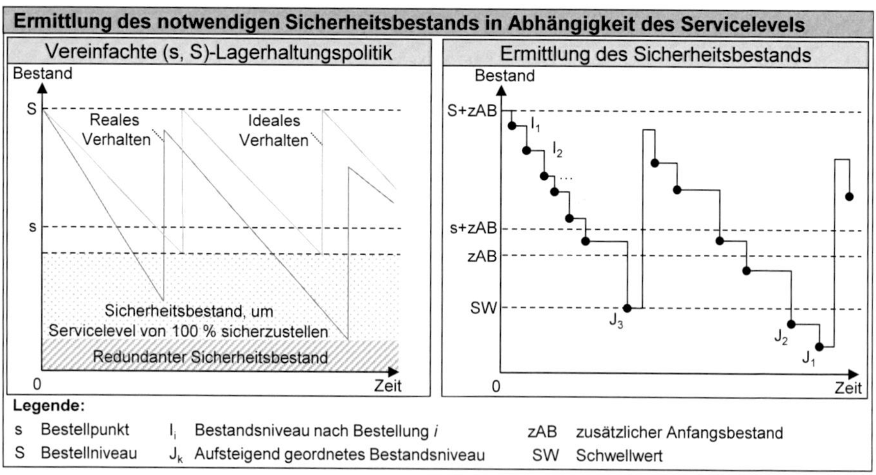

Abb. 45: Ermittlung des notwendigen Sicherheitsbestands zur Erfüllung des definierten Servicelevels am Beispiel der (s', S')-Lagerhaltungspolitik (links) und dessen Überführung in das Simulationsmodell (rechts), eig. Darst. i. A. a. [IVA21, S. 60-61; THE24b; VRU19, S. 19]

Dazu wird Bestellpunkt und Bestellniveau ein fiktiver zusätzlicher Anfangsbestand (*zAB*) hinzugefügt, der groß genug ist, um Lieferengpässe auszuschließen. Anschließend werden die Lagerbestandswerte l_b nach jeder Bestellung ermittelt. Diese werden aufsteigend sortiert und ergeben somit eine geordnete Menge der Lagerbestandsniveaus $J_1, J_2, \ldots, J_n$. Anschließend wird der Schwellwert SW_{xy} durch eine iterative Prüfung nach Gleichung (4-16) ermittelt [THE24b]:

$$SW_{xy} = \min(J_{xy;k} \mid \sum_{i=1}^{n} BM_{xy}^{J_k} \geq (1 - S_{xy}^{BM}) \times BM_{xy}^{Ges}) \tag{4-16}$$

mit

SW_{xy}	Schwellwert zur Berechnung des Sicherheitsbestands am Standort *x* für Variante *y* [-]
$J_{xy;k}$	Aufsteigend sortierte Lagerbestandsniveaus am Standort *x* der Variante *y* [-]
$BM_{xy}^{J_k}$	Bestellmenge des zugehörigen Lagerbestandsniveaus J_k am Standort *x* für Variante *y* [-]

Beginnend mit J_1 wird geprüft, ob die zugehörige Bestellmenge $BM_{xy}^{J_1}$ größer ist, als das Produkt aus allen Bestellungen und dem Anteil der erlaubten Fehlbestände. Trifft dies zu, wird J_1 zum Schwellwert. Ansonsten wird im Anschluss die Summe der Bestellmengen $BM_{xy}^{J_1} + BM_{xy}^{J_2}$ auf Erfüllung der Bedingung geprüft. Der Ablauf setzt sich fort, bis die Bedingung erfüllt oder J_n erreicht und als Schwellwert verwendet wird.

Die Ermittlung des Schwellwerts erlaubt die Berechnung des notwendigen Sicherheitsbestands zur Erfüllung des definierten Servicelevels nach Gleichung (4-17) [THE24b]:

$$SB_{xy}^{Opt}(S_{xy}^{BM}) = \max(0, zAB_{xy} - SW_{xy}) \tag{4-17}$$

mit

SB_{xy}^{Opt}	Notwendiger Sicherheitsbestand am Standort *x* der Variante *y* [-]
zAB_{xy}	zusätzlicher Anfangsbestand am Standort *x* der Variante *y* [-]

Der notwendige Sicherheitsbestand ergibt sich aus der Differenz zwischen dem zusätzlichen Anfangsbestand und dem ermittelten Schwellwert. Falls die Differenz negativ ist, wird der Sicherheitsbestand auf null gesetzt. Durch den Sicherheitsbestand werden einerseits Schwankungen der Bedarfsmengen in der nachgelagerten Ersatzteil-Supply-Chain und andererseits Schwankungen der Wiederbeschaffungszeit in der vorgelagerten Prozesskette im festgelegten Maße ausgeglichen. Die Variation des Servicelevels erlaubt zudem eine Analyse der dadurch entstehenden Kosten entlang der Ersatzteil-Supply-Chain.

Neben der Beeinflussung der Lieferzeit hat der Lagerbestand zudem Einfluss auf die Flexibilität der Ersatzteil-Supply-Chain, auf die im Folgenden näher eingegangen wird.

Flexibilität

Die Flexibilität wird als »bedeutender strategischer Erfolgsfaktor« für Unternehmen betrachtet [KAL05, S. 7]. In der Ersatzteilversorgung ist ein hohes Maß an Flexibilität erforderlich, um den von Unsicherheit und Dynamik geprägten Rahmenbedingungen angemessen zu begegnen, insbesondere in der Nachserienversorgung [IND08, S. 1020].

In der Literatur existiert keine einheitliche Definition des Begriffs Flexibilität [ROG09, S. 31].[76] Entsprechend des Anwendungsgebietes und des jeweiligen Kontext gilt es daher die Flexibilität zu beschreiben. In der vorliegenden Arbeit wird die Definition nach WESTKÄMPER ET AL. verwendet, wonach ein System als flexibel bezeichnet wird, »wenn es im Rahmen eines prinzipiell vorgedachten Umfangs von Merkmalen sowie deren Ausprägungen an veränderte Gegebenheiten reversibel anpassbar ist.« [WES00, S. 24]. Durch diese Anpassungs- und Änderungsfähigkeit der Ersatzteil-Supply-Chain wird somit ein Handlungsspielraum innerhalb eines definierten Korridors (»Flexibilitätskorridor«) eröffnet, der eine schnelle und wirtschaftliche Reaktion auf interne sowie externe Unsicherheiten erlaubt [ROG09, S. 33; WIE14, S. 128-129; ZÄH04, S. 174]. Der im Vorfeld geplante Handlungsspielraum umfasst dabei sowohl Anpassungen basierend auf bereits eingetretenen Situationen (»reaktiv«) als auch antizipierte Veränderungen (»proaktiv«) [BEL05, S. 157].

Tab. 10 zeigt die Abgrenzung produktionswirtschaftlicher Flexibilität zu den verwandten Begriffen Agilität, Anpassungsfähigkeit, Elastizität und Wandlungsfähigkeit anhand ausgewählter Merkmale und deren Ausprägungen nach SEEBACHER [SEE13, S. 16].

Die Flexibilität lässt sich anhand verschiedener Merkmale wie der horizontalen, vertikalen und zeitlichen Klassifizierung sowie deren Ausprägungen weiter spezifizieren [TON98, S. 1595]. Die horizontale Klassifizierung gibt an, auf welchen Teil der Wertschöpfungskette sich die Flexibilität bezieht [WIE14, S. 123]. Dies reicht vom einzelnen Standort (»interne Flexibilität«) bis hin zur standortübergreifenden Supply Chain (»externe Flexibilität«) [AUR03, S. 214-215]. Die vertikale Klassifizierung gibt an, auf welche Systemebene, von der einzelnen Maschine bis hin zur gesamten Supply Chain, sich die Flexibilität bezieht [TON98, S. 1596; WIE14, S. 123]. Die zeitliche Klassifizierung bezieht sich auf die Fristigkeit bzw. Reaktionsgeschwindigkeit der Flexibilität, wobei in der Regel zwischen kurz-, mittel- und langfristiger Flexibilität unterschieden wird [ABE08, S. 323; WIE14, S. 123].

[76] SETHI & SETHI unterscheiden mehr als 50 Definitionen des Begriffs Flexibilität im Kontext der Produktion in der englischsprachigen Literatur, SHEWCHUK & MOODIE sogar mehr als 70 [SET90, S. 289; SHE98, S. 325].

Tab. 10: Abgrenzung der Flexibilität von verwandten Begriffen, i. A. a. [SEE13, S. 16-24]

Legende:
X: Trifft zu

		Flexibilität	Agilität	Anpassungs-fähigkeit	Elastizität	Wandlungs-fähigkeit
Beherrschung der Unsicherheit	Hoch		X			
	Mäßig	X		X		X
	Gering				X	
Vorherrschende Veränderungs-dynamik	Dynamisch	X	X			
	Stetig					X
	Einmalig			X	X	
Ereigniseintritt	Erwartet	X				
	Unerwartet		X	X	X	X
Veränderungs-impuls	Intern	X	X			
	Extern	X	X	X	X	X
Leistungs-/Auf-gabenspektrum	Begrenzt	X			X	X
	Unbegrenzt		X	X		
Handlungs-prämisse	Reaktiv	X	X	X	X	
	Proaktiv	X	X			X
Limitationen	Kosten- oder Leistungsverluste	X	X		X	
	Zeit- und/oder Kostenrestriktionen			X		X

Weiterhin werden eine Reihe von Flexibilitätsarten[77] differenziert, die sich hinsichtlich des sich ändernden Betrachtungsgegenstands unterscheiden. Im Kontext der Ersatzteilversorgung sind nach INDERFURTH & KLEBER insbesondere folgende Flexibilitätsarten relevant [IND09, S. 1021-1022]:

- **Mengenflexibilität**: Fähigkeit eines Unternehmens, ein bestehendes Produktionssystem an schwankende Stückzahlen anzupassen [AUR03, S. 214].
- **Zeitflexibilität**: Fähigkeit zur laufenden zeitlichen Anpassung der Entscheidungen.
- **Bestandsflexibilität**: Reaktionsfähigkeit durch den Einsatz von Lagerbeständen.

Bedarfsschwankungen stellen eine wesentliche Unsicherheit in der Nachserienversorgung dar. Neben der absoluten Höhe des Ersatzteilbedarfs im Versorgungszeitraum schwanken bspw. oftmals auch die Bedarfe in einzelnen Perioden oder zwischen unterschiedlichen Ersatzteilvarianten. Eine Herausforderung stellt in diesem Zusammenhang die Messbarkeit der Flexibilität dar, für die nur im Speziellen anwendungsspezifische Methoden und Verfahren existieren [GUP93, S. 2948; TON98, S. 1606]. Im Allgemeinen liegen jedoch keine geeigneten und anerkannten Methoden und Verfahren vor, um die Dimensionen der Flexibilität vollumfänglich zu erfassen [ABE08, S. 323; KAL05, S. 10-11; WIE14, S. 123-124].

Um dennoch das geeignete Maß an Flexibilität zu bestimmen, wird in der vorliegenden Arbeit eine indirekte Messung der Flexibilität vorgenommen.

---

[77] Für eine Übersicht der Flexibilitätsarten siehe u. a. [SEE13, S. 29-40; SET90, S. 297; TEM93, S. 17-21].

Dazu werden zunächst Flexibilitätsanforderungen wie z. B. Bedarfsschwankungen als Szenarien definiert (vgl. Abb. 35, S. 66). Anschließend werden die Aufwände der Flexibilität bspw. in Form zusätzlicher Bestände, dem Nutzen bspw. durch geringere Transportkosten gegenübergestellt. Der Vergleich erlaubt eine Aussage über das Maß der Flexibilität und die Beurteilung potenzieller Handlungsoptionen zur Steigerung der Flexibilität. [ABE08, S. 323]

Die Flexibilität wirkt sich in der Regel auch auf die ökologische Nachhaltigkeit der Ersatzteil-Supply-Chain aus bspw. wenn Ersatzteile vorproduziert werden, für die sich kein Bedarf einstellt. Die Zieldimension Treibhausgasemissionen wird im Folgenden näher beschrieben.

Treibhausgasemissionen

Als weitere Zieldimension werden Treibhausgasemissionen stellvertretend für die ökologische Nachhaltigkeit[78] der Ersatzteil-Supply-Chain erfasst. Operationalisiert wird die Zieldimension durch die Quantifizierung der in die Atmosphäre freigesetzten Treibhausgase[79] in Form von Kohlendioxid-Äquivalenten (CO_2eq) [DIN19c, S. 17]. Das in Kohlendioxid-Äquivalenten angegebene Treibhauspotenzial[80] (engl. global warming potential) gibt an, wie viel eine festgelegte Menge eines Treibhausgases zum Treibhauseffekt beiträgt. Damit wird eine Gegenüberstellung und Bewertung der Treibhausgasemissionen unterschiedlicher Ersatzteil-Supply-Chain Konfigurationen ermöglicht. Die Ermittlung der Treibhausgasemissionen eines Produkts erfolgt dabei in Anlehnung an die von MOLENDA entwickelte Bewertungsmethodik [MOL20, S. 72].[81]

Die Systemgrenze zur Ermittlung der Treibhausgasemissionen in der vorliegenden Arbeit entspricht der in Abschnitt 4.1 festgelegten Systemgrenze der Ersatzteil-Supply-Chain und beinhaltet Produktion, Transport und Lagerung der Ersatzteile. Nutzung und Entsorgung werden nicht berücksichtigt, da diese Phasen unabhängig von der Konfiguration der Ersatzteil-Supply-Chain sind und somit in einer vergleichenden Betrachtung keine Unterschiede hervorrufen [BJØ18, S. 102]. Somit wird nur ein spezifischer Teil des Lebensweges eines Ersatzteils berücksichtigt [DIN19a, S. 16; DIN21, S. 30]. Die Gesamtheit der Emissionen einer Ersatzteil-Supply-Chain Konfiguration ε_c^{Gesamt} ergeben sich aus der Summe der Emissionen aller Ersatzteile im Betrachtungszeitraum.

---

[78] Ökologie, Ökonomie und Soziales bilden die »Dimensionen der Nachhaltigkeit« [DEU98, S. 18; KRO19, S. 11].

[79] Treibhausgas (THG) ist ein »gasförmiger Bestandteil der Atmosphäre, sowohl natürlichen als auch anthropogenen Ursprungs, der die Strahlung bei spezifischen Wellenlängen innerhalb des Spektrums der infraroten Strahlung, die von der Erdoberfläche, der Atmosphäre und den Wolken abgegeben wird, aufnimmt und abgibt« [DIN19c, S. 14].

[80] Nach DIN EN ISO 14083 stellt das Treibhauspotenzial »bei der Freisetzung von Treibhausgasemissionen in die Atmosphäre den Umrechnungsfaktor von der Masse des freigesetzten Gases in die Masse des CO_2-Äquivalentes dar« [DIN22a, S. 29].

[81] Die Erstellung einer vollständigen Ökobilanz (engl. life cycle assessment, LCA) wird für eine detaillierte Ermittlung der Umweltwirkungen eines Ersatzteils empfohlen [DIN21, S. 16; FRI20, S. 11].

Die Berechnung der Treibhausgasemissionen erfolgt mithilfe der Emissions- und Aktivierungsmatrizen nach Gleichung (4-18):

$$\varepsilon_c^{Gesamt} = \sum_{i=1}^{s}\sum_{j=1}^{v} p_{xy}^{\varepsilon} p_{A_c;xy}^{\varepsilon} + \sum_{i=1}^{s}\sum_{j=1}^{s} t_{xy}^{\varepsilon} t_{A_c;xy}^{\varepsilon} + \sum_{i=1}^{s}\sum_{j=1}^{s} l_{xy}^{\varepsilon} l_{A_c;xy}^{\varepsilon} + \sum_{i=1}^{s}\sum_{j=1}^{s} a_{xy}^{\varepsilon} a_{A_c;xy}^{\varepsilon} \quad (4\text{-}18)$$

mit

p_{xy}^{ε} Emissionselement der Produktionsmatrix [kg CO_2eq]

$p_{A_c;xy}^{\varepsilon}$ Element der Aktivierungsmatrix der Produktionsemissionen [-]

t_{xy}^{ε} Emissionselement der Transportmatrix [kg CO_2eq]

$t_{A_c;xy}^{\varepsilon}$ Element der Aktivierungsmatrix der Transportemissionen [-]

l_{xy}^{ε} Emissionselement der Lagerhaltungsmatrix [kg CO_2eq]

$l_{A_c;xy}^{\varepsilon}$ Element der Aktivierungsmatrix der Lagerhaltungsemissionen [-]

a_{xy}^{ε} Emissionselement der Auftragsabwicklungsmatrix [kg CO_2eq]

$a_{A_c;xy}^{\varepsilon}$ Element der Aktivierungsmatrix der Auftragsabwicklungsemissionen [-]

Die durch die **Produktion** des Ersatzteils einhergehenden Emissionen in Form von CO_2eq werden analog zu den Kosten teils direkt zugeordnet und müssen teils mithilfe des Ressourcenemissionssatzes auf die Ersatzteile umgelegt werden. Zu den direkt zuordenbaren Ressourcenverbräuchen zählt das eingesetzte Material zuzüglich ggf. notwendiger Zukaufteile. Ressourcenverbräuche bedingt durch Betriebsstoffe und Verbrauchsmittel sowie Infrastruktur und Instandhaltung der Betriebsmittel werden mithilfe von Umweltdatenbanken in CO_2eq umgerechnet. Tab. 11 zeigt die berücksichtigten Ressourcenarten und deren Beschreibung. [MOL20, S. 72-74] Sind Messungen am realen Objekt nicht möglich oder führen verfahrensspezifische Einstellungen, wie z. B. Schichthöhe oder Ausnutzung des Bauraums zu Schwankungen, so ist eine Approximation der Werte notwendig [KEL17, S. 63; WIE21, S. 362].

Tab. 11: Beschreibung der berücksichtigten Ressourcenarten, i. A. a. [MOL20, S. 72-73]

Ressourcenart	Beschreibung
Betriebsstoffe und Verbrauchsmittel	THG-Emissionen der für den Betrieb der Betriebsmittel notwendigen Energieträger und sonstigen notwendigen Stoffe sowie Verbrauchsmittel.
Instandhaltung	THG-Emissionen der Reparatur und Wartung zur Gewährleistung eines funktionsfähigen Zustands und Verlängerung der Nutzungsdauer der Betriebsmittel.
Infrastruktur	THG-Emissionen für die Infrastruktur und der zugehörigen technischen Gebäudeausrüstung, wie z. B. Klimatisierung.
Material	THG-Emissionen des verarbeiteten Materials zur Produktion des Ersatzteils.
Zukaufteile	THG-Emissionen extern oder intern bezogener Bauteile und Baugruppen.

Die einzelnen Emissionselemente der Produktion lassen sich somit aus der Summe der Emissionen des verwendeten Materials und der Zukaufteile der Ersatzteilvariante *y* sowie dem Ressourcenemissionssatz der Produktion am Standort *x* und dessen zeitlicher Inanspruchnahme bestimmen, siehe Gleichung (4-19).

$$p_{xy}^{\varepsilon} = (\varepsilon_y^M + \varepsilon_y^Z) + (RES_x^{\text{In}} \times t_{xy}^{\text{In}}) \tag{4-19}$$

mit

ε_y^M	THG-Emissionen des Materials für die Variante *y* [kg CO_2eq]
ε_y^Z	THG-Emissionen der Zukaufteile für die Variante *y* [kg CO_2eq]
RES_x^{In}	Ressourcenemissionssatz der Produktion am Standort *x* der Variante *y* [kg CO_2eq/ZE]

Der Ressourcenemissionssatz der Produktion am Standort *x* berechnet sich wiederum nach Gleichung (4-20) und setzt sich aus den THG-Emissionen der Betriebsstoffe und Verbrauchsmittel, der Instandhaltung sowie der Infrastruktur der Betriebsmittel zusammen.

$$RES_x^{\text{In}} = \frac{\varepsilon_x^{BuV,B} + \varepsilon_x^{Ins,B} + \varepsilon_x^{Inf,B}}{\sum t_x^{Betr}} \tag{4-20}$$

mit

$\varepsilon_x^{BuV,B}$	THG-Emissionen der Betriebsstoffe und Verbrauchsmittel der Betriebsmittel am Standort *x* [kg CO_2eq]
$\varepsilon_x^{Ins,B}$	THG-Emissionen der Instandhaltung der Betriebsmittel am Standort *x* [kg CO_2eq]
$\varepsilon_x^{Inf,B}$	THG-Emissionen der Infrastruktur der Betriebsmittel am Standort *x* [kg CO_2eq]

Die Treibhausgasemissionen der **Transportvorgänge** entlang der Ersatzteil-Supply-Chain werden nach DIN EN ISO 14083 quantifiziert [DIN22a, S. 14]. Die einzelnen Schritte zur Berechnung der Treibhausgasemissionen der Transportkette aus dem Betrieb von Fahrzeugen und Hubs sowie der zugehörigen Energiebereitstellung sind in Abb. 46 dargestellt.

Aus Sicht des Nutzers der Transportdienstleistungen gilt es zuerst die Transportkette zur Lieferung eines Ersatzteils zu bestimmen und in ihre einzelnen Transportkettenelemente aufzugliedern. Anschließend werden die Transport- oder Hub-Vorgänge ermittelt und jeweils einer Kategorie der Transportvorgänge oder einer Kategorie der Hub-Vorgänge zugewiesen. Daraufhin erfolgt die Berechnung der Transport- oder Hub-Aktivität im Transportkettenelement. Die Intensitätswerte[82] der Treibhausgasemissionen werden in Abhängigkeit der Datenverfügbarkeit auf unterschiedliche Weise ermittelt: berechnet anhand der Primärdaten, bereitgestellt durch einen Transportdienstleister, berechnet anhand eines geeigneten

[82] Intensitätswerte der Treibhausgasemissionen werden als Masse von Kohlendioxid-Äquivalenten je Transportaktivität angegeben, bspw. in Form von kg CO_2eq/tkm [DIN22a, S. 45].

Modells oder durch die Auswahl eines Vorgabewertes aus einer externen Quelle. Die Treibhausgasemissionen eines Transportkettenelements lassen sich anhand der zugehörigen Transport- oder Hub-Aktivitäten und der Intensitätswerte berechnen. [DIN22a, S. 32]

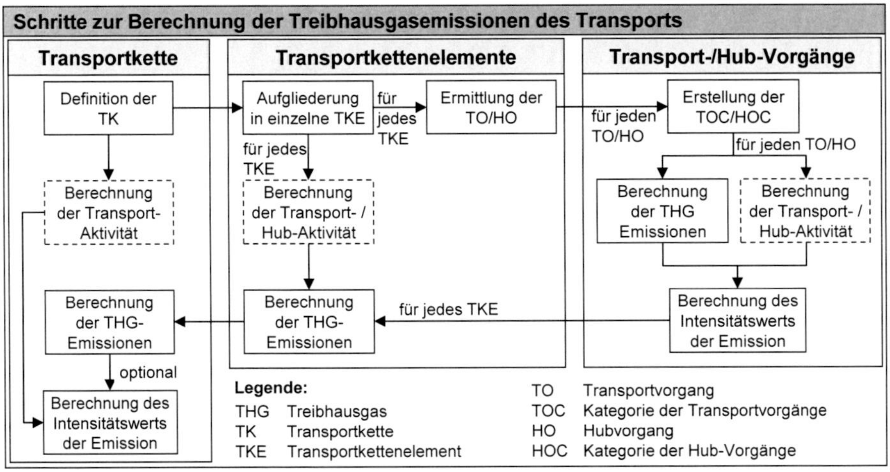

Abb. 46: Schritte zur Berechnung der Treibhausgasemissionen einer Transportkette nach DIN EN ISO 14083, eig. Darst. i. A. a. [DIN22a, S. 30]

Die Treibhausgasemissionen für den Betrieb und die Energiebereitstellung der gesamten Transportkette berechnen sich nach Gleichung (4-21) [DIN22a, S. 54-55].

$$t_{xy}^{\varepsilon} = \varepsilon_{VO,TK} + \varepsilon_{HO,TK} + \varepsilon_{VEP,TK} + \varepsilon_{HEP,TK} \tag{4-21}$$

mit

$\varepsilon_{VO,TK}$	THG-Emissionen der gesamten Transportkette aus dem Fahrzeugeinsatz [kg CO_2eq]
$\varepsilon_{HO,TK}$	THG-Emissionen der gesamten Transportkette aus dem Hubvorgang [kg CO_2eq]
$\varepsilon_{VEP,TK}$	THG-Emissionen der gesamten Transportkette aus der Energiebereitstellung für das Fahrzeug [kg CO_2eq]
$\varepsilon_{HEP,TK}$	THG-Emissionen der gesamten Transportkette aus der Energiebereitstellung für den Hub [kg CO_2eq]

Exemplarisch wird im Folgenden die Berechnung der THG-Emissionen der Transportkette aus dem Fahrzeugeinsatz ($\varepsilon_{VO,TK}$) dargestellt. Das Vorgehen gilt analog für die Berechnung der THG-Emissionen der Hubvorgänge sowie der THG-Emissionen der Energiebereitstellung des Fahrzeugs und des Hubs. Die THG-Emissionen der gesamten Transportkette aus dem Fahrzeugeinsatz ergeben sich aus der Summe der THG-Emissionen des Fahrzeugeinsatzes, die jedem TKE_i zugeordnet ist ($\varepsilon_{VO,TKE,i}$), siehe Gleichung (4-22) [DIN22a, S. 54]:

$$\varepsilon_{VO,TK} = \sum \varepsilon_{VO,TKE,i} \tag{4-22}$$

Die Emissionen des Fahrzeugeinsatzes für das TKE_i ($\varepsilon_{VO,TKE,i}$) ergeben sich aus dem Produkt des Intensitätswerts der THG-Emission für die gewählte TOC ($\varphi_{VO,TOC}$) und der Transportaktivität des Transportkettenelements (T_{TCE}), siehe Gleichung (4-23) [DIN22a, S. 49].

$$\varepsilon_{VO,TKE,i} = \varphi_{VO,TOC} \times T_{TCE} \tag{4-23}$$

Der Intensitätswert der THG-Emission für die gewählte TOC ($\varphi_{VO,TOC}$) berechnet sich aus der Division der gesamten THG-Emission aus dem Fahrzeugeinsatz für die gewählte TOC ($\varepsilon_{VO,TOC}$) und der gesamten Transportaktivität der TOC (T_{TOC}), siehe Gleichung (4-24) [DIN22a, S. 44].

$$\varphi_{VO,TOC} = \frac{\varepsilon_{VO,TOC}}{T_{TOC}} \tag{4-24}$$

Die gesamte Transportaktivität der TOC ergibt sich aus der Summe des Produkts aus der Masse aller Lieferungen im Transportvorgang i in Bezug auf die TOC (M_i) und der Zuweisungsentfernung des Transportvorgangs i in Bezug auf die TOC (s_i), siehe Gleichung (4-25) [DIN22a, S. 44].

$$T_{TOC} = \sum M_i \times s_i \tag{4-25}$$

Die gesamte THG-Emission aus dem Fahrzeugeinsatz für die gewählte TOC ($\varepsilon_{VO,TOC}$) ergibt sich aus der Summe der gesamten THG-Emission aus dem Fahrzeugeinsatz für THG-bezogenen Aktivitätstyp A_i (ε_{VO,A_i}), siehe Gleichung (4-26) [DIN22a, S. 43].

$$\varepsilon_{VO,TOC} = \sum \varepsilon_{VO,A_i} \tag{4-26}$$

ε_{VO,A_i} berechnet sich aus dem Produkt der Gesamtmenge jedes THG-bezogenen Aktivitätstyps A_i (Q_{Ai}) und dem THG-Emissionsfaktor des Fahrzeugeinsatzes für jeden THG-bezogenen Aktivitätstyp A_i (ef_{VO,A_i}), siehe Gleichung (4-27) [DIN22a, S. 42].

$$\varepsilon_{VO,A_i} = Q_{A_i} \times ef_{VO,A_i} \tag{4-27}$$

Der THG-Emissionsfaktor wird in der Regel Tabellenwerken entnommen und beträgt bspw. für Ottokraftstoff während des Betriebs 3,28 kg CO_2eq/kg [DIN22a, S. 121].

Die mit der **Lagerung** der Ersatzteile verbundenen Treibhausgasemissionen sind in DIN EN ISO 14083 nicht berücksichtigt und werden daher separat erfasst [DIN22a, S. 106]. Die Treibhausgasemissionen der Lagerung eines Ersatzteils berechnen sich nach Gleichung (4-28) aus dem mit der Lagerdauer multiplizierten Ressourcenemissionssatz der Lagerhaltung [MOL20, S. 77].

$$l_{xy}^{\varepsilon} = RES_x^{\mathrm{Lag}} \times t_{xy}^{\mathrm{Lag}} \tag{4-28}$$

mit

RES_x^{Lag} Ressourcenemissionssatz der Lagerhaltung am Standort x [kg CO_2eq/ZE]

Der Ressourcenemissionssatz der Lagerhaltung ergibt sich wiederum aus der zeitanteiligen Summe der Treibhausgasemissionen von Betriebsstoffen und Instandhaltung der eingesetzten Lagermittel und der zur Lagerung benötigten technischen Gebäudeausrüstung, siehe Gleichung (4-29) [MOL20, S. 77].

$$RES_x^{\mathrm{Lag}} = \frac{\varepsilon_x^{BuV,L} + \varepsilon_x^{Ins,L} + \varepsilon_x^{Inf,L}}{\sum t_x^L} \tag{4-29}$$

mit

$\varepsilon_x^{BuV,L}$ THG-Emissionen der Betriebsstoffe und Verbrauchsmittel der Lagermittel am Standort x [kg CO_2eq]

$\varepsilon_x^{Ins,L}$ THG-Emissionen der Instandhaltung der Lagerhaltung am Standort x [kg CO_2eq]

$\varepsilon_x^{Inf,L}$ THG-Emissionen der Infrastruktur der Lagerhaltung am Standort x [kg CO_2eq]

Treibhausgasemissionen, deren Entstehung auf die **Auftragsabwicklung** zurückzuführen ist, werden ebenfalls erfasst, indem der entsprechende Ressourcenemissionssatz mit der zeitlichen Inanspruchnahme multipliziert wird, siehe Gleichung (4-30).

$$a_{xy}^{\varepsilon} = RES_x^{\mathrm{Auft}} \times t_{xy}^{\mathrm{Auft}} \tag{4-30}$$

mit

RES_x^{Auft} Ressourcenemissionssatz der Auftragsabwicklung am Standort x [kg CO_2eq/ZE]

Der zugehörige Ressourcenemissionssatz wird nach Gleichung (4-31) berechnet.

$$RES_x^{Auft} = \frac{\varepsilon_x^{BuV,A} + \varepsilon_x^{Ins,A} + \varepsilon_x^{Inf,A}}{\sum t_x^A} \tag{4-31}$$

mit

$\varepsilon_x^{BuV,A}$ THG-Emissionen der Betriebsstoffe und Verbrauchsmittel der Auftragsabwicklung am Standort x [kg CO_2eq]

$\varepsilon_x^{Ins,A}$ THG-Emissionen der Instandhaltung der Auftragsabwicklung am Standort x [kg CO_2eq]

$\varepsilon_x^{Inf,A}$ THG-Emissionen der Infrastruktur der Auftragsabwicklung am Standort x [kg CO_2eq]

Treibhausgasemissionen, die infolge einer verspäteten Lieferung des Ersatzteils entstehen, werden in der vorliegenden Arbeit nicht betrachtet.

Das entwickelte Zielsystem stellt die Bewertungsgrundlage für die Konfiguration der Ersatzteil-Supply-Chain dar. Gemeinsam mit der Analyse und Beschreibung der Ersatzteil-Supply-Chain sowie der Planung des Ersatzteilbedarfs ist das Zielsystem die Grundlage für die Implementierung des Simulationsmodells, auf die im Folgenden näher eingegangen wird.

4.5 Simulationsmodellentwicklung

Die Entwicklung eines ausführbaren Simulationsmodells erfolgt durch die Kombination der Simulationssoftwares »anyLogistix« (Version 2.15.3) und »AnyLogic« (Version 8.8.1), die beide vom Unternehmen »The AnyLogic Company« entwickelt werden. Dies ermöglicht einen Multimethodenansatz durch die Kombination systemdynamischer, ereignisdiskreter und agentenbasierter Simulationsansätze (vgl. Abschnitt 2.3.5).

Die Simulationsmodellentwicklung besteht aus drei Schritten: der Überführung der Struktur der Ersatzteil-Supply-Chain in Form des Knoten-Kanten-Modells in die Simulationssoftware, der Spezifizierung der Eigenschaften der Elemente der Ersatzteil-Supply-Chain und der Festlegung der Steuerungslogiken, um das dynamische Verhalten des Systems abzubilden. Im Folgenden werden die drei Schritte der Simulationsmodellentwicklung beschrieben.

4.5.1 Überführung des Knoten-Kanten-Modells

Im ersten Schritt wird die Struktur der Ersatzteil-Supply-Chain in Form des Knoten-Kanten-Modells (vgl. Abb. 12, S. 23) in das Simulationsmodell überführt. Die Knoten stellen die beteiligten Elemente wie z. B. Lieferanten, Ersatzteilhersteller, Distributoren und (End-)Kunden dar. Deren Standorte werden durch Längen- und Breitengrad[83] oder Adressdaten spezifiziert. In anyLogistix wird dazu ein Geografisches Informationssystem (engl. geographic information system, GIS) verwendet, das Positionsdaten und beschreibende Informationen auf einer Karte integriert [LIN99, S. 1-3]. Die Kanten stellen die Verbindungen zwischen den einzelnen Elementen her und werden im Simulationsmodell entweder als Linien (bei direkten Transportverbindungen wie z. B. Luftfracht) oder als Routen, die auf dem Straßennetz basieren dargestellt. Abb. 47 zeigt exemplarisch die Struktur einer Ersatzteil-Supply-Chain und deren Elemente (links) sowie deren Standorte und Verbindungen (rechts). Zur besseren Darstellbarkeit sind die (End-)Kunden in der Strukturansicht gruppiert.

[83] Als geodätisches Referenzsystem der Längen- und Breitenangaben nutzt anyLogistix das World Geodetic System 1984 (WGS 84) [NGA14, S. 2-1; THE24a].

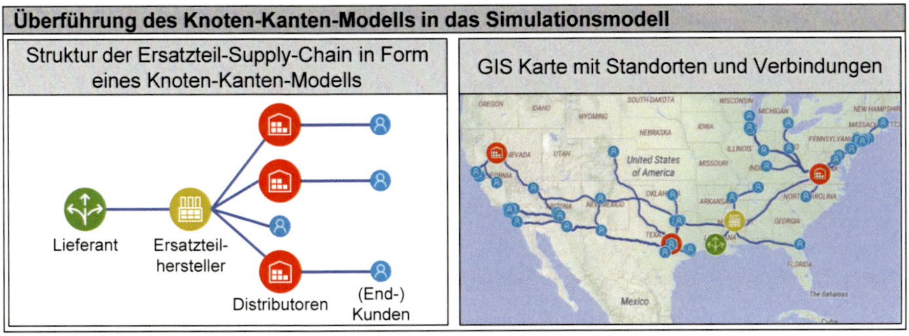

Abb. 47: Überführung des Knoten-Kanten-Modells in das Simulationsmodell, eig. Darst.

Jedes der in anyLogistix hinzugefügten Elemente der Ersatzteil-Supply-Chain ist ein Agent, dessen Verhalten in AnyLogic modelliert wird. Die Agenten sind so konzipiert, dass diese untereinander und mit anderen Elementen im Austausch stehen [THE22a, S. 372]. Im Folgenden wird die Parametrisierung dieser agentenbasierten Elemente erläutert.

4.5.2 Spezifizierung der Eigenschaften der Ersatzteil-Supply-Chain

Im zweiten Schritt der Simulationsmodellentwicklung erfolgt die Spezifizierung der Eigenschaften der Ersatzteil-Supply-Chain, die Festlegung der internen Abläufe bspw. als ereignisdiskrete Prozesskette und die Implementierung des Zielsystems der additiven Ersatzteilversorgung. Dabei erfolgt die Abbildung der Ersatzteil-Supply-Chain im Simulationsmodell durch die Kombination der in Abschnitt 4.2. beschriebenen Produktions-, Transport- und Lagermodule sowie des peripheren PPS-Moduls. Die Spezifizierung der Eigenschaften der Elemente ist für jeden Anwendungsfall individuell durchzuführen und im hohen Maße abhängig von der Informationsverfügbarkeit und der Wahl des Abstraktionsgrads.

Zunächst werden die Eigenschaften der **Produktionsmodule** im Simulationsmodell definiert. Dies umfasst u. a. die eingesetzten additiven Fertigungsverfahren und die damit herstellbaren Ersatzteile (vgl. Abschnitt 4.1) sowie notwendige Nachbearbeitungsverfahren. Darüber hinaus sind die Ressourcenkosten- und Ressourcenemissionssätze zur Berechnung der Kosten und Emissionen festzulegen (vgl. Abschnitt 4.4.3.). Die Prozessabläufe der Produktionsmodule werden mittels standardisierter Blöcke der Prozessmodellierungsbibliothek in AnyLogic nachgebildet und hinsichtlich ihrer Eigenschaften angepasst. Dadurch werden die realen Produktionsabläufe in Form von Agenten, Prozessen und Ressourcen modelliert. Die Prozesse werden mittels hierarchischer, skalierbarer, erweiterbarer und objektorientierter Flussdiagramme spezifiziert.

Abb. 48 zeigt exemplarisch die Prozesskette innerhalb des Agenten im Produktionsmodul des Ersatzteilherstellers. Im gezeigten Beispiel empfängt der Ersatzteilhersteller einen in der nachgelagerten Ersatzteil-Supply-Chain erzeugten Auftrag (1). Anschließend wird das zur Produktion notwendige Material und ggf. Zukaufteile bereitgestellt (2) und die Produktionsaufträge in Losgrößen unterteilt (3). Im Fall der additiven Fertigung entfällt dieser Prozessbaustein ggf., wenn Ersatzteile nur sequenziell gefertigt werden. Je nach Initialzustand (4) ist die Produktionslinie durch bestehende Aufträge belegt oder verfügbar. Im letzteren Fall wird der Auftrag der Produktionslinie zugewiesen (5) und die Ersatzteilproduktion gestartet (6). Die hergestellten Ersatzteile werden dem Bestand hinzugefügt (7) und im nächsten Schritt geprüft, ob der Produktionsauftrag abgeschlossen ist (8). Ist dies der Fall, wird die Produktionslinie wieder freigegeben (9), falls nicht, wird das nächste Ersatzteil produziert. Die Senke am Ende der Prozesskette beendet den Produktionsprozess und führt zu einer Aktualisierung der Kennzahlen des Zielsystems (10).

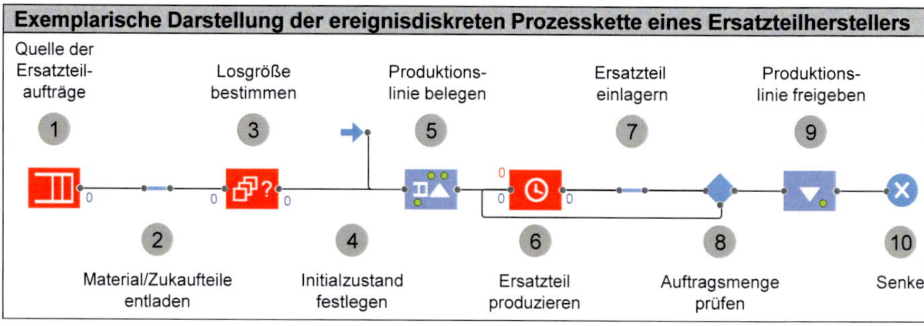

Abb. 48: Ausschnitt der modifizierbaren ereignisdiskreten Prozesskette innerhalb des Agenten »Ersatzteilhersteller« aus der Simulationssoftware anyLogistix und deren Erweiterung in AnyLogic, eig. Darst.

Die Spezifizierung der **Transportmodule** zur Beförderung der Ersatzteile erfolgt, indem festgelegt wird, welcher Fahrzeugtyp für das jeweilige Transportkettenelement verfügbar ist. Dazu werden u. a. die Kapazität und die Geschwindigkeit des Fahrzeugtyps festgelegt. Darüber hinaus gilt es, die Berechnung der Transportkosten für die jeweiligen Transportkettenelemente (vgl. Abschnitt 4.4.3) im Simulationsmodell zu implementieren. Dies erfolgt statisch durch eine Transportkostenmatrix oder dynamisch im Simulationsmodell.

Weiterhin gilt es, die Eigenschaften und Prozessabläufe der **Lagermodule** zu definieren. Für jedes Element der Ersatzteil-Supply-Chain, an dessen Standort eine Lagerhaltung möglich ist, wird der Prozessablauf durch Kombination der Bausteine der Lagerhaltung nach DIN SPEC 1001 (vgl. Abschnitt 4.2.3) in eine Prozesskette überführt. Dadurch wird u. a. die Sammlung, Lagerung und Verteilung der Ersatzteile im Simulationsmodell abgebildet.

Zudem werden die zur Implementierung der Berechnungsmodelle notwendigen standortspezifischen Parameter der Lagermodule wie z. B. Lagerhaltungskapazität, kalkulatorischer Zinssatz, Ressourcenemissionssätze und Ressourcenkostensätze festgelegt.

Mit der Festlegung der Eigenschaften des **PPS-Moduls** wird u. a. der Bedarf an Ersatzteilen hinterlegt, der mit den in Abschnitt 4.1.4 beschriebenen Planungsmethoden ermittelt und den Kundenstandorten zugewiesen wird. Zusätzlich wird eine erwartete Lieferzeit hinterlegt, um das Servicelevel und somit die Leistungsfähigkeit der Ersatzteil-Supply-Chain zu bewerten. Analog zur Herstellung der Ersatzteile muss der Prozessablauf eines Bestellvorgangs im Simulationsmodell implementiert werden. Zudem werden jedem Element der Ersatzteil-Supply-Chain die Bezugsquellen für Materialien, Zukaufteile und Ersatzteile zugewiesen. Im PPS-Modul ist auch die temporäre oder dauerhafte Deaktivierung einzelner Elemente oder Verbindungen der Ersatzteil-Supply-Chain möglich. Damit ist es möglich sowohl geplante Ereignisse wie z. B. Wartungsintervalle als auch ungeplante Ereignisse wie der Ausfall einer Produktionslinie im Simulationsablauf zu berücksichtigen.

Im nächsten Schritt der Simulationsmodellentwicklung gilt es, die Steuerungslogiken festzulegen. Die Steuerungslogiken werden im Folgenden für die Module beschrieben.

4.5.3 Festlegung der Steuerungslogiken

Nachdem die Eigenschaften der Elemente der Ersatzteil-Supply-Chain definiert, deren Prozessabläufe spezifiziert und das Zielsystem der additiven Ersatzteilversorgung im Simulationsmodell implementiert sind, werden im nächsten Schritt die Steuerungslogiken festgelegt. Steuerungslogiken sind Regeln, die im Zeitablauf der Simulation ausgeführt werden und dadurch das dynamische Verhalten der Ersatzteil-Supply-Chain abbilden. Verwaltet werden die Steuerungslogiken im PPS-Modul. Der Aufwand zur Umsetzung im Simulationsmodell ist dem Verwendungszweck anzupassen, denn um eine hinreichend genaue Abbildung des Systems zu erzielen (vgl. Abschnitt 2.3.2) müssen ggf. nicht alle Steuerungslogiken vollumfänglich implementiert werden. Im Folgenden werden die wesentlichen Steuerungslogiken einer Ersatzteil-Supply-Chain beschrieben.

Die Steuerungslogik der **Produktionsmodule** legt die Regeln fest, nach denen die einzelnen Elemente innerhalb der Prozesskette (vgl. Abb. 48, S. 100) agieren. Dies ist anwendungsspezifisch festzulegen und umfasst bspw. Regeln zur Bestimmung der Losgröße bzw. zur Anordnung der Ersatzteile im Bauraum, Regeln zur Nivellierung[84] und Priorisierung von

[84] Die Nivellierung (jap. Heijunka) der Aufträge in ein »regelmäßiges, wiederkehrendes und standardisiertes Produktionsprogramm« dient der gleichmäßigen Auslastung der Produktionskapazitäten und stellt nach VDI-Richtlinie 2870 Teil 2 eine Methode zur Umsetzung des Pull-Prinzips in Ganzheitlichen Produktionssystemen dar [VDI13, S. 92].

Produktionsaufträgen. In anyLogistix stehen für elementare Steuerungslogiken simulationsspezifische Methoden zur Verfügung, wie z. B. zur Priorisierung der Produktionsaufträge.

Nach Festlegung der Verbindungen im Knoten-Kanten-Modell erfolgt im nächsten Schritt die Implementierung der Steuerungslogik der **Transportmodule** im Simulationsmodell. Dies umfasst u. a. Regeln zum Versandzeitpunkt, der Auswahl des Fahrzeugtyps, dem Auslieferungszeitpunkt und der Möglichkeit einer Teillieferung. Befinden sich Versandaufträge in einer Warteschlange erfolgt eine Priorisierung gemäß benutzerdefinierten Regeln, analog zum Produktionsmodul. Die Auswahl des Fahrzeugtyps für das jeweilige Transportkettenelement basiert auf simulationsspezifischen Methoden, die bspw. Transportzeit, Transportkosten oder andere benutzerdefinierte Regeln berücksichtigen. Abschließend wird anhand des Fahrzeugtyps und dessen verfügbarer Kapazität festgelegt, ab welcher Produktmenge bzw. prozentualer Beladung ein Transportvorgang gestartet wird.

Mit der Steuerungslogik der **Lagermodule** werden Regeln aufgestellt, zu welchem Zeitpunkt und in welchem Umfang Beschaffungsvorgänge zur Auffüllung des Lagerbestands ausgelöst werden (»Dispositionsregel«) [ARN08, S. 157]. Dazu wird zunächst der Anfangsbestand und das Intervall der Bestandsprüfung und anschließend die Bestellmenge, der Bestellpunkt und ggf. der Sicherheitsbestand festgelegt. Dadurch ist es möglich, etablierte Konzepte[85] der Lagerhaltung in das Simulationsmodell zu überführen. Darüber hinaus ist es möglich, einen unbegrenzten Lagerbestand anzunehmen, um die daraus resultierenden Auswirkungen auf die Ersatzteil-Supply-Chain zu ermitteln.

Die Steuerungslogik des **PPS-Moduls** selbst umfasst u. a. Regeln zur dynamischen Auswahl der Bezugsquelle, zur Gewährung von Rabatten und zur kundenseitigen Anpassbarkeit der Bestellmengen. So erfolgt die Wahl der Bezugsquelle regelbasiert bspw. in Abhängigkeit der Entfernung, der Transportkosten oder der Lieferzeit. Ebenfalls ist es möglich, auch eine Aufteilung der Bestellmenge im Simulationsmodell zu implementieren, um neben dem Single-Sourcing auch ein Dual- bzw. Multiple-Sourcing abzubilden.

Die Festlegung der Steuerungslogiken schließt die Simulationsmodellentwicklung ab. Darauf aufbauend werden im nächsten Schritt Simulationsexperimente durchgeführt, um das Verhalten des modellierten Systems der Ersatzteil-Supply-Chain zu untersuchen.

[85] Bspw. Bestellpunkt- und Bestellrhythmusverfahren sowie Kombinationen [PFO18, S. 107-109; WAN21, S. 83-85].

4.6 Simulationsexperimente

Nach der Entwicklung des ausführbaren Simulationsmodells erfolgt im nächsten Schritt die »Modellanwendung« (vgl. Abb. 24, S. 43), bei der durch Simulationsexperimente Informationen zur Erklärung des Systemverhaltens gewonnen werden.

Aufgrund des stochastischen Zufallsverhaltens des Simulationsmodells (vgl. Tab. 3, S. 46) stellt jeder Simulationslauf ein Zufallsexperiment dar, vergleichbar mit der Ziehung einer Stichprobe. Die Aussagekraft einer einzelnen Stichprobe über das Systemverhalten ist in der Regel jedoch begrenzt. Daher ist eine möglichst große Anzahl unabhängiger Stichproben, die durch das mehrfache Wiederholen der Simulationsläufe mit gleichen Parametern, aber unterschiedlichen Zufallszahlen erzeugt werden, als Entscheidungsgrundlage essenziell. Nach VDI-Richtlinie 3633 Blatt 3 sollte der Stichprobenumfang wenigstens 20 Simulationsläufe betragen.[86] [VDI97, S. 9; WAG13, S. 14].

Die Bildung der Simulationsexperimente ist stark abhängig vom Anwendungsfall. Grundlage bildet die Gegenüberstellung der bestehenden Ersatzteil-Supply-Chain Konfiguration in der Regel basierend auf einer zentralen Lagerhaltung der Ersatzteile aus »konventioneller« Fertigung mit der bedarfsgerechten additiven Fertigung der Ersatzteile. Darüber hinaus ist bspw. die Variation der Fertigungsstandorte oder der Ersatzteilbedarfe denkbar. Um zu entscheiden, welche Parametervariationen sinnvoll sind, hilft die Szenarienbildung.

Szenarienbildung

Die Ersatzteil-Supply-Chain ist dynamischen Rahmenbedingungen ausgesetzt, deren zukünftige Entwicklung nicht exakt prognostizierbar sind. Dies führt zu unterschiedlichen Zukunftsszenarien, weshalb klassische voll- bzw. teilfaktorielle Versuchspläne, neben der Vielzahl an Parametern und Faktorstufen an ihre Grenzen stoßen [GAU14, S. 45]. Die Konfiguration der Ersatzteil-Supply-Chain gilt es demnach bereits auf das Eintreten unterschiedlicher Zukunftsentwicklungen auszulegen. Zur Entwicklung der Zukunftsszenarien wird die Szenariotechnik angewandt. Abb. 49 zeigt das in fünf Phasen unterteilte Vorgehensmodell der Szenariotechnik[87] nach KERTH ET AL. [KER11, S. 227]. Im Kontext der Ersatzteilversorgung sind insbesondere Zukunftsszenarien relevant, die zu Änderungen der zeitlichen, örtlichen und mengenmäßigen Ersatzteilbedarfe führen (vgl. Abschnitt 4.4.3).

---

[86] Zwar ist auch dann keine Aussage mit absoluter Sicherheit möglich, allerdings ist es möglich mithilfe statistischer Methoden neben Schätzwerten für die Ergebnisse der Experimente auch die Größe des möglichen Fehlers und die Glaubwürdigkeit der Aussage zu bestimmen. [VDI97, S. 9; WAG13, S. 14].

[87] Weitere Vorgehensmodelle wie bspw. von FINK ET AL., oder GESCHKA ET AL. sind in unterschiedliche Phasen gegliedert, die Vorgehensweisen jedoch ähnlich [FIN01, S. 67; GES11, S. 114; WEI13, S. 130].

Phasen der Szenariotechnik nach KERTH ET AL.

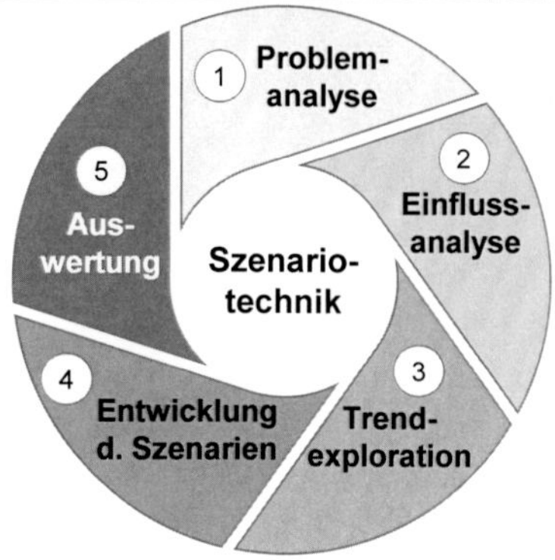

Abb. 49: Vorgehensweise zur Szenarienbildung, eig. Darst. i. A. a. [KER11, S. 227]

In der ersten Phase wird die Entwicklung des Ersatzteilbedarfs als Untersuchungsgegenstand festgelegt und der Untersuchungsraum sachlich, räumlich und zeitlich eingegrenzt. In der zweiten Phase werden bspw. mittels Experteninterviews und Literaturrecherche Einflussfaktoren identifiziert, die sich auf die Entwicklung des Ersatzteilbedarfs auswirken. In der vierten Phase erfolgt die Überführung der Erkenntnisse in Zukunftsszenarien und eine Konsistenzprüfung. In der Regel werden dazu die bisherigen Entwicklungen als »Trendszenario« bzw. »Normalsituation« extrapoliert und jeweils ein bestmögliches und schlechtmöglichstes Szenario erstellt (»Best Case« und »Worst Case«). In der letzten Phase werden die entwickelten Szenarien auf Chancen und Risiken analysiert, in der vorliegenden Arbeit erfolgt dies simulativ. [KER11, S. 227-228; WEI13, S. 132-135]

Die Leistungsfähigkeit der Ersatzteil-Supply-Chain Konfigurationen wird im nächsten Schritt bewertet.

4.7 Vergleich und Diskussion der Szenarien

Die Simulationsexperimente liefern Ergebnisse zum Vergleich der Ersatzteil-Supply-Chain Konfigurationen in verschiedenen Zukunftsszenarien. Dazu dienen Bewertungsverfahren, die eine systematische Bewertung und Unterstützung bei der Entscheidungsfindung ermöglichen, siehe bspw. BREIING & KNOSALA für einen Überblick [BRE97, S. 228]. Da die Bewertung der Konfigurationen der Ersatzteil-Supply-Chain oftmals sowohl quantitative als auch qualitative Aspekte umfasst, wird in der vorliegenden Arbeit die Nutzwertanalyse, ein qualitatives Bewertungsverfahren, verwendet. Die Nutzwertanalyse ist eines der meistgenutzten

Bewertungsverfahren der Ingenieurwissenschaften und ermöglicht eine systematische Bewertung der Konfigurationen der Ersatzteil-Supply-Chain in den unterschiedlichen Zukunftsszenarien [DRE19, S. 43; LIN21, S. 685; VDI97, S. 17].

Nach ZANGEMEISTER ermöglicht die Nutzwertanalyse die »Analyse einer Menge komplexer Handlungsalternativen mit dem Zweck, die Elemente dieser Menge entsprechend den Präferenzen des Entscheidungsträgers bezüglich eines multidimensionalen Zielsystems zu ordnen« [ZAN14, S. 45]. Die Nutzwertanalyse eignet sich somit zur systematischen Entscheidungsvorbereitung durch Bewertung (»Nutzenermittlung«) und Auswahl (»Rangfolge aufgrund des Nutzens«) von Alternativen [DIT95, S. 43; KIE20, S. 55-56]. Das Schema zur Durchführung der Nutzwertanalyse nach DITTMER ist in Abb. 50 (links) dargestellt.

Zunächst werden die zu vergleichenden Alternativen gesammelt, in der vorliegenden Arbeit also die Szenarien bzw. Konfigurationen der Ersatzteil-Supply-Chain. Die Ableitung des Zielsystems bzw. die Festlegung der Zielkriterien basiert auf dem entwickelten Zielsystem der additiven Ersatzteilversorgung (vgl. Abschnitt 4.4.3) mit den Zieldimensionen Kosten, Zeit, Flexibilität sowie Treibhausgasemissionen. In Abhängigkeit des Anwendungsfalls ist eine weitere Untergliederung der Zielkriterien in untergeordnete Hierarchiestufen der Ziele möglich. Daraufhin erfolgt die Bewertung der Ziele bspw. mithilfe eines paarweisen Vergleichs, wodurch den Zielkriterien bei Bedarf eine unterschiedliche Wichtigkeit zugewiesen wird (»Zielgewichtung«). Der Zusammenhang der Zielkriterien lässt sich als »Zielbaum« darstellen, siehe Abb. 50 (rechts), wobei neben der Gliederung der Zielkriterien auch deren Wichtigkeit in Form zweier Gewichtungsfaktoren dargestellt wird.

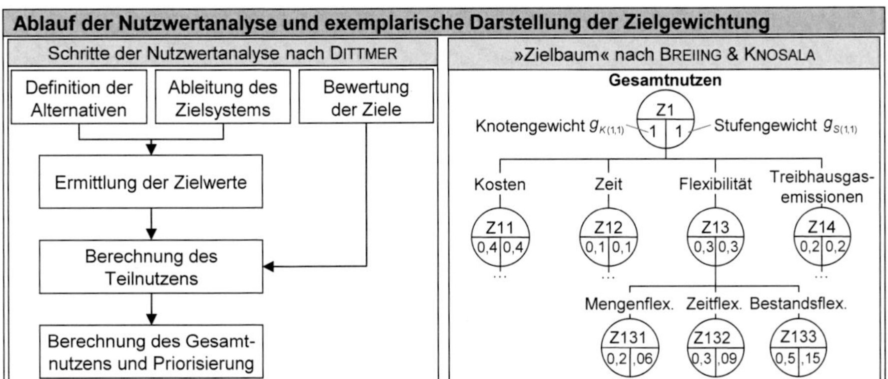

Abb. 50: Schritte zur Durchführung der Nutzwertanalyse nach DITTMER (links) und Darstellung der Zielgewichtung als »Zielbaum« nach KNOSALA & BREIING (rechts), eig. Darst. i. A. a. [BRE97, S. 242; DIT95, S. 43]

Zum einen gibt das Knotengewicht die Wichtigkeit der Ziele bezogen auf das Ziel der nächsthöheren Stufe an, siehe Gleichung (4-32) [BRE97, S. 241]:

$$\sum_{S=1}^{n} g_{K_{(S+1,Z)}} = g_{K_{(S,Z)}} \tag{4-32}$$

mit

$g_{K_{(S,Z)}}$ Knotengewicht der Nutzwertanalyse für Stufe S und Ziel Z

Die Summe der Knotengewichte je Stufe ergibt stets den Wert eins. Zum anderen gibt das Stufengewicht die absolute Wichtigkeit des jeweiligen Zielkriteriums bezogen auf den Gesamtwert an, siehe Gleichung (4-33) [BRE97, S. 241].

$$g_{S_{(S,Z)}} = g_{K_{(S,Z)}} \times g_{S_{(S-1,Z)}} \tag{4-33}$$

mit

$g_{S_{(S,Z)}}$ Stufengewicht der Nutzwertanalyse für Stufe S und Ziel Z

Im nächsten Schritt findet die Ermittlung der Zielwerte statt. Der Zielwert stellt die »an einer Messskala quantifizierte Wirkung (»Zielertrag«) einer zu bewertenden Alternative auf ein Zielkriterium« dar [DIT02, S. 104]. Dabei ist es wichtig sicherzustellen, dass ein definierter Bewertungsmaßstab verwendet wird. In der Regel kommt bspw. eine zehnstufige Skala zum Einsatz. Auf Basis der Zielwerte und der Zielgewichtung werden im nächsten Schritt zunächst die Teilnutzen berechnet. Durch das Summieren der Teilnutzen des jeweiligen Szenarios ergibt sich schließlich der Gesamtnutzen sowie ggf. eine Rangfolge bzw. Präferenzordnung der Szenarien im Hinblick auf das Zielsystem.

Der Vergleich und die Diskussion der Szenarien schließen die Entwicklung des Vorgehensmodells zur Planung und Bewertung der Ersatzteilversorgung durch additive Fertigung ab. Im Folgenden wird das Vorgehensmodell an einem industriellen Anwendungsfall erprobt und evaluiert.

5 Industrielle Erprobung und Evaluierung

Die industrielle Erprobung und Evaluierung der entwickelten Vorgehensweise zur Untersuchung der Potenziale der additiven Fertigung für die Ersatzteil-Supply-Chain erfolgt anhand eines Herstellers von Messtechnik und Prüfsystemen. Der Schwerpunkt des Unternehmens liegt auf der Entwicklung und Herstellung von Prüfständen, die vorrangig in der Automobilindustrie Verwendung finden. Eine zentrale Herausforderung des Unternehmens stellt die Gewährleistung einer hohen Verfügbarkeit seiner weltweit installierten Prüfstände dar. Die kurzfristige Ersatzteilversorgung in der Nachserie ist daher von besonderer Bedeutung. Derzeit werden die »konventionell« gefertigten Ersatzteile zentral gelagert und bei Bedarf innerhalb von 24 Stunden weltweit ausgeliefert.

Ziel des Unternehmens ist die simulative Quantifizierung und Bewertung der Potenziale einer (de)zentralen additiven Fertigung geeigneter Ersatzteile und deren Auswirkungen auf den Kundennutzen. Die Untersuchung dient als Unterstützung bei der strategischen Entscheidung, zukünftig additive Fertigungsverfahren zur Herstellung der Ersatzteile zu priorisieren. Im Folgenden werden die Schritte des in Kapitel 4 entwickelten Vorgehensmodells anhand des industriellen Anwendungsfalls durchlaufen.

5.1 Planung des Ersatzteilbedarfs

Das Ziel der Untersuchung ist ein Vergleich der bestehenden Konfiguration der Ersatzteil-Supply-Chain mit einer bzw. mehrerer Konfigurationen basierend auf der bedarfsgerechten und dezentralen additiven Fertigung der Ersatzteile. Dazu erfolgt zunächst eine unternehmensinterne Voruntersuchung additiv herstellbarer Ersatzteile auf Basis technischer und ökonomischer Kriterien. Drei der identifizierten Ersatzteile werden im Folgenden betrachtet (»Referenzprodukte«): Klemmhebel, Transportrolle und Partikelfiltergehäuse. Diese werden in Prüfständen zur Abgasmessung eingesetzt. Ein Ausfall der Referenzprodukte am Prüfstand gilt als sehr kritisch, da dies zu unmittelbaren Folgen wie z. B. ungeplante Ausfallzeiten für den Kunden führt. Neben den Herstellungskosten stellt daher die Einhaltung der versprochenen Lieferzeit eine wesentliche Anforderung an die Ersatzteilversorgung dar.

Datengrundlage bilden die Umsätze des Unternehmens im Zeitraum von Januar 2018 bis Dezember 2022, aus denen u. a. Produkt, Zeitpunkt, Menge und Lieferort hervorgehen. Abb. 51 zeigt den jährlichen Ersatzteilbedarf im Betrachtungszeitraum für die drei Ersatzteile. Die Ersatzteile unterscheiden sich demnach einerseits stark in der jährlichen Nachfrage, andererseits schwankt auch die Nachfrage zwischen den Jahren deutlich. Die Berücksichtigung unterschiedlich hoher Nachfragemengen und Bedarfsschwankungen ermöglicht es, deren Einfluss auf die jeweilige Konfiguration der Ersatzteil-Supply-Chain zu bewerten.

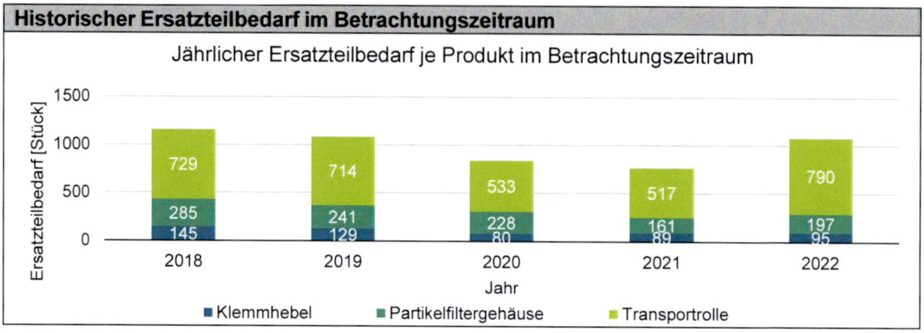

Abb. 51: Bedarfsverlauf der Referenzprodukte im Betrachtungszeitraum, eig. Darst.

Abb. 52 stellt die Bestellmenge je Auftrag als Box-Whisker-Plots dar. Demnach beträgt das arithmetische Mittel der Bestellmenge für den Klemmhebel 2,4, für das Partikelfiltergehäuse 4,4 und für die Transportrolle 9,4 Ersatzteile.

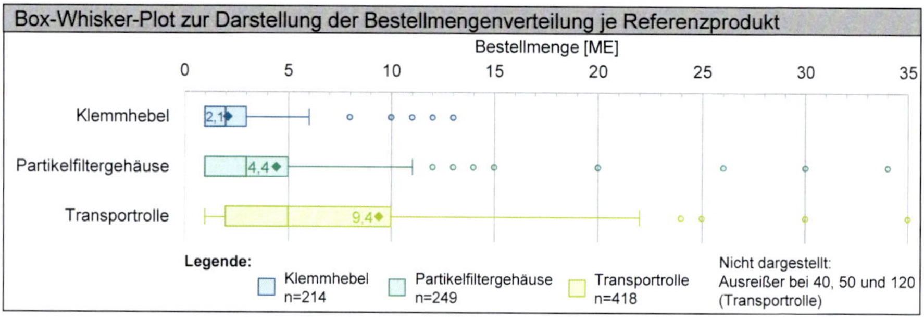

Abb. 52: Box-Whisker-Plot der Bestellmenge je Referenzprodukt, eig. Darst.

Im Folgenden wird die Konfiguration der bestehenden Ersatzteil-Supply-Chain beschrieben.

5.2 Analyse und Beschreibung der Ersatzteil-Supply-Chain

Ausgangspunkt bildet der ursprüngliche Fremdbezug der Transportrollen bzw. die Produktion der Klemmhebel und Partikelfiltergehäuse an zwei Standorten des Unternehmens. Die Ersatzteile werden im zentralen Ersatzteillager in Mitteleuropa eingelagert und bei Bedarf an eines der weltweit 14 regionalen Distributionszentren ausgeliefert. Die Distributionszentren übernehmen anschließend den Transport der Ersatzteile zu den über 180 Endkunden und bieten zum Teil eigenständige Serviceleistungen an. In diesen Fällen bestellt das Distributionszentrum selbst die Ersatzteile und die Transportkette ist nur bis dorthin bekannt.

Nicht berücksichtigt werden Ersatzteilbedarfe, bei denen ein Servicetechniker des Ersatzteilherstellers direkt zum Einsatzort entsandt wird und das benötigte Ersatzteil mitführt, weil kein Distributionszentrum in der Nähe angesiedelt ist wie z. B. in Südafrika. Dies ist jedoch bei weniger als 5 % der Bestellungen der Fall.

Abb. 53 stellt den Ersatzteilbedarf der regionalen Distributionszentren den betrachteten Ersatzteilen als Sankey-Diagramm gegenüber. Links im Sankey-Diagramm sind die weltweit 14 Distributionszentren und deren Ersatzteilbedarf im Betrachtungszeitraum aufgeführt, während auf der rechten Seite die Summe des Ersatzteilbedarfs für die drei Ersatzteile dargestellt ist. Parallel zur zeitlichen Schwankung des Ersatzteilbedarfs (vgl. Abb. 51, S. 108) wird aus Abb. 53 deutlich, dass auch der mengenmäßige Bedarf regional stark schwankt. Ursachen sind u. a. die Anzahl und die Altersstruktur der in den jeweiligen Ländern in Betrieb befindlichen Prüfstände als Primärprodukte sowie die Wettbewerbssituation vor Ort.

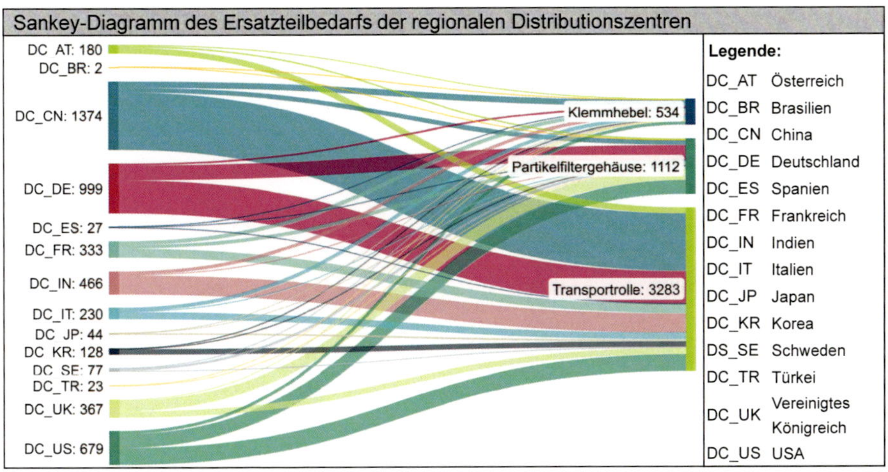

Abb. 53: Sankey-Diagramm mit der Summe des Ersatzteilbedarfes je Distributionszentrum (links) und der Summe des Ersatzteilbedarfs je Ersatzteil (rechts) im Betrachtungszeitraum, eig. Darst.

5.2.1 Produktionsmodule

Die Herstellung der drei Referenzprodukte erfolgt in der Serienproduktion derzeit mittels »konventioneller« Fertigungsverfahren, wobei das Potenzial einer additiven Fertigung der Ersatzteile simulativ untersucht wird. Im Folgenden werden die Produktionsmodule zur additiven Fertigung der Referenzprodukte beschrieben.

Produktionsmodul für Klemmhebel und Transportrolle

Die additive Fertigung der Klemmhebel und der Transportrollen erfolgt durch »selektives Lasersintern« (SLS). SLS zählt zur Prozesskategorie des pulverbettbasierten Schmelzens (vgl. Abb. 16, S. 32). Der Klemmhebel und die Transportrolle werden aus Nylon 12, auch Polyamid 12 (PA 12) genannt, gefertigt. Zur Herstellung wird die additive Fertigungsanlage »EOS P 396« verwendet. Nach Fertigstellung des Druckauftrags werden die Bauteile aus der Baukammer entnommen und überschüssiges Pulver mittels Druckluft entfernt. Das nach der Bauteilentnahme verbliebene Pulver wird gefiltert und anschließend zum Teil wiederverwendet. [FOR23, S. 4] Abb. 54 zeigt das additive Fertigungsverfahren SLS im Überblick.

Additives Fertigungsverfahren – Selektives Lasersintern (SLS)

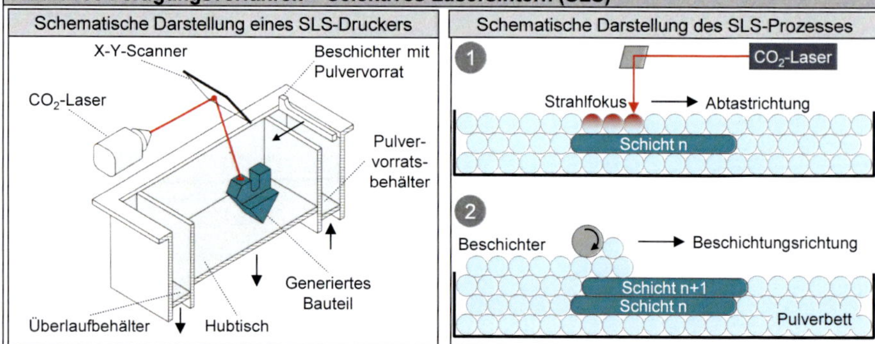

Prozessbeschreibung SLS

Die Baukammer wird knapp unterhalb des Schmelzpunkts des pulverförmigen Materials erhitzt. Ein fokussierter CO_2-Laser verschmilzt selektiv die Pulverpartikel des jeweiligen Querschnitts gemäß des digitalen Teilemodells zu einer festen Schicht. Anschließend wird die Bauplattform abgesenkt und eine dünne Pulverschicht über die vorhandene Schicht verteilt. Dieser Vorgang wird wiederholt, bis der Bau abgeschlossen ist. Nicht aufgeschmolzenes Pulver wirkt als Stützmaterial und wird nach Beendigung des Bauprozesses entfernt. [WIE21, S. 359; GEB16, S. 165]

Abb. 54: Selektives Lasersintern im Überblick, eig. Darst. i. A. a. [3D 23b; VDI14a, S. 9; WIE21, S. 359]

Produktionsmodul für Partikelfiltergehäuse

Das Partikelfiltergehäuse wird mittels »Low Force Stereolithography« (LFS) hergestellt [FOR20]. Dieses Fertigungsverfahren zählt zur Prozesskategorie der badbasierten Photopolymerisation (vgl. Abb. 16, S. 32) und stellt eine durch das Unternehmen Formlabs patentierte Weiterentwicklung der »Stereolithografie« (SLA) dar [FRA17]. Das Partikelfiltergehäuse wird aus Clear Resin durch die additive Fertigungsanlage »Form 3L« hergestellt [FOR16b]. Die Nachbearbeitung sieht das Waschen der Bauteile in Isopropylalkohol zur Entfernung ungehärteter Harzablagerungen, das Aushärten sowie das Entfernen der Stützstrukturen vor [FOR20]. Abb. 55 zeigt das additive Fertigungsverfahren SLA im Überblick.

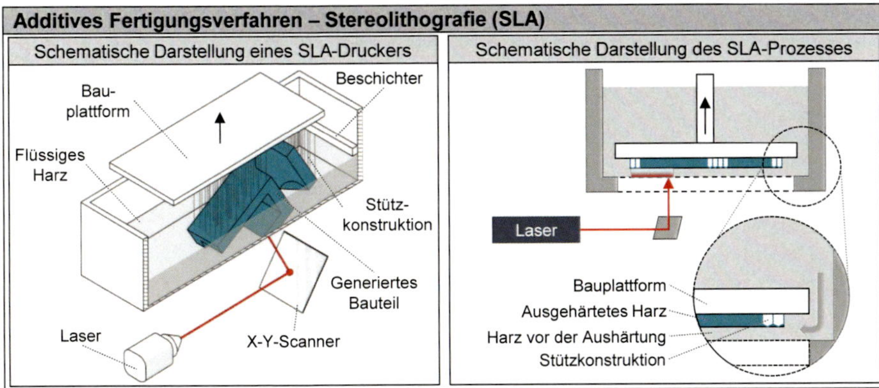

Prozessbeschreibung SLA

Die Baukammer ist gefüllt mit flüssigem Photopolymerharz, in das die Bauplattform eingetaucht wird. Ein Laser erzeugt durch selektives Aushärten und Verfestigen des Photopolymerharzes die erste Schicht des Objekts. Anschließend bewegt sich die Bauplattform eine Schichthöhe nach oben und der Vorgang wiederholt sich, bis das gesamte Objekt aufgebaut ist. Stützstrukturen, die nach Ende des Bauprozesses vom Objekt mechanisch getrennt werden müssen, erlauben die Herstellung komplexer Geometrien. [MEL20, S. 3; GIB21, S. 77-79; GEB16, S. 108]

Abb. 55: Stereolithografie im Überblick, eig. Darst. i. A. a. [3D 23a; MUR24; VDI14a, S. 8]

5.2.2 Transportmodule

Die Ersatzteil-Supply-Chain besteht grundsätzlich aus vier Arten von Transportmodulen. Diese ermöglichen den Transport der Ersatzteile

- vom Lieferant bzw. Herstellungsort zum zentralen Ersatzteillager,
- vom zentralen Ersatzteillager direkt zum Kunden,
- vom zentralen Ersatzteillager zu den regionalen Distributionszentren, und
- von den regionalen Distributionszentren zu den Kunden.

Die Transporte zum Ersatzteillager erfolgen derzeit ausschließlich per Straßentransport, die Auslieferung an die Distributionszentren hingegen in der Regel per Luftfracht. Dazu werden die Ersatzteile zum nächstgelegenen internationalen Verkehrsflughafen verbracht, wo ein Cross Docking erfolgt. Von dort werden die Ersatzteile in die Zielregion geflogen und per Straßentransport zum Distributionszentrum weitertransportiert. Anschließend erfolgt die Auslieferung entfernungsabhängig entweder per Straßentransport oder einer Kombination aus Luftfracht und Straßentransport. Ausnahmen bilden Kunden, die vom Ersatzteillager aufgrund der geringen Distanz direkt per Straßentransport beliefert werden.

Eine Analyse der Transportketten zeigt, dass ein Drittel der Bestellungen vom Ersatzteillager direkt an Kunden und zwei Drittel zuerst an ein Distributionszentrum ausgeliefert werden.

5.2.3 Lagermodule

Die Lagerhaltung ist auf allen Stufen der Ersatzteil-Supply-Chain möglich. Dies umfasst insbesondere die mittel- bis langfristige Lagerung im Ersatzteillager bzw. den regionalen Distributionszentren. Lagermodule übernehmen dabei eine Ausgleichs- und Sicherungsfunktion (vgl. Abb. 39, S. 71). Die Lagerhaltung auf Stufe der Endkunden wird nicht betrachtet. Zum einen liegen keine Informationen über den Bestandsverlauf und die Steuerungslogik vor und zum anderen sind die Kosten der Lagerhaltung bei Kunden nur indirekt auf die Konfiguration der Ersatzteil-Supply-Chain zurückzuführen.

5.2.4 Peripheres PPS-Modul

Das periphere PPS-Modul ist die Grundlage für den Auftragsabwicklungsprozess bzw. die Kommunikation und den Datenaustausch zwischen den einzelnen Akteuren der Ersatzteil-Supply-Chain. Das PPS-Modul stellt somit die Verknüpfung von Produktion, Transport und Lagerung der Ersatzteile sicher. Im vorliegenden Anwendungsfall sind die regionalen Distributionszentren wie auch das zentrale Ersatzteillager über ERP-Systeme miteinander verbunden, wodurch ein schneller und transparenter Informationsfluss erfolgt.

5.3 Restriktionen und Rahmenbedingungen

Neben den in Abschnitt 5.1 und 5.2 implizit beschriebenen Restriktionen und Rahmenbedingungen wird angenommen, dass additiv gefertigte Ersatzteile einen adäquaten Ersatz für »konventionell« gefertigte Ersatzteile darstellen. Die erfolgreiche »Verifizierung der Bauteilanforderungen« (von der Prüfung des Designs und der Dimensionen bis hin zur Freigabe des Serienbauteils) wird vorausgesetzt [DIN19d, S. 20]. Somit erfüllen die Ersatzteile die Bestellanforderungen der Kunden [DIN18c, S. 12]. Die Berücksichtigung einer Optimierung des Ersatzteils bspw. hinsichtlich Leichtbau (vgl. Abschnitt 2.2.2) oder dessen Herstellbarkeit mittels additiver Fertigungsverfahren (»Design for Additive Manufacturing«) ist möglich, steht jedoch nicht im Fokus der vorliegenden Arbeit [GIB21, S. 604; THO16, S. 740].

Die zur Implementierung der additiven Fertigung notwendigen Rahmenbedingungen an den jeweiligen Standorten werden im Folgenden vorausgesetzt und müssen bei Bedarf geprüft werden. Dazu zählt u. a. die Verfügbarkeit der notwendigen Infrastruktur sowie geschulten Personals. Auch wird die Materialverfügbarkeit zur Fertigung der Ersatzteile angenommen. Wegen des vergleichbar geringen Volumens und Gewichts der Referenzprodukte wird auf die Festlegung einer maximalen Lagerhaltungskapazität je Standort verzichtet. Dennoch zeigen die Simulationsergebnisse die jeweilige Inanspruchnahme der Lagermodule auf.

Die Investitionskosten für additive Fertigungsanlagen werden nicht allein auf die Ersatzteilherstellung umgelegt. In der Praxis stellt die Ersatzteilherstellung nur einen von mehreren Anwendungsfällen dar, der in der Regel vergleichsweise geringe Fertigungskapazitäten beansprucht. Ein weiterer Anwendungsfall ist bspw. die Fertigung von Prototypen, wobei die Ersatzteilherstellung im vorliegenden Anwendungsfall Priorität hat. Zudem ist eine parallele Herstellung von Ersatzteilen und Prototypen im Bauraum denkbar. Hier beeinflussen jedoch Parameter wie Geometrie, Ausrichtung, Füllungsgrad und Schichtdicke die Herstellungszeit und -kosten maßgeblich, was eine Vergleichbarkeit erschwert und daher im Folgenden nicht berücksichtigt wird [GAR18, S. 1169]. Weiterhin ist in einigen Fällen denkbar, einen Teil der Fertigungskapazitäten der additiven Fertigungsanlagen lokalen Kunden zur Verfügung zu stellen, um eine möglichst hohe Auslastung der Anlagen zu erreichen und gleichzeitig neue Geschäftsmodelle zu erschließen [FEL19, S. 65]. Ein Fremdbezug der additiv gefertigten Ersatzteile ist derzeit hingegen ausgeschlossen.

Der Hersteller von Messtechnik und Prüfsystemen verfügt über keine eigenen Transportmittel, sondern greift hierfür auf Dienstleister zurück. Daher wird angenommen, dass stets Transportmittel für den Versand der Ersatzteile zur Verfügung stehen. Aspekte wie z. B. eine optimale Routenplanung oder die Festlegung der Anzahl an Transportmitteln werden nicht untersucht. Containerschiffe o. ä. Transportmittel, die Wasserwege nutzen, werden nicht als Transportkettenelemente berücksichtigt, da deren Geschwindigkeit insbesondere bei interkontinentalen Distanzen nicht ausreicht, um den Ersatzteilbedarf fristgerecht zu decken.

5.4 Simulationsmodellentwicklung

Analog zu Kapitel 4.5 wird zuerst das Knoten-Kanten-Modell in die Simulationssoftware überführt. Anschließend werden die Eigenschaften der Elemente der Ersatzteil-Supply-Chain beschrieben und im letzten Schritt die Steuerungslogiken spezifiziert, um das dynamische Verhalten des Systems im Simulationsmodell abzubilden.

5.4.1 Überführung des Knoten-Kanten-Modells

Die Standorte der bestehenden Ersatzteil-Supply-Chain werden in ein Knoten-Kanten-Modell überführt und in der Simulationssoftware anyLogistix implementiert. Dazu werden die Standorte von Lieferanten, Eigenfertigung, zentralem Ersatzteillager, regionalen Distributionszentren und Kunden in das Simulationsmodell überführt (»Knoten«) und deren jeweiliger Standort in Form von Längen- und Breitengrad hinterlegt. Darüber hinaus werden die Verbindungen zwischen den einzelnen Standorten definiert (»Kanten«). Abb. 56 zeigt das Knoten-Kanten-Modell der bestehenden Ersatzteil-Supply-Chain.

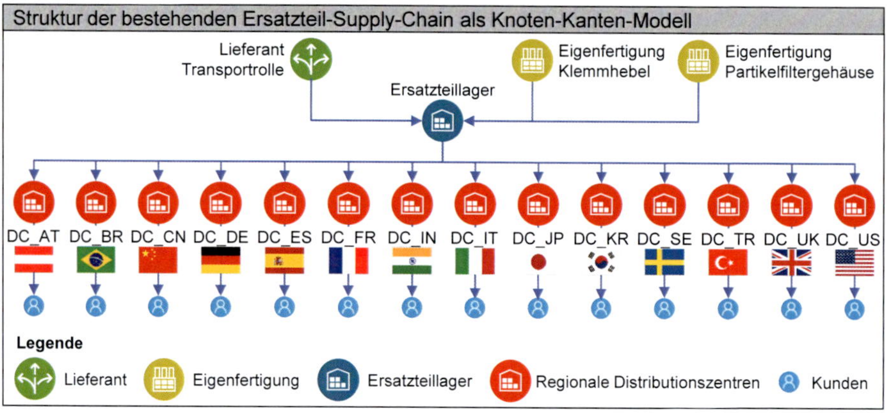

Abb. 56: Knoten-Kanten-Modell der bestehenden Ersatzteil-Supply-Chain, eig. Darst.

Im nächsten Schritt erfolgt die Spezifizierung der Eigenschaften der Ersatzteil-Supply-Chain bzw. die Parametrisierung der einzelnen Module im Simulationsmodell.

5.4.2 Spezifizierung der Eigenschaften der Ersatzteil-Supply-Chain

Nach der Überführung des Knoten-Kanten-Modells erfolgt die Spezifizierung der Eigenschaften der Module entlang der Ersatzteil-Supply-Chain.

Produktionsmodule

Tab. 12 zeigt produktionsrelevante Merkmale der drei Referenzprodukte basierend auf der Beschreibung der Produktionsmodule in Abschnitt 5.2.1.

Tab. 12: Produktionsrelevante Merkmale der Produktionsmodule zur Herstellung der Ersatzteile

Merkmal	Transportrolle	Klemmhebel	Partikelfilter-gehäuse
Volumen [cm^3]	3	30	28
Gewicht [g]	3,5	100	100
Additives Fertigungsverfahren	Selektives Lasersintern	Selektives Lasersintern	»Low Force Stereography« [FOR20]
Material	Polyamid 12 »PA 2200« [EOS22b]	Polyamid 12 »PA 2200« [EOS22b]	Kunstharz »Clear Resin FLGPCL04« [FOR16b]
Additive Fertigungsanlage	EOS P 396, EOS GmbH	EOS P 396, EOS GmbH	Form 3L, Formlabs GmbH

Zur additiven Herstellung der **Transportrolle** und des **Klemmhebels** werden diese virtuell im Bauraum (340x340x600 mm^3) der EOS P 396 platziert. Anschließend erfolgt das »Slicen« (vgl. Abschnitt 2.2.3) bei einer Schichtdicke von 0,12 mm [EOS22a; EOS22b]. Nach Vorbereitung der Fertigungsanlage wird der Bauraum ca. 120 Minuten auf 170-185 °C aufgeheizt [EOS17, S. 10]. Danach erfolgt der schichtweise Aufbau der Ersatzteile, wobei die Druckzeit für eine Transportrolle ca. zehn Minuten und für einen Klemmhebel ca. 45 Minuten beträgt. Werden mehrere Ersatzteile parallel gefertigt, steigt die Herstellungszeit um das zusätzlich aufzuschmelzende Material an. Es folgt das Abkühlen der Anlage für rund 60 Minuten, bevor die Bauteile aus der Baukammer entnommen werden [EOS14, S. 7.19; TAG19, S. 5]. Ca. 50 % des nicht aufgeschmolzenen Materials werden gesiebt und anschließend erneut verwendet [EOS17, S. 18]. Die Nachbearbeitung der Ersatzteile beträgt ca. 5 bis 10 Minuten. Die entstehenden Treibhausgasemissionen werden auf Basis der Untersuchungen mit dem gleichen Werkstoff und der gleichen Fertigungsanlage von WIESE ET AL. mit ca. 38,55 kg CO_2eq pro Kilogramm Endprodukt angenommen [WIE21, S. 362].

Die Druckzeit (»In-Prozess«) der **Partikelfiltergehäuse** wird durch die Software »PreForm« ermittelt. Dazu werden die Bauteile auf der 145 mm x 145 mm großen Grundfläche des Form 3L platziert und die Stützkonstruktion generiert. Die Druckzeit beträgt bei einer Schichtdicke von 0,1 mm ca. 3,2 Stunden für ein Partikelfiltergehäuse. Werden mehrere Ersatzteile benötigt, steigt die Bauzeit an, wobei die Mengenabhängigkeit stärker ausgeprägt ist als im SLS-Verfahren. Anschließend erfolgt das Waschen sowie das Aushärten für je ca. 15 min. [FOR22, S. 9]. Zur Abschätzung der Treibhausgasemissionen wird die von MELE ET AL. durchgeführte Ökobilanz der additiven Fertigung eines Bauteils aus Clear Resin auf einem SLA Drucker der Formlabs GmbH auf das Partikelfiltergehäuse übertragen. Die Ökobilanz nutzt zur Wirkungsabschätzung die Methode ReCiPe 2016 v. 1.1 [HUI17, S. 13]. Demnach betragen die Treibhausgasemissionen ca. 3,75 kg CO_2eq je Partikelfiltergehäuse. [MEL20, S. 4-15]

Transportmodule

Die Kosten und Treibhausgasemissionen der Transportkette werden auf Basis von Durchschnittswerten in Abhängigkeit des jeweiligen Ersatzteils und den zu überbrückenden Distanzen dynamisch im Simulationsmodell ermittelt. Im Straßentransport (vgl. Abschnitt 5.2.2) werden seitens der Logistikdienstleister in der Regel leichte Nutzfahrzeuge[88] eingesetzt. Pro Tonnenkilometer werden Kosten von ca. 0,51 € und Treibhausgasemissionen in Höhe von

[88] Kraftfahrzeuge der Klasse N_1 mit einer zulässigen Gesamtmasse von höchstens 3,5 Tonnen [EUR18, S. 14].

ca. 0,2 kg CO_2eq angesetzt [INT24c; ÖKO09]. Die Luftfracht erfolgt mittels Frachtflugzeugen, wobei zwischen Kurz-, Mittel- und Langstreckenflügen[89] differenziert wird. Die Treibhausgasemissionen pro Tonnenkilometer variieren je nach Distanz zwischen 0,80 kg CO_2eq und 1,08 kg CO_2eq[90]. Die Daten sind der Sachbilanz-Datenbank ecoinvent 3.9.1 entnommen, die in der Ökobilanzsoftware SimaPro 9.5 hinterlegt ist. [ECO24; PRÉ24] Der zugehörige Kostensatz der Luftfracht liegt entfernungsabhängig zwischen ca. 0,66 €/tkm und ca. 1,81 €/tkm [INT24b; INT24a; ÖKO09]. Während im Straßentransport von einer direkten Abholung und Zustellung der Ersatzteile ausgegangen wird, werden die für eine Luftfracht notwendigen Flughäfen als Elemente der Transportkette im Simulationsmodell berücksichtigt.

Zudem werden Zollgebühren bei Exporten aus der EU in einen Drittstaat berücksichtigt.[91] Die Zollgebühren für die Einfuhr der Ersatzteile betragen in den USA 4,4 %, in China 6 %, in Brasilien 12,8 % und in Indien 7,5 % des Transaktionswerts [EUR24b]. Aufgrund der geringen Bestellmengen wird angenommen, dass die Kapazität unabhängig vom gewählten Transportmittel stets ausreicht, um die gesamte Bestellmenge zu transportieren.

Lagermodule

Die Lagerhaltungskosten im jeweiligen Lagermodul werden durch Anpassung der Gleichung (4-11) dynamisch im Simulationsmodell ermittelt. Unter Berücksichtigung der unternehmensinternen Berechnungslogik wird auf die Ermittlung eines standortspezifischen Ressourcenkostensatzes der Lagerhaltung verzichtet. Die Bestimmung der Lagerhaltungskosten erfolgt daher in Abhängigkeit des unternehmensinternen kalkulatorischen Zinssatzes sowie des Ersatzteilpreises. Die zur Auftragsabwicklung entstehenden Prozesszeiten und Prozesskosten werden im PPS-Modul berücksichtigt, wie im Folgenden gezeigt wird.

Peripheres PPS-Modul

Die Modellierung des peripheren PPS-Moduls zur Steuerung des Material- und Informationsflusses im Simulationsmodell erfolgt durch ereignisdiskrete Prozessketten, die innerhalb der agentenbasierten Akteure der Ersatzteil-Supply-Chain angesiedelt sind. Im Folgenden werden die entwickelten und angepassten Prozessmodelle zur Auftragsabwicklung vorgestellt. Das Prozessmodell der Kundennachfrage, siehe Abb. 57, bildet die Grundlage für die Modellierung des Ersatzteilbedarfs.

---

[89] Die Europäische Organisation zur Sicherung der Luftfahrt definiert Mittelstreckenflüge ab einer Distanz von 1500 bis 4000 km. Bei geringeren bzw. höheren Distanzen handelt es sich um Kurz- bzw. Langstreckenflüge [EUR11, S. 21].

[90] Startphase und Steigflug der Flugzeuge sind besonders energieintensiv, weshalb die Treibhausgasemissionen pro Tonnenkilometer bei kürzeren Strecken höher ausfallen [ÖKO20, S. 17].

[91] Das »Harmonisierte System zur Bezeichnung und Codierung der Waren« der Weltzollorganisation bildet die Grundlage zur einheitlichen Ermittlung der Zolltarife [WCO23].

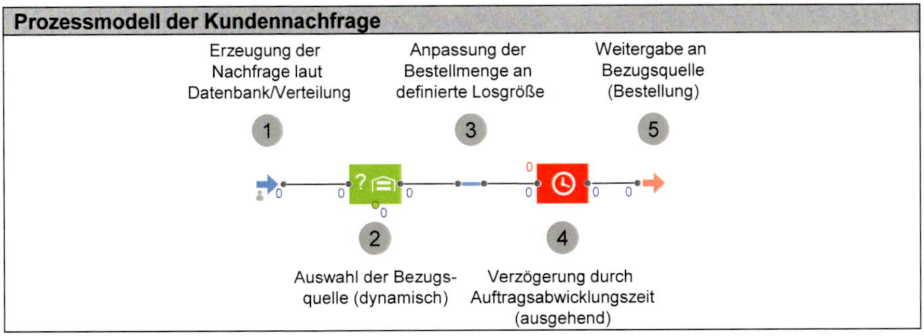

Abb. 57: Prozessmodell der Kundennachfrage, eig. Darst.

Startpunkt ist die Erzeugung einer Bestellung als Agent im Simulationsmodell auf Basis der Datenbank des historischen Ersatzteilbedarfs (1). Die Bestellung ist einem Kunden und dessen Standort zugeordnet, um im nächsten Schritt regelbasiert die zugeordnete Bezugsquelle, wie z. B. ein regionales Distributionszentrum, auszuwählen (2). Anschließend erfolgt im Bedarfsfall eine Anpassung der Bestellmenge an die definierte Losgröße bzw. Mindestbestellmenge der Bezugsquelle (3). Im nächsten Schritt wird die benötigte Auftragsabwicklungszeit durch einen Prozessbaustein als Verzögerung modelliert (4). Da im vorliegenden Anwendungsfall die Bestellzeitpunkte der Kunden bereits im ERP-System hinterlegt sind, wird die kundeninterne Auftragsabwicklungszeit nicht berücksichtigt. Abschließend wird die Bestellung an das zugehörige Prozessmodell innerhalb der Bezugsquelle weitergegeben und der Bestellstatus sowie Statistiken aktualisiert (5).

Die eingehende Bestellung ist der Startpunkt der ereignisdiskreten Prozesskette innerhalb eines Agenten der regionalen Distributionszentren (1), siehe Abb. 58. Durch einen Prozessbaustein wird hier die Verzögerung der Auftragsbearbeitung basierend auf dem dafür hinterlegten Datensatz berücksichtigt. In Abhängigkeit Lagerbestands erfolgt eine Verzweigung im Prozessmodell sowie ggf. die Erzeugung von Aufträgen zur Auffüllung des Lagerbestands bei Unterschreiten der definierten Bestandsgrenze (3). Reicht der Lagerbestand zur Erfüllung der Bestellmenge nicht aus, wird geprüft, ob Lieferrückstände erlaubt sind (4). Falls diese durch den Kunden nicht gewünscht sind, wird die Bestellung gelöscht (5). Falls Lieferrückstände erlaubt sind, wird die Bestellung solange verzögert, bis der Bestand zur Ausführung der Bestellung aufgefüllt ist (6). Wenn genügend Ersatzteile verfügbar sind, werden Lieferungen als Agenten durch den zugehörigen Prozessbaustein erzeugt (7) und die Auftragsabwicklungszeit für die ausgehende Lieferung berücksichtigt (8). Im letzten Schritt wird der erzeugte Agent der Lieferung in das zugehörige Prozessmodell der Destination der Lieferung transferiert.

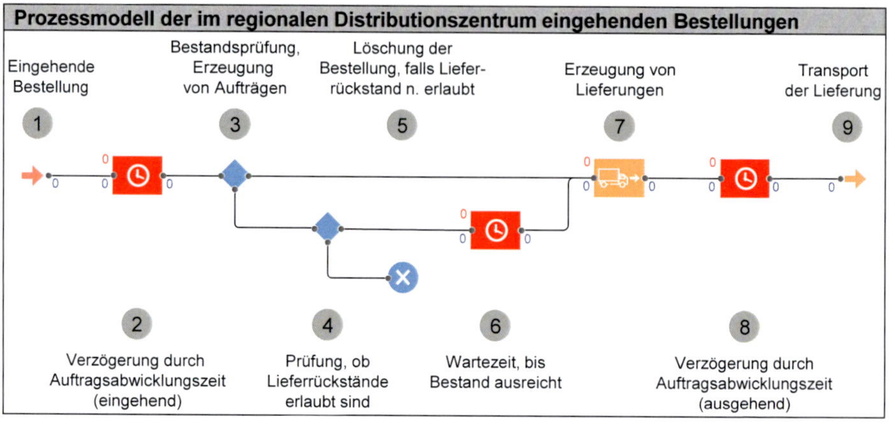

Abb. 58: Prozessmodell eingehender Bestellungen im regionalen Distributionszentrum, eig. Darst.

Abb. 59 zeigt das Prozessmodell eingehender Lieferungen, das bis auf Lieferanten und Ersatzteilhersteller in allen Agenten entlang der Ersatzteil-Supply-Chain enthalten ist. Hier tritt die erzeugte Lieferung in das Prozessmodell ein (1) und wird durch die hinterlegte Auftragsabwicklungszeit verzögert (2). Im nächsten Schritt wird geprüft, ob die Lieferung das Ende der Transportkette oder ein Zwischenziel erreicht hat (3). Ist der Standort ein Zwischenziel, so wird die Lieferung um die Auftragsabwicklungszeit für ausgehende Lieferungen verzögert (4) und zum nächsten Zielort weitergeleitet (5). Sobald das Ende der Transportkette erreicht ist, wird die Lieferung entladen und die Ersatzteile eingelagert (6). Das Prozessmodell endet mit der Löschung des Agenten (7) im Simulationsmodell.

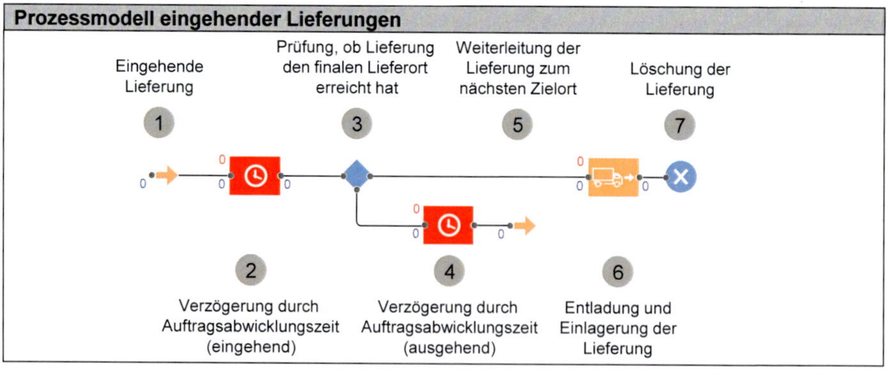

Abb. 59: Prozessmodell eingehender Lieferungen im regionalen Distributionszentrum, eig. Darst.

Die Bestandsprüfung im Prozessmodell der Distributionszentren, siehe Abb. 58, führt ggf. zur Erzeugung von Aufträgen zur Auffüllung des Bestands. Abb. 60 zeigt den daran anknüpfenden Prozessablauf. Durch die Funktion der Bestandsprüfung wird zunächst ein Auftrag generiert (1) und die Bezugsquelle für das Ersatzteil ausgewählt (2). Anschließend erfolgt ggf. eine Anpassung der Bestellmenge an die von der Bezugsquelle festgelegte Losgröße (3). Zudem wird das Erreichen der Mindestbestellmenge geprüft. Wird diese nicht erreicht, dann wird der Auftrag gelöscht (5). Wird die Mindestbestellmenge erreicht, dann wird nach einer Verzögerung in Form der Auftragsabwicklungszeit (6) die Bestellung an das Prozessmodell der Bezugsquelle weitergegeben (7). Handelt es sich dabei um ein Produktionsmodul, so wird die in Abb. 48 (siehe S. 100) dargestellte Prozesskette angestoßen.

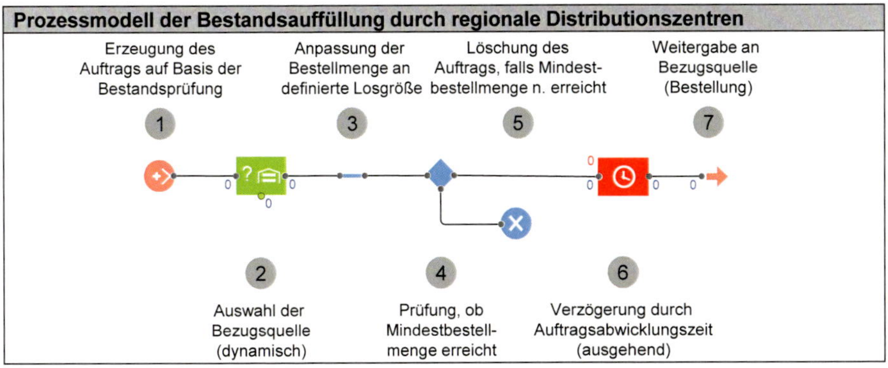

Abb. 60: Prozessmodell der Bestandsauffüllung im regionalen Distributionszentrum, eig. Darst.

Den in den Prozessmodellen verwendeten Prozessbausteinen liegen Steuerungslogiken zugrunde, die das Verhalten und somit das Ergebnis der jeweiligen Prozesskette beeinflussen. Im Folgenden werden die Steuerungslogiken im Simulationsmodell beschrieben.

5.4.3 Festlegung der Steuerungslogiken

Das dynamische Verhalten des Simulationsmodells basiert insbesondere auf Steuerungslogiken, die die Beziehungen und das Verhalten zwischen den Elementen beeinflussen. Nachfolgend werden die zugrunde liegenden Regeln der Steuerungslogiken beschrieben.

Steuerungslogik der Produktionsmodule

Zur Auslastung der additiven Fertigungsanlagen wird berücksichtigt, dass diese auch für andere Zwecke eingesetzt werden (vgl. Abschnitt 2.2.5). Daher wird im Produktionsmodul die Priorisierung der Aufträge zur Ersatzteilherstellung hinterlegt. Dies gilt ebenso für die zur

Nachbearbeitung notwendigen Maschinen und Anlagen. Aufträge zur Herstellung von Ersatzteilen werden nach dem First-in-First-Out (FIFO) Verfahren abgearbeitet.

Steuerungslogik der Transportmodule

Das überführte Knoten-Kanten-Modell der Ersatzteil-Supply-Chain legt die möglichen Transportwege und Transportmittel fest. Existieren mehrere Verbindungen zwischen zwei Knoten, so wird regelbasiert die zeitlich schnellste Verbindung für den Transport der Ersatzteile gewählt. Der Transport der Ersatzteile erfolgt im vorliegenden Anwendungsfall, sobald die Bestellmenge produziert ist bzw. als Bestand vorliegt. Somit sind keine Teillieferungen vorgesehen. Einschränkungen hinsichtlich des Versandzeitpunkts sowie der Auslastung der Transportmittel werden nicht berücksichtigt.

Steuerungslogik der Lagermodule

Zu Beginn der Simulationsperiode wird der Anfangsbestand der drei Referenzprodukte im zentralen Ersatzteillager festgelegt. Die als Cross Docking hinterlegten Standorte sind prinzipiell nicht als Lagerort vorgesehen und besitzen daher keinen Anfangsbestand. Die Anfangsbestände der regionalen Distributionszentren werden auf Basis der verfügbaren ERP-Daten im Simulationsmodell hinterlegt. Alle Lagerbestände unterliegen einer kontinuierlichen Prüfung. Der aktuelle Bestand wird also nicht in zeitlichen Intervallen, sondern bei jedem Durchlaufen der Prozesskette abgefragt.

Steuerungslogik des PPS-Moduls

Die Regeln zur Erzeugung von Bedarfen bzw. Aufträgen und Lieferungen sind in den Prozessmodellen in Abschnitt 5.4.2 beschrieben. In der bestehenden Konfiguration der Ersatzteil-Supply-Chain sind Losgrößen zur »konventionellen« Herstellung der Ersatzteile hinterlegt. Im Rahmen der additiven Fertigung wird eine »on demand« Produktion der benötigten Ersatzteile angenommen, weshalb Mindestbestände und Losgrößen vernachlässigt werden. Die Regeln zur dynamischen Auswahl der Bezugsquelle der Ersatzteile (vgl. Abb. 57, S. 117 sowie Abb. 60, S. 119) basieren im vorliegenden Anwendungsfall auf der zeitlich kürzesten Alternative unter den potenziellen Bezugsquellen. Dazu werden die Bezugsquellen für jeden Akteur der Ersatzteil-Supply-Chain zugewiesen und durch die dynamische Berechnung der Produktions- und Transportzeiten die für den Auftrag geeignetste Bezugsquelle ausgewählt. Eine Aufteilung der Bestellmenge auf mehrere Bezugsquellen ist aufgrund der geringen Bestellmengen nicht vorgesehen.

Mit Festlegung der Steuerungslogiken ist die Simulationsmodellentwicklung abgeschlossen. Simulationsexperimente dienen daraufhin zur Untersuchung des Systemverhaltens.

5.5 Simulationsexperimente

Nach der Überführung der Ersatzteil-Supply-Chain in das Simulationsmodell werden im nächsten Schritt Simulationsexperimente durchgeführt, um das Systemverhalten zu erklären bzw. Erkenntnisse über das zukünftige Verhalten zu gewinnen (»Erkenntnisgewinn«, vgl. Abschnitt 2.3.3). Dazu werden zunächst eine Reihe verschiedener Simulationsexperimente gebildet.

Die Erzeugung der Simulationsexperimente basiert auf einer Variation von Referenzprodukt, Konfiguration und Szenario, siehe Abb. 61. Das Ausfallverhalten der drei Referenzprodukte und somit auch die Bedarfsmengen und deren örtliche und zeitliche Verteilung sind voneinander unabhängig, daher werden Klemmhebel, Partikelfiltergehäuse und Transportrolle individuell betrachtet. Zudem werden drei unterschiedliche Konfigurationen der Ersatzteil-Supply-Chain analysiert:

- Die bestehende Ersatzteil-Supply-Chain
- Die additive Fertigung der Ersatzteile am Standort des zentralen Ersatzteillagers
- Die additive Fertigung der jeweiligen Ersatzteilvariante in einem der 14 regionalen Distributionszentren

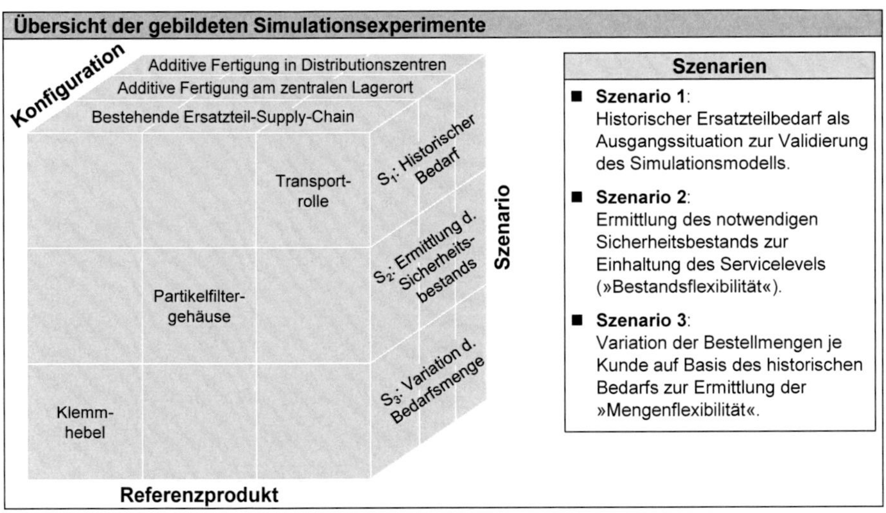

Abb. 61: Zusammensetzung des Betrachtungsraums aus Referenzprodukt, Konfiguration der Ersatzteil-Supply-Chain und Szenario, eig. Darst.

Die Konfiguration der bestehenden Ersatzteil-Supply-Chain dient einerseits zur Validierung des Simulationsmodells, um sicherzustellen, dass dieses die Realität in ausreichendem Detaillierungsgrad und Richtigkeit abbildet (vgl. Abschnitt 2.3.4). Andererseits dient die bestehende Ersatzteil-Supply-Chain als Vergleichsmaßstab bzw. Bezugswert zur Bewertung des Potenzials der additiven Fertigung der Ersatzteile. Daher wird jeweils ein Simulationsexperiment je Referenzprodukt in der bestehenden Ersatzteil-Supply-Chain und der additiven Fertigung am Standort des zentralen Ersatzteillagers als weitere Konfiguration der Ersatzteil-Supply-Chain durchgeführt. Zusätzlich zu diesen sechs Simulationsexperimenten wird für jedes der drei Referenzprodukte eine dezentrale additive Fertigung der Ersatzteile in den 14 regionalen Distributionszentren als weitere Konfiguration der Ersatzteil-Supply-Chain simuliert. Da in den regionalen Distributionszentren Brasilien und Türkei kein Bedarf an Transportrollen im Betrachtungszeitraum vorliegt, entfallen diese Simulationsexperimente. Somit werden 40 Simulationsexperimente zur Analyse einer dezentralen additiven Fertigung in regionalen Distributionszentren und insgesamt 46 Simulationsexperimente basierend auf der Variation der Konfiguration und des Referenzprodukts durchgeführt.

Darüber hinaus werden drei Szenarien unterschieden. Szenario S_1 bildet den historischen Ersatzteilbedarf ab und stellt somit die Grundlage für alle Simulationsexperimente dar. In Kombination mit der bestehenden Ersatzteil-Supply-Chain Konfiguration dient dieses Szenario zur Validierung des Simulationsmodells.

Szenario S_2 ermöglicht die Untersuchung der »Bestandsflexiblität«. Dieses Szenario ist insbesondere relevant, wenn das festgelegte Servicelevel von mindestens 95 % bei einer additiven Fertigung der Ersatzteile nicht eingehalten wird. In diesen Fällen stellt die Lagerfertigung der Ersatzteile ohne Kundenauftrag eine Alternative dar, um die versprochene Lieferzeit einzuhalten. Dazu wird in diesem Szenario der notwendige Sicherheitsbestand ermittelt, um das definierte Servicelevel zu erreichen (vgl. Abb. 45, S. 88).

Szenario S_3 liegt eine Abwandlung des historischen Ersatzteilbedarfs zugrunde, um die »Mengenflexibilität« zu analysieren (vgl. Abschnitt 4.4.3). Zur Identifikation möglicher Engpässe werden hierzu die Ersatzteilbedarfe der Kunden mittels eines Koeffizienten variiert. Im vorliegenden Anwendungsfall wird der historische Bedarf um 50 % in Schritten von 10 % erhöht, um das Systemverhalten hinsichtlich dieser Parametervariation zu untersuchen.

Um die Aussagekraft über das Systemverhalten zu erhöhen, werden für alle Simulationsexperimente jeweils 30 Simulationsläufe (vgl. Abschnitt 4.6) durchgeführt. Bei jedem Simulationslauf wird dazu der interne Zufallszahlengenerator in anyLogistix mit einem anderen Wert initialisiert. Die Ergebnisse der Zielgrößen werden als arithmetische Mittelwerte aus den 30 durchgeführten Simulationsläufen gebildet und stellen die Grundlage für den Vergleich und die Diskussion der Szenarien dar.

5.6 Vergleich und Diskussion der Szenarien

Die Ergebnisse der Simulationsexperimente gilt es im nächsten Schritt gegenüberzustellen und daraus Handlungsempfehlungen abzuleiten (»Erkenntnisgewinn«, vgl. Abschnitt 2.3.3). Als Grundlage hierzu wird zunächst das Systemverhalten des Simulationsmodells mit der bestehenden Ersatzteil-Supply-Chain abgeglichen. Die Eignung des Simulationsmodells wird dabei durch eine Abweichung der Ergebnisse von weniger als 5 % im Vergleich zur Realität bestätigt. Im nächsten Schritt wird das Potenzial einer additiven Fertigung der Referenzprodukte am zentralen Lagerort bewertet.

5.6.1 Additive Fertigung am zentralen Lagerort

Die additive Fertigung der drei Referenzprodukte am zentralen Lagerort des Prüfstandherstellers ermöglicht eine Bestandsreduktion und eine flexible Anpassung an die Bedarfsmenge. Allerdings bleibt ein wesentlicher Teil der Ersatzteil-Supply-Chain unverändert. Daher kommen die Vorteile einer »on demand« Fertigung nicht zum Tragen. Stattdessen erhöht die teurere und zeitaufwendigere additive Fertigung sowohl die Gesamtkosten als auch die durchschnittliche Durchlaufzeit eines Auftrags von der Bestellung bis zur Auslieferung im Vergleich zur Lagerfertigung der Ersatzteile. Zudem erzeugt die additive Fertigung der Ersatzteile im Rahmen der Herstellung höhere Treibhausgasemissionen im Vergleich zur »konventionellen« Fertigung. In Summe reicht das Einsparpotenzial durch eine geringere Anzahl hergestellter Ersatzteile nicht aus, um die Steigerungen der Treibhausgasemissionen, Kosten und Lieferzeiten auszugleichen. Tab. 13 zeigt die wesentlichen Simulationsergebnisse. Weil das geforderte Servicelevel von 95 % nicht eingehalten wird, ist eine Untersuchung der Bestands- bzw. Mengenflexibilität ist nicht zielführend.

Fazit: Eine additive Fertigung der Ersatzteile am zentralen Lagerort wird nicht empfohlen.

Tab. 13: Auswertung der Simulationsexperimente und Vergleich der zentralen additiven Fertigung mit der bestehenden Konfiguration der Ersatzteil-Supply

Additive Fertigung (zentral)	Klemmhebel	Partikelfiltergehäuse	Transportrolle
Hergestellte Ersatzteile	-10 %	-6 %	-8 %
Treibhausgasemissionen	+16 %	+60 %	+8 %
Gesamtkosten	+83 %	+25 %	+142 %
Servicelevel > 95 %	nein	nein	nein

Legende:

Prozentuale **Zunahme** im Vergleich zur IST-Situation	+1 % bis +20 %	+21 % bis 40 %	+41 % bis +60 %	+61 % bis +80 %	> +81 %
Prozentuale **Abnahme** im Vergleich zur IST-Situation	-1 % bis -20 %	-21 % bis -40 %	-41 % bis -60 %	-61 % bis -80 %	< -81 %

5.6.2 Additive Fertigung in regionalen Distributionszentren

Als weitere Konfiguration der Ersatzteil-Supply-Chain wird die additive Fertigung in den regionalen Distributionszentren untersucht. Statt einer zentralen Lagerhaltung erfolgt hier eine bedarfsgerechte Fertigung mit deutlichen Auswirkungen auf die Ersatzteil-Supply-Chain. Tab. 14 zeigt die Ergebnisse einer dezentralen additiven Fertigung der drei Referenzprodukte in den 14 regionalen Distributionszentren. Ein Vergleich der Ergebnisse zwischen den Referenzprodukten bzw. den regionalen Distributionszentren ist nur bedingt möglich, da sich die zeitlichen, örtlichen und mengenmäßigen Ersatzteilbedarfe teils deutlich unterscheiden.

Tab. 14: Auswertung der Simulationsexperimente und Bewertung des Potenzials der additiven Fertigung in regionalen Distributionszentren auf Basis des Zielsystems der additiven Ersatzteilversorgung

Klemmhebel	AT	BR	CN	DE	ES	FR	IN	IT	JP	KR	SE	TR	UK	US
Hergestellte Ersatzteile	-63 %	-97 %	-7 %	-37 %	-94 %	-7 %	-38 %	-64 %	-94 %	-74 %	-89 %	-89 %	-68 %	-42 %
Treibhausgas-emissionen	+89 %	-89 %	-80 %	+31 %	-73 %	+29 %	-71 %	-17 %	-89 %	-83 %	-52 %	-64 %	-44 %	-79 %
Gesamtkosten	-34 %	-95 %	+23 %	+22 %	-88 %	+87 %	+16 %	-19 %	-89 %	-59 %	-79 %	-81 %	-45 %	-11 %
Servicelevel ≥ 95 %	ja	ja	ja	ja	ja	ja	ja	ja	ja	ja	ja	ja	ja	ja

Partikelfilter-gehäuse	AT	BR	CN	DE	ES	FR	IN	IT	JP	KR	SE	TR	UK	US
Hergestellte Ersatzteile	-67 %	-96 %	-52 %	-9 %	-54 %	-24 %	-87 %	-88 %	-88 %	-99 %	-44 %	-84 %	-27 %	-9 %
Treibhausgas-emissionen	+145 %	-86 %	-67 %	+170 %	+24 %	+95 %	-65 %	-34 %	-78 %	-94 %	+19 %	-34 %	+8 %	-66 %
Gesamtkosten	-82 %	-92 %	-74 %	-48 %	-72 %	-66 %	-95 %	-94 %	-81 %	-99 %	-70 %	-94 %	-59 %	-59 %
Servicelevel ≥ 95 %	ja	ja	nein	ja	ja	nein	ja	ja	ja	ja	ja	ja	ja	nein

Transport-rolle	AT	BR	CN	DE	ES	FR	IN	IT	JP	KR	SE	TR	UK	US
Hergestellte Ersatzteile	-63 %		-9 %	-6 %	-74 %	-32 %	-7 %	-29 %	-43 %	-44 %	-81 %		-36 %	-15 %
Treibhausgas-emissionen	+89 %	-	-91 %	-26 %	-52 %	-3 %	-81 %	-47 %	-94 %	-93 %	-74 %	-	-73 %	-92 %
Gesamtkosten	-29 %		+97 %	+115 %	-59 %	+29 %	+96 %	+16 %	-7 %	-2 %	-80 %		-1 %	+47 %
Servicelevel ≥ 95 %	ja		nein	ja	ja	ja	ja	ja	ja	ja	ja		ja	ja

Legende:

Prozentuale **Zunahme** im Vergleich zur IST-Situation	+1 % bis +20 %	+21 % bis 40 %	+41 % bis +60 %	+61 % bis +80 %	> +81 %
Prozentuale **Abnahme** im Vergleich zur IST-Situation	-1 % bis -20 %	-21 % bis -40 %	-41 % bis -60 %	-61 % bis -80 %	< -81 %

Die additive Fertigung in regionalen Distributionszentren führt im Allgemeinen zu einer Reduktion der an der Ersatzteilversorgung beteiligten Transport- und Lagermodule. So müssen die Ersatzteile nicht zuerst vom zentralen Ersatzteillager in Europa in die Zielregion verbracht werden, was eine Reduktion von Zeit, Kosten und Treibhausgasemissionen ermöglicht. Gleichermaßen entfallen Zollgebühren für das Einführen der Ersatzteile bei einer additiven Fertigung innerhalb des jeweiligen Landes. Aufgrund der additiven Fertigung der Referenzprodukte nach Bedarf sinkt zudem die Menge hergestellter Ersatzteile im Vergleich zur »konventionellen« Fertigung deutlich. Neben der Einsparung der Herstellkosten durch die Vermeidung einer Überproduktion als »Art der Verschwendung« führt dies zudem zu sinkenden Lagerhaltungskosten.

Weiterhin verlagern sich auch die Kosten der Auftragsabwicklung, bspw. für die Handhabung der Ersatzteile, vom zentralen Ersatzteillager in Europa zu den regionalen Distributionszentren. In Abhängigkeit der Arbeitskosten in den jeweiligen Ländern führt dies entweder zu Einsparungen oder aber zu höheren Kosten.

Demgegenüber stehen insbesondere die erhöhten Kosten- und Zeitaufwände aufgrund der bedarfsabhängigen additiven Fertigung der Ersatzteile. Darüber hinaus ist es insbesondere in Europa möglich, dass die Transportwege vom Standort des regionalen Distributionszentrums im jeweiligen Land zum Kunden länger sind als vom zentralen Ersatzteillager in der bestehenden Konfiguration der Ersatzteil-Supply-Chain. Der Verteilung der Kunden im jeweiligen Land kommt ebenfalls eine besondere Bedeutung zu. Dies führt einerseits zu sehr unterschiedlichen Ergebnissen in Flächenstaaten wie z. B. den USA, China oder Indien. Andererseits sind in Ländern mit einer hohen Kundendichte in unmittelbarer Nähe zum zugehörigen Distributionszentrum wie z. B. in Brasilien, Korea oder Japan die Ergebnisse einer additiven Fertigung für die betrachteten Referenzprodukte durchgehend positiv.

Ermittlung des Sicherheitsbestands (Szenario S_2)

In vier der betrachteten Fälle einer dezentralen additiven Ersatzteilherstellung wird die versprochene Lieferzeit von 24 Stunden in weniger als 95 % der Aufträge erreicht. Dies gilt für die Herstellung der Transportrolle in China sowie der Partikelfiltergehäuse in den USA, Frankreich und China. Während bei der dezentralen additiven Ersatzteilversorgung im Falle der Transportrolle die Gesamtkosten in China um 97 % ansteigen, sinken die Kosten bei der additiven Fertigung des Partikelfiltergehäuses in den regionalen Distributionszentren um 74 % (China), 66 % (Frankreich) und 59 % (USA) im Vergleich zur bestehenden Konfiguration der Ersatzteil-Supply-Chain. Daher wird die Betrachtung der Transportrolle für die Ermittlung des notwendigen Sicherheitsbestands zur Einhaltung des definierten Servicelevels (vgl. Abb. 45, S. 88) ausgeschlossen.

Auf Basis des historischen Ersatzteilbedarfs ergibt sich durch Anwendung der Gleichungen (4-16) und (4-17) ein notwendiger Sicherheitsbestand zur Einhaltung des gewünschten Servicelevels von 10 Partikelfiltergehäusen in China, 30 in Frankreich und 34 in den USA. Der Sicherheitsbestand erfordert somit eine Lagerfertigung des Partikelfiltergehäuses mittels additiver Fertigung und stellt eine Form der »Bestandsflexibilität« dar (vgl. Abschnitt 4.4.3.). Aufgrund der geringen Stückzahl und der auftretenden Bedarfe im Betrachtungszeitraum ist der Einfluss des Sicherheitsbestands auf die Treibhausgasemissionen und die Gesamtkosten vernachlässigbar. Allerdings gilt zu beachten, dass dadurch keine vollständig bedarfsgerechte Fertigung erfolgt und somit eine Lagerhaltung, wenn auch in geringem Umfang, erforderlich ist.

Eine der Ursachen für die Einführung eines Sicherheitsbestands zur Einhaltung des Servicelevels sind insbesondere Nachfragespitzen, die in den betrachteten Fällen bei teilweise mehr als 30 Ersatzteilen je Bestellung liegen (vgl. Abb. 52, S. 108). Aufgrund der höheren Mengenabhängigkeit des additiven Fertigungsverfahrens LFS bei Partikelfiltergehäusen führt dies im Vergleich zu den zwei weiteren Referenzprodukten häufiger zu einem Engpass. Dies zeigt sich auch in den Ergebnissen bei Variation der Bedarfsmenge.

Variation der Bedarfsmenge (Szenario S_3)

Der historische Ersatzteilbedarf stellt eine repräsentative Verteilung des mengenmäßigen, zeitlichen und örtlichen Bedarfs der Referenzprodukte im Betrachtungszeitraum dar. Die Analyse der additiven Fertigung der Ersatzteile in den regionalen Distributionszentren zeigt, ob bei diesem Nachfragemuster das geforderte Servicelevel von 95 % eingehalten wird. Mit der Analyse der »Mengenflexibilität« wird im Folgenden geprüft, ob die Einhaltung des Servicelevels auch bei Nachfragespitzen weiterihn möglich ist. Nachdem die Herstellung geringer Losgrößen eines der Potenziale additiver Fertigungsverfahren darstellt (vgl. Abschnitt 2.2.2) wird nur die Steigerung der Bedarfsmenge und nicht deren Reduktion betrachtet. Dazu wird der historische Ersatzteilbedarf als Ausgangsbasis verwendet und mithilfe eines Koeffizienten in Schritten von 10 % auf 150 % erhöht.

Die Variation der Bedarfsmenge zeigt keine Auswirkung auf das Servicelevel im Fall der dezentralen additiven Fertigung des Klemmhebels. Das Servicelevel von mindestens 95 % wird durch alle Distributionszentren ungeachtet der Erhöhung der Bedarfsmenge eingehalten. Hinsichtlich der Transportrolle zeigt sich ein ähnliches Bild. Auch hier wird mit Ausnahme Chinas das Servicelevel durchgehend eingehalten, wobei das Servicelevel dort bereits bei Berücksichtigung des historischen Ersatzteilbedarfs nicht erfüllt wird. Die größten Auswirkungen der Variation der Bedarfsmenge auf das Servicelevel zeigen sich im Falle der dezentralen additiven Fertigung des Partikelfiltergehäuses. Tab. 15 zeigt die Ergebnisse im Überblick. Demnach führt eine Erhöhung der Bedarfsmenge um 10 % (Deutschland), 20 %

(Österreich und Spanien), 30 % (Türkei) bzw. 40 % (Vereinigtes Königreich) dazu, dass im jeweiligen Distributionszentrum das geforderte Servicelevel nicht eingehalten wird. Um auch bei einer Nachfrageerhöhung von 50 % das Servicelevel einzuhalten, ist ein Sicherheitsbestand von zehn oder weniger Partikelfiltergehäusen in Österreich, Spanien und der Türkei bzw. ein Sicherheitsbestand zwischen 20 und 30 Partikelfiltergehäusen in Deutschland und dem Vereinigten Königreich notwendig (vgl. Szenario S_2).

Tab. 15: Einhaltung des definierten Servicelevels von 95 % bei der dezentralen additiven Fertigung des Partikelfiltergehäuses in den regionalen Distributionszentren bei schrittweiser Erhöhung der Bedarfsmenge

Partikelfilter-gehäuse	AT	BR	CN	DE	ES	FR	IN	IT	JP	KR	SE	TR	UK	US
Historischer Bedarf	✓	✓	×	✓	✓	×	✓	✓	✓	✓	✓	✓	✓	×
+10 %	✓	✓	×	×	✓	×	✓	✓	✓	✓	✓	✓	✓	×
+20 %	×	✓	×	×	×	×	✓	✓	✓	✓	✓	✓	✓	×
+30 %	×	✓	×	×	×	×	✓	✓	✓	✓	✓	×	✓	×
+40 %	×	✓	×	×	×	×	✓	✓	✓	✓	✓	×	×	×
+50 %	×	✓	×	×	×	×	✓	✓	✓	✓	✓	×	×	×

Legende: ✓ Servicelevel ≥ 95 % × Servicelevel < 95 %

Zur Entscheidungsunterstützung und Ableitung einer Handlungsempfehlung gilt es im nächsten Schritt das Potenzial der additiven und dezentralen Ersatzteilversorgung zu bewerten. Als Bewertungsverfahren dient die Nutzwertanalyse, die zusätzlich eine Gewichtung der Zielkriterien nach unternehmensindividuellen Zielvorstellungen erlaubt.

Nutzwertanalyse und Handlungsempfehlungen

Die Durchführung der Nutzwertanalyse orientiert sich am Vorgehensmodell von DITTMER (vgl. Abb. 50, S. 105). Die betrachteten Alternativen sind die additive Fertigung im regionalen Distributionszentrum bzw. die bestehende Ersatzteil-Supply-Chain Konfiguration. Die Zielkriterien der Nutzwertanalyse basieren auf dem entwickelten Zielsystem der additiven Ersatzteilversorgung (vgl. Abschnitt 4.4.3) mit den Zieldimensionen Kosten, Zeit, Mengenflexibilität sowie Treibhausgasemissionen.

Mithilfe des paarweisen Vergleichs erfolgt eine Gewichtung der Zielkriterien, indem diese hinsichtlich ihrer Wichtigkeit miteinander verglichen werden. Dazu werden die Zielkriterien in eine Matrix überführt und durch den Prüfstandhersteller mit Punkten auf einer Skala von null (Zeilenwert ist weniger wichtig) bis zwei (Zeilenwert ist wichtiger) bewertet. Zielkriterien, die gleich wichtig sind, werden mit einer eins bewertet. Danach werden die Zeilensummen gebildet und die Gewichtung der Zielkriterien durch den Anteil der Zeilensumme an der Gesamtpunktzahl ermittelt. Tab. 16 zeigt die Ergebnisse für den vorliegenden Anwendungsfall. Demnach kommt der Einhaltung des Servicelevels mit 41,67 % eine sehr hohe Bedeutung zu, gefolgt von den entstehenden Kosten mit 33,33 %. Den Treibhausgasemissionen und der Mengenflexibilität kommt mit 16,67 % bzw. 8,33 % eine geringere Bedeutung zu.

Tab. 16: Paarweiser Vergleich zur Zielgewichtung im Zielsystem der additiven Ersatzteilversorgung

Paarweiser Vergleich **Legende:** **0**: Der Zeilenwert ist weniger wichtig **1**: Der Zeilenwert ist gleich wichtig **2**: Der Zeilenwert ist wichtiger	Treibhausgas-emissionen	Kosten	Servicelevel	Mengenflexibilität	**Summe [Pkt.]**	**Gewichtung [%]**
Treibhausgasemissionen		0	1	1	**2**	**16,67 %**
Kosten	2		0	2	**4**	**33,33 %**
Servicelevel	1	2		2	**5**	**41,67 %**
Mengenflexibilität	1	0	0		**1**	**8,33 %**

Im nächsten Schritt erfolgt die Punktbewertung der Teilnutzen. Die Reduktion der Treibhausgasemissionen und Kosten wird auf einer zehnstufigen Punkteskala bewertet, wobei eine Steigerung mit einem negativen Vorzeichen versehen wird. Demnach entspricht bspw. die Reduktion der Treibhausgasemissionen im Bereich von 0 bis 10 % einem Punkt. Das Servicelevel wird mit zehn Punkten bei dessen Einhaltung bewertet. Falls das Servicelevel nicht eingehalten wird, werden null Punkte vergeben. Die Mengenflexibilität wird ebenfalls auf einer zehnstufigen Punkteskala bewertet, wobei bei jeder zehnprozentigen Steigerung des historischen Mengenbedarfs, bei der das Servicelevel von 95 % eingehalten wird, zwei Punkte vergeben werden. So entspricht die Punktbewertung für die Mengenflexibilität des am Standort des regionalen Distributionszentrums in Spanien für das Partikelfiltergehäuse einem Wert von zwei, da hier auch bei 110 % des historischen Bedarfs die Lieferzeit innerhalb von 24 Stunden zu mehr als 95 % eingehalten wird.

Im nächsten Schritt wird durch Multiplikation der Punktbewertung mit der Zielgewichtung der jeweilige Teilnutzen berechnet und dieser anschließend zu einem Gesamtnutzwert aufsummiert. Als Vergleichsmaßstab dient die bestehende Ersatzteil-Supply-Chain Konfiguration, deren Gesamtnutzwert fünf Punkte beträgt. Demnach wird die additive Ersatzteilversorgung empfohlen, wenn der Gesamtnutzen mehr als fünf Punkte beträgt.

Tab. 17 zeigt die durchgeführte Nutzwertanalyse für die additive Fertigung der Transportrolle in den regionalen Distributionszentren. Die Ergebnisse für den Klemmhebel und das Partikelfiltergehäuse können Anhang A.11 bzw. Anhang A.12 entnommen werden.

Tab. 17: Nutzwertanalyse zur Bewertung einer additiven Fertigung der Transportrolle in regionalen Distributionszentren und Ableitung der Handlungsempfehlungen

Distributions-zentrum	Zielgrößen	Treibhausgas-emissionen	Kosten	Servicelevel	Mengen-flexibilität	Gesamt-nutzwert	Handlungs-empfehlung
	Gewichtung	**16,67 %**	**33,33 %**	**41,67 %**	**8,33 %**		
AT	Bewertung	-9	3	10	10	4,50	Keine additive Fertigung
	Teilnutzen	-1,5	1,00	4,17	0,83		
BR	Kein Ersatzteilbedarf im Betrachtungszeitraum						
CN	Bewertung	10	-10	0	10	-0,83	Keine additive Fertigung
	Teilnutzen	1,67	-3,33	0	0,83		
DE	Bewertung	3	-10	10	10	2,17	Keine additive Fertigung
	Teilnutzen	0,50	-3,33	4,17	0,83		
ES	Bewertung	6	6	10	10	8,00	Additive Fertigung
	Teilnutzen	1,00	2,00	4,17	0,83		
FR	Bewertung	1	-3	10	10	4,17	Keine additive Fertigung
	Teilnutzen	0,17	-1,00	4,17	0,83		
IN	Bewertung	9	-10	10	10	3,17	Keine additive Fertigung
	Teilnutzen	1,5	-3,33	4,17	0,83		
IT	Bewertung	5	-2	10	10	5,17	Additive Fertigung
	Teilnutzen	0,83	0,67	4,17	0,83		
JP	Bewertung	10	1	10	10	7,00	Additive Fertigung
	Teilnutzen	1,67	0,33	4,17	0,83		
KR	Bewertung	10	1	10	10	7,00	Additive Fertigung
	Teilnutzen	1,67	0,33	4,17	0,83		
SE	Bewertung	8	9	10	10	9,33	Additive Fertigung
	Teilnutzen	1,33	3,00	4,17	0,83		
TR	Kein Ersatzteilbedarf im Betrachtungszeitraum						
UK	Bewertung	8	1	10	10	6,67	Additive Fertigung
	Teilnutzen	1,33	0,33	4,17	0,83		
US	Bewertung	10	-5	10	10	5,00	Keine additive Fertigung
	Teilnutzen	1,67	-1,67	4,17	0,83		

Legende: ■ Gesamtnutzwert > 5,00 ■ Gesamtnutzwert ≤ 5,00

Tab. 18 zeigt eine Übersicht des Gesamtnutzens der additiven Ersatzteilversorgung in den regionalen Distributionszentren für die drei betrachteten Referenzprodukte sowie die daraus abgeleitete Handlungsempfehlung.

Tab. 18: Übersicht des Gesamtnutzens und der abgeleiteten Handlungsempfehlung einer additiven Fertigung der Referenzprodukte in den 14 regionalen Distributionszentren.

Distributionszentrum		AT	BR	CN	DE	ES	FR	IN	IT	JP	KR	SE	TR	UK	US
Klemmhebel	Gesamtnutzwert	4,83	9,83	5,50	3,33	9,33	1,50	5,67	6,00	9,50	8,50	8,67	9,17	7,50	7,00
	Handlungsempfehlung	keine AF	AF	AF	keine AF	AF	keine AF	AF	AF	AF	AF	AF	AF	AF	AF
Partikelfiltergehäuse	Gesamtnutzwert	5,67	9,83	3,83	4,25	6,50	0,67	9,50	9,00	9,33	10,00	7,33	8,67	6,67	3,17
	Handlungsempfehlung	AF	AF	keine AF	keine AF	AF	keine AF	AF	AF	AF	AF	AF	AF	AF	keine AF
Transportrolle	Gesamtnutzwert	4,50	-	-0,83	2,17	8,00	4,17	3,17	5,17	7,00	7,00	9,33	-	6,67	5,00
	Handlungsempfehlung	keine AF		keine AF	keine AF	AF	keine AF	keine AF	AF	AF	AF	AF		AF	keine AF

Legende: ■ Gesamtnutzwert > 5,00 ■ Gesamtnutzwert ≤ 5,00 AF: Additive Fertigung

Fazit: Von den insgesamt 40 betrachteten Fällen wird auf Basis des Zielsystems der additiven Ersatzteilversorgung und der unternehmensindividuellen Zielgewichtung eine additive Fertigung von Ersatzteilen in einem regionalen Distributionszentrum des Prüfstandherstellers in 27 Fällen (67,5 %) empfohlen und in den übrigen 13 Fällen (32,5 %) davon abgeraten. Für den **Klemmhebel** bedeutet dies eine Empfehlung zur additiven Fertigung in 11 von 14 Fällen (78,6 %), also an allen Standorten der regionalen Distributionszentren außer China, Deutschland, Frankreich und Indien. Weiterhin wird für das **Partikelfiltergehäuse** eine Ersatzteilversorgung mittels additiver Fertigung in 10 von 14 Fällen (71,4 %) empfohlen. Hier weisen die Standorte in China, Frankreich und den USA einen geringeren Gesamtnutzen im Vergleich zur bestehenden Ersatzteil-Supply-Chain auf. Die additive Ersatzteilversorgung der **Transportrolle** wird in 6 von 12 Fällen (50 %) empfohlen und für die Standorte in Österreich, China, Deutschland, Frankreich, Indien und den USA davon abgeraten.

Die Entscheidung für eine bedarfsgerechte und dezentrale Ersatzteilversorgung mittels additiver Fertigung ist somit für jeden potenziellen Standort separat zu prüfen. In Abhängigkeit einer Reihe interner und externer Einflussfaktoren, wie z. B. der Kostenstruktur der Ersatzteilversorgung und der unterschiedlichen zeitlichen, örtlichen und mengenmäßigen Ersatzteilbedarfe lassen sich häufig hohe Einsparungen bspw. in Form von Kosten- und Treibhausgasemissionen bei gleichbleibend hohem Servicelevel realisieren.

Die aus den Ergebnissen des Simulationsmodells abgeleiteten Handlungsempfehlungen stellen den Abschluss des Vorgehensmodells zur simulativen Untersuchung der Ersatzteilversorgung mittels additiver Fertigung dar. In der industriellen Praxis gilt es daraufhin, die Handlungsempfehlungen auf das reale System zu übertragen und umzusetzen (»Erkenntnisnutzung«). Im Folgenden erfolgt die Evaluierung des Vorgehensmodells auf Basis der definierten Anforderungen.

5.7 Evaluierung in Hinblick auf die definierten Anforderungen

Die Evaluierung des entwickelten Vorgehensmodells erfolgt anhand des Erfüllungsgrades der in Abschnitt 3.5 definierten Anforderungen. Tab. 19 fasst die Evaluierung zusammen.

Tab. 19: Evaluierung der Anforderungen und des Erfüllungsgrades des entwickelten Vorgehensmodells

Nr.	Anforderung	Evaluierung	Erfüllungs-grad
1	**Bewertung der Ersatzteil-Supply-Chain Konfiguration**	Zur Bewertung der Ersatzteil-Supply-Chain Konfigurationen dient das Zielsystem der additiven Ersatzteilversorgung. Die Operationalisierung der Zielgrößen Kosten, Zeit, Flexibilität und Treibhausgasemissionen ermöglicht die Bewertung und Gegenüberstellung unterschiedlicher Konfigurationen der Ersatzteil-Supply-Chain. Die Anforderung wurde in vollem Umfang erfüllt.	●
2	**Simulationsgestützte Analyse**	Die angewandte Multimethodensimulation ermöglicht durch die Modellierung der Logik und Regeln der Ersatzteil-Supply-Chain in einem Simulationsmodell sowohl die Analyse dynamischer Zusammenhänge und Interdependenzen zwischen den einzelnen Akteuren als auch des Systemverhaltens im Zeitablauf. Durch die Berücksichtigung des Zufallsverhaltens wird zudem der stochastische Charakter des Ersatzteilbedarfs abgebildet. Die Anforderung wurde in vollem Umfang erfüllt.	●
3	**Abbildung individueller Zielvorstellungen**	Die Gewichtung der Zielgrößen im entwickelten Zielsystem ermöglicht es, den einzelnen Zielgrößen einen unterschiedlich hohen Stellenwert einzuräumen und dies an die individuelle Situation des Unternehmens anzupassen. Dadurch wird bspw. die Berücksichtigung der jeweiligen Wettbewerbsstrategie am Markt ermöglicht. Darüber hinaus erlaubt das Zielsystem der additiven Ersatzteilversorgung die Integration individueller Zielgrößen. Die Anforderung wurde in vollem Umfang erfüllt.	●
4	**Allgemeingültigkeit und Übertragbarkeit**	Die Allgemeingültigkeit und Übertragbarkeit wird durch die Entwicklung parametrisierbarer Produktions-, Transport- und Lagermodule sowie eines peripheren PPS-Moduls gewährleistet. Die einzelnen Module werden an den jeweiligen Anwendungsfall angepasst und erlauben somit bspw. die Berücksichtigung unterschiedlicher additiver Fertigungsverfahren. Die Kombination der Module erlaubt darüber hinaus die Abbildung und Überführung unterschiedlicher Ersatzteil-Supply-Chain Konfigurationen in ein Simulationsmodell. Die Anforderung wurde in vollem Umfang erfüllt.	●

Nr.	Anforderung	Evaluierung	Erfüllungsgrad
5	**Ableitung strategischer Handlungsempfehlungen**	Das entwickelte Vorgehensmodell ermöglicht die Gegenüberstellung und Bewertung unterschiedlicher Ersatzteil-Supply-Chain Konfigurationen vor dem Hintergrund des Zielsystems der additiven Ersatzteilversorgung. Mithilfe der Szenarienbildung werden zudem die Auswirkungen unterschiedlicher Zukunftsszenarien auf das System berücksichtigt. Diese von Unsicherheit geprägten Prognosen führen ggf. zu einer Zielkonkurrenz, bei der keine eindeutige Handlungsempfehlung ableitbar ist. In diesem Fall ist eine unternehmensindividuelle Abwägung durch den Entscheidungsträger erforderlich. Die Anforderung wurde überwiegend erfüllt.	◕

Zusammenfassend lässt sich festhalten, dass die gestellten Anforderungen an das Vorgehensmodell sehr gut erfüllt sind. Die übergeordnete Zielsetzung der Entwicklung einer Vorgehensweise Untersuchung der Potenziale der additiven Fertigung für die Ersatzteil-Supply-Chain konnte erreicht und in der industriellen Erprobung erfolgreich angewandt werden.

6 Zusammenfassung und Ausblick

6.1 Zusammenfassung

Die bedarfsgerechte Versorgung mit Ersatzteilen stellt eine wesentliche Voraussetzung zur Gewährleistung der Verfügbarkeit, Wirtschaftlichkeit und Nachhaltigkeit von Primärprodukten dar. Zentrale Herausforderungen zur Sicherstellung der Ersatzteilversorgung über das Ende der Serienproduktion hinaus sind u. a. der dringende, schwer prognostizierbare Ersatzteilbedarf über einen langen Versorgungszeitraum, die steigende Variantenvielfalt und damit einhergehende geringere Bedarfsmengen je Ersatzteilvariante, die zeitliche Dynamik des Ersatzteilbedarfs in Abhängigkeit der in Nutzung befindlichen Primärprodukte sowie die räumliche Verteilung des Bedarfs.

Der Einsatz additiver Fertigungsverfahren stellt einen vielversprechenden Lösungsansatz dar, um diesen Herausforderungen zu begegnen. Durch die werkzeuglose Produktion der Ersatzteile auf Basis von CAD-Daten wird eine wirtschaftliche Produktion kleiner Losgrößen sowie eine dezentrale Produktion nahe am Ort der Nachfrage möglich, um räumliche und zeitliche Distanzen zu überbrücken. Die additive Fertigung ändert nicht nur das Fertigungsverfahren, mit dem die Ersatzteile hergestellt werden, sondern führt zu neuen Gestaltungsmöglichkeiten der gesamten Ersatzteil-Supply-Chain. Produzierende Unternehmen stehen dabei vor der Frage nach der geeignetsten Konfiguration und insbesondere den Auswirkungen, die mit einer (de)zentralen additiven Fertigung verbunden sind.

Die Zielsetzung der vorliegenden Arbeit war es, Potenziale der additiven Fertigung für die Ersatzteil-Supply-Chain zu untersuchen. Zur Realisierung der übergeordneten Zielsetzung wurde diese in drei Teilziele untergliedert. Das erste Teilziel umfasst die Entwicklung eines generischen Vorgehensmodells, das zweite Teilziel die Entwicklung eines Zielsystems der additiven Ersatzteilversorgung und das dritte Teilziel die Entwicklung eines Simulationsmodells zur Analyse und Erklärung des Systemverhaltens. Zur Realisierung der Zielsetzung wurde ein systematischer Lösungsansatz zur Planung und Bewertung der additiven Ersatzteilversorgung entwickelt, der auf einem aus drei sequenziellen Schritten bestehenden Vorgehensmodell basiert. Das Vorgehensmodell integriert somit die drei Teilziele in einem ganzheitlichen Lösungsansatz.

Im ersten Schritt des Vorgehensmodells werden die Basismerkmale der Ersatzteil-Supply-Chain und das zugrunde liegende Planungsziel identifiziert. Darauf aufbauend findet die Modularisierung und Beschreibung der ggf. bereits bestehenden Ersatzteil-Supply-Chain bzw. deren zukünftiger Elemente durch Produktions-, Lager- und Transportmodule sowie eines peripheren Produktionsplanungs- und -steuerungsmoduls statt. Abschließend erfolgt die Identifikation der Restriktionen und Rahmenbedingungen, die eine Einschränkung der Gestaltungsfreiheit begründen. Aufgrund der Modularisierung ist die Abbildung unterschiedlicher Konfigurationen der Ersatzteil-Supply-Chain durch eine geeignete Kombination der Module möglich. Dies stellt insbesondere den Transfer und die Übertragbarkeit des Vorgehens auf unterschiedliche Anwendungsfälle sicher.

Im zweiten Schritt des Vorgehensmodells erfolgt die Durchführung einer Simulationsstudie. Dieses zweite Teilziel der vorliegenden Arbeit erlaubt die Quantifizierung der Leistungsfähigkeit der Ersatzeil-Supply-Chain in ihren unterschiedlichen Konfigurationen. Bewertungsgrundlage bildet das entwickelte Zielsystem der additiven Ersatzteilversorgung. Dafür wurden die Zieldimensionen Kosten, Zeit, Flexibilität und Treibhausgasemissionen operationalisiert. Das dritte Teilziel besteht in der Entwicklung eines Simulationsmodells zur Unterstützung des Planungs- und Entscheidungsprozesses. Die Simulationsmodellentwicklung als zentrales Element des Vorgehensmodells erfolgt dabei als Multimethodensimulation, die ereignisdiskrete, agentenbasierte und systemdynamische Simulationsansätze kombiniert. Das Simulationsmodell dient zur Durchführung der Simulationsexperimente, um Erkenntnisse über das Systemverhalten der Ersatzteil-Supply-Chain zu erlangen.

Im dritten Schritt des Vorgehensmodells erfolgt ein Vergleich der simulierten Konfigurationen und deren Interpretation basierend auf einer individuellen Gewichtung der Zielgrößen durch den Anwender. Darauf basiert die Ableitung strategischer Handlungsempfehlungen zur Übertragung auf das reale System in Form der Umsetzung der geeignetsten Konfiguration der Ersatzteil-Supply-Chain.

Abschließend erfolgt die industrielle Erprobung und Evaluierung des Vorgehensmodells anhand eines Herstellers von Prüfständen für die Automobilindustrie. Am Beispiel von drei Ersatzteilen und deren Bedarfsverläufen zwischen 2018 und 2022 erfolgt die Entwicklung, Verifikation und Validierung eines Simulationsmodells zur Abbildung der Ersatzteil-Supply-Chain. Dazu wurde ein zentrales Ersatzteillager in Europa, 14 weltweit verteilte regionale Distributionszentren und über 180 Kunden im Simulationsmodell abgebildet. Die Ergebnisse zeigen die Bedeutung einer simulativen Untersuchung unterschiedlicher Ersatzteil-Supply-Chain Konfigurationen in Abhängigkeit der zeitlichen, örtlichen und mengenmäßigen Bedarfsverteilung. Demnach ist eine zentralisierte additive Fertigung am Ort des Ersatzteillagers für keines der betrachteten Ersatzteile zielführend. Zwar werden durch die bedarfsgerechte additive Fertigung weniger Ersatzteile hergestellt, allerdings steigen Treibhausgasemissionen sowie Gesamtkosten und das geforderte Servicelevel wird unterschritten. Eine dezentrale additive Fertigung auf Stufe der Distributionszentren verkürzt hingegen die Ersatzteil-Supply-Chain und wird in 27 von 40 untersuchten Fällen (67,5 %) empfohlen. Dabei sind zum Teil Einsparungen von über 90 % der Gesamtkosten und Treibhausgasemissionen im Vergleich zur bestehenden Ersatzteil-Supply-Chain erzielbar.

6.2 Ausblick

Die Bedeutung der additiven Fertigung in der Nachserienversorgung wird aufgrund rechtlicher, technischer und wirtschaftlicher Rahmenbedingungen weiter zunehmen. **Rechtlich** bspw. durch das geplante »Recht auf Reparatur« in der EU. Dieses fordert Hersteller einerseits dazu auf die Verfügbarkeit von Ersatzteilen für festzulegende Mindestzeiträume sicherzustellen und untersagt andererseits die Behinderung der »Verwendung gebrauchter, kompatibler oder im 3D-Druckverfahren gefertigter Ersatzteile«. [EUR23; EUR24a]

Technische Fortschritte wie bspw. steigende Materialvielfalt und gesteigerte Bauteilqualität erhöhen zudem die Anzahl der Ersatzteile, die potenziell mittels additiver Fertigungsverfahren herstellbar sind. Aktuell benötigte Ersatzteile sind aufgrund der Zeitspanne zwischen der Entwicklung des Primärprodukts und der Nachserienversorgung in der Regel für die »konventionelle« Fertigung ausgelegt. Eine Berücksichtigung der additiven Fertigung von Ersatzteilen bereits im Produktentwicklungsprozess ermöglicht eine gezielte Nutzung der Potenziale der additiven Fertigung. Bspw. sollen in der neuen Fahrzeuggeneration der Deutschen Bahn zehn Prozent der Bauteile additiv gefertigt werden [BRI23].

Weiterhin führen **wirtschaftliche Faktoren** wie z. B. sinkende Kosten für Material und additive Fertigungsanlagen zunehmend für eine Konkurrenzfähigkeit additiv gefertigter Bauteile. Ebenso leistet die flexible, bedarfsgerechte und dezentrale Herstellung von Ersatzteilen einen Beitrag zur Steigerung der Resilienz globaler Lieferketten [THE22b].

Die Potenziale der additiven Fertigung führen zu einem Paradigmenwechsel hinsichtlich der Ersatzteil-Supply-Chain Konfiguration und zu innovativen Geschäftsmodellen. Um den Zielkonflikt aus hohem Investitionsaufwand und geringer Auslastung aufzulösen, bieten Dienstleister u. a. eine Bündelung von Aufträgen unabhängiger Kunden kombiniert mit Domänenwissen an. Bspw. unterstützt DAIMLER TRUCK bei Bauteilauswahl und Datenmanagement (»Digitales Lager«) [DAI24]. UNITED PARCEL SERVICE OF AMERICA bietet in den USA die additive Fertigung und Abholung bzw. Lieferung an 20 Standorten an [UPS24].

Der Onlineversandhändler AMAZON.COM, geht einen Schritt über die klassische Hub-Struktur hinaus. In einem angemeldeten Patent wird die Möglichkeit einer mobilen additiven Fertigung bspw. in einem LKW aufgezeigt [APS13]. Durch die Parallelisierung der Wertschöpfung und der Transportzeit muss die Auslieferung nicht auf die teils zeitaufwendige additive Fertigung der Ersatzteile warten.

Aus diesen innovativen Ansätzen ergeben sich neue Forschungsfragen hinsichtlich der Potenziale der additiven Fertigung für die Ersatzteil-Supply-Chain.

7 Summary and Outlook

7.1 Summary

The supply of spare parts in line with demand is essential for ensuring primary products' availability, profitability, and sustainability. Critical challenges for ensuring the supply of spare parts beyond the end of serial production include the urgent need for spare parts over a long supply period, which is challenging to forecast, the increasing diversity of variants, and the associated lower quantities required per spare part variant, the temporal dynamics of the spare parts demand depending on the primary products in use, as well as the spatial distribution of the demand.

The use of additive manufacturing is a promising approach to meeting these challenges. The tool-free production of spare parts based on CAD data enables the economic production of small batches and decentralized production close to the point of demand, thus bridging spatial and temporal distances. Additive manufacturing changes the manufacturing process to produce spare parts and leads to new design options for the entire spare parts supply chain. Manufacturing companies are faced with the question of the most suitable configuration and, in particular, the effects associated with (de)centralized additive manufacturing.

The objective of this thesis was to enable simulation-supported planning of post-series supply using additive manufacturing. In order to realize the overall objective, it was subdivided into three sub-objectives. The first sub-objective comprises the development of a generic procedure model, the second sub-objective the development of a target system for additive spare parts supply, and the third sub-objective the development of a simulation model to analyse and explain the system behaviour. In order to realize the overall objective, a systematic solution approach for planning and evaluating the additive spare parts supply was developed, based on a procedure model consisting of three sequential steps. The procedure model thus integrates the three sub-objectives into a holistic solution approach.

In the first step of the procedure model, the basic characteristics of the spare parts supply chain are identified. This includes the underlying planning objective of the spare parts demand. Based on this, the modularization and description of the possibly already existing spare parts supply chain or its future elements by production, storage, transport modules, and the peripheral production planning and control module take place. Finally, restrictions and general conditions that limit design freedom are identified. Modularization makes representing different spare parts supply chain configurations possible by appropriately combining the modules. In particular, this ensures the transfer and applicability of the approach to different use cases.

A simulation study is conducted in the procedure model's second step. This second sub-objective of the thesis allows the performance of the spare parts supply chain to be quantified in its various configurations. The developed target system of additive spare parts supply forms the basis for the evaluation. The target dimensions of cost, time, flexibility, and greenhouse gas emissions were operationalized for this purpose. The third sub-goal is the development of a simulation model to support the planning and decision-making process. The simulation model development as a central element of the procedure model is carried out as a multi-method simulation that combines discrete-event, agent-based and system-dynamic simulation approaches. The simulation model is used to carry out the simulation experiments in order to gain insights into the system behaviour of the spare parts supply chain.

The third step of the procedure model involves a comparison of the simulated configurations and their interpretation based on the user's individual weighting of the target variables. This is the basis for deriving strategic recommendations that can be transferred to the real system by implementing the most suitable configuration of the spare parts supply chain.

Finally, the procedure model is tested and evaluated in an industrial setting using a manufacturer of test benches for the automotive industry. Using the example of three spare parts and their demand patterns between 2018 and 2022, a simulation model for representing the spare parts supply chain is developed, verified, and validated. For this purpose, a central spare parts warehouse in Europe, 14 regional distribution centres distributed worldwide, and over 180 customers were included in the simulation model. The results show the importance of a simulative investigation of different spare parts supply chain configurations depending on the distribution of demand in terms of time, location, and quantity. According to this, centralized additive manufacturing at the spare parts manufacturer's location is unsuitable for any spare parts under consideration. Although demand-based additive manufacturing results in fewer spare parts being produced, greenhouse gas emissions and overall costs increase, and the required service level is not met. Decentralized additive manufacturing at the distribution centre level, in contrast, shortens the spare parts supply chain and is recommended in 27 of the 40 cases examined (67.5%). In some cases, savings of over 90% of total costs and greenhouse gas emissions can be achieved compared to the existing spare parts supply chain.

7.2 Outlook

The importance of additive manufacturing in after-series production will continue to increase due to legal, technical, and economic conditions. **Legally**, for example, through the planned "right to repair" in the EU. On the one hand, this requires manufacturers to ensure the availability of spare parts for minimum periods to be defined and, on the other hand, prohibits the obstruction of the "use of used, compatible or 3D-printed spare parts". [EUR23; EUR24a]

Technical advances such as growing material diversity and improved component quality also increase the number of spare parts that can be produced using additive manufacturing processes. Currently, required spare parts are generally designed for "conventional" production due to the period between the development of the primary product and the post-series supply. Considering the additive manufacturing of spare parts as early as the product development process enables the potential of additive manufacturing to be utilized in a target-oriented approach. For example, ten percent of the components in the new generation of Deutsche Bahn trains shall be additively manufactured [BRI23].

Furthermore, **economic factors** such as decreasing costs for materials and additive manufacturing equipment are increasingly contributing to the competitiveness of additively manufactured components. The flexible, demand-driven, and decentralized production of spare parts also contributes to increasing the resilience of global supply chains [THE22b].

The potential of additive manufacturing leads to a paradigm shift regarding spare parts supply chain configuration and innovative business models. In particular, service providers are offering to bundle orders from independent customers combined with domain knowledge to resolve the conflicting goals of high investment costs and low capacity utilization. DAIMLER TRUCK, for example, supports component selection and data management ("digital warehouse") [DAI24]. UNITED PARCEL SERVICE OF AMERICA offers additive manufacturing and pick-up or delivery at 20 locations in the USA [UPS24].

The online mail-order company AMAZON.COM goes one step beyond the classic hub structure. For example, a patent application demonstrates the possibility of mobile additive manufacturing in a truck [APS13]. The parallelization of value creation and transport time means that delivery does not have to wait for the sometimes time-consuming additive manufacturing of spare parts.

These innovative approaches raise new research questions regarding the potential of additive manufacturing for the spare parts supply chain.

8 Abkürzungsverzeichnis

Abkürzung	Begriff
3D	Dreidimensional
Abb.	Abbildung
Abs.	Absatz
akt.	aktualisiert
AMF	Additive Manufacturing File Format
APS	Advanced Planning and Scheduling
Aufl.	Auflage
Bd.	Band
bearb.	bearbeitet
BGB	Bürgerliches Gesetzbuch
BSI	British Standards Institution
bspw.	beispielsweise
bzw.	beziehungsweise
CAD	Computer-Aided Design
CO_2	Kohlenstoffdioxid
CO_2eq	Kohlenstoffdioxid-Äquivalent
DC	Distribution Center, deutsch: Distributionszentrum
DIN	Deutsches Institut für Normung
Diss.	Dissertation
DOE	Design of Experiments, deutsch: Statistische Versuchsplanung
DOI	Digital Object Identifier, deutsch: Digitaler Objektbezeichner
dt.	deutsch
Ed.	Edition, deutsch: Auflage
EDO	End of Delivery Obligation, deutsch: Ende der Lieferverpflichtung
eig. Darst.	eigene Darstellung
EN	Europäische Norm
engl.	Englisch
EOL	End of Life, deutsch: Produktlebensende
EOP	End of Production, deutsch: End der Serienproduktion
EOS	End of Service, deutsch: Ende der Serviceverpflichtung
erg.	ergänzt
ERP	Enterprise Resource Planning
erw.	erweitert
ET	Ersatzteil
et.al.	et alii, deutsch: und andere
EU	Europäische Union
FEM	Finite-Elemente-Methode
GE	Geldeinheit

Abkürzung	**Begriff**
gest.	gestaltet
ggf.	gegebenenfalls
GIS	Geographic Information System, deutsch: Geografisches Informationssystem
HGB	Handelsgesetzbuch
HO	Hubvorgang
HOC	Kategorie der Hub-Vorgänge
Hrsg.	Herausgeber
i. A. a.	in Anlehnung an
i. e. S.	im engeren Sinn
i. w. S.	im weiteren Sinn
IEC	International Electrotechnical Commission, deutsch: Internationale Elektrotechnische Kommission
IEEE	Institute of Electrical and Electronics Engineers
IGES	Initial Graphics Exchange Specification
inkl.	inklusive
ISBN	Internationale Standard Buch Nummer
ISO	International Organization for Standardization, deutsch: Internationale Organisation für Normung
Jg.	Jahrgang
kg	Kilogramm
kg CO_2eq	Kilogramm Kohlendioxid-Äquivalent
km	Kilometer
korr.	korrigiert
LCA	Life Cycle Assessment, deutsch: Ökobilanz
LFS	Low Force Stereolithography
Mio.	Million(en)
Mrd.	Milliarde(n)
PP	Primärprodukt
PPS	Produktionsplanung und -steuerung
PRISMA	Preferred Reporting Items for Systematic reviews and Meta-Analyses
S.	Seite
SLA	Stereolithografie
SLS	Selektives Lasersintern
SOP	Start of Production, deutsch: Beginn der Serienproduktion
STEP	Standard for the Exchange of Product Model Data
Tab.	Tabelle
THG	Treibhausgas
TK	Transportkette
tkm	Tonnenkilometer
TKE	Transportkettenelement

Abkürzung	Begriff
TO	Transportvorgang
TOC	Kategorie der Transportvorgänge
u.	und
u. a.	unter anderem
überarb.	überarbeitet
Univ.	Universität
unwesentl.	unwesentlich
upd.	updated, deutsch: aktualisiert
VDA-FS	Verband der Automobilindustrie-Flächenschnittstelle
VDE	Verein deutscher Elektroingenieure
VDI	Verein Deutscher Ingenieure
veränd.	verändert
verb.	verbessert
vgl.	vergleiche
vollst.	vollständig
VRML	Virtual Reality Modelling Language
WCO	World Customs Organization, deutsch: Weltzollorganisation (WZO)
wesentl.	wesentlich
z. B.	zum Beispiel
ZE	Zeiteinheit
zugl.	zugleich
zzgl.	zuzüglich

9 Symbolverzeichnis

Symbol	Einheit	Beschreibung
$\varepsilon_{HEP,TK}$	[kg CO_2eq]	THG-Emissionen der Transportkette aus der Energiebereitstellung für das Fahrzeug
$\varepsilon_{HO,TK}$	[kg CO_2eq]	THG-Emissionen der Transportkette aus dem Fahrzeugeinsatz
$\varepsilon_{VEP,TK}$	[kg CO_2eq]	THG-Emissionen der Transportkette aus dem Hubvorgang
ε_{VO,A_i}	[kg CO_2eq]	gesamten THG-Emission aus dem Fahrzeugeinsatz für THG-bezogenen Aktivitätstyp A_i
$\varepsilon_{VO,TK}$	[kg CO_2eq]	THG-Emissionen der Transportkette
$\varepsilon_{VO,TOC}$	[kg CO_2eq]	gesamten THG-Emission aus dem Fahrzeugeinsatz für die gewählte TOC
$\varepsilon_{VO,TKE,i}$	[kg CO_2eq]	THG-Emissionen aus dem Fahrzeugeinsatz für das TKE_i
$\varepsilon_x^{BuV,B}$	[kg CO_2eq]	THG-Emissionen der Betriebsstoffe und Verbrauchsmittel der Betriebsmittel am Standort x
$\varepsilon_x^{BuV,L}$	[kg CO_2eq]	THG-Emissionen der Betriebsstoffe und Verbrauchsmittel der Lagermittel am Standort x
ε_c^{Gesamt}	[kg CO_2eq]	Gesamtheit der Emissionen einer Ersatzteil-Supply-Chain Konfiguration c
$\varepsilon_x^{Inf,B}$	[kg CO_2eq]	THG-Emissionen der Infrastruktur der Betriebsmittel am Standort x
$\varepsilon_x^{Inf,L}$	[kg CO_2eq]	THG-Emissionen der Infrastruktur der Lagerhaltung am Standort x
$\varepsilon_x^{Ins,B}$	[kg CO_2eq]	THG-Emissionen der Instandhaltung der Betriebsmittel am Standort x
$\varepsilon_x^{Ins,L}$	[kg CO_2eq]	THG-Emissionen der Instandhaltung der Lagerhaltung am Standort x
ε_y^{M}	[kg CO_2eq]	THG-Emissionen des Materials für die Variante y
ε_y^{Z}	[kg CO_2eq]	THG-Emissionen der Zukaufteile für die Variante y
ϕ_x^{Auft}	[%]	Personalbedarfsfaktor der Auftragsabwicklung am Standort x
ϕ_x^{In}	[%]	Personalbedarfsfaktor der Produktion am Standort x
ϕ_x^{Lag}	[%]	Personalbedarfsfaktor der Lagerhaltung am Standort x
ϕ_x^{Tran}	[%]	Personalbedarfsfaktor des Transports am Standort x
$\varphi_{VO,TOC}$	[kg CO2eq/tkm]	Intensitätswert der THG-Emission für die gewählte TOC
$\lambda(t)$	[-]	Ausfallrate zum Zeitpunkt t
a_{xy}^{ε}	[kg CO_2eq]	Emissionselement der Auftragsabwicklungsmatrix
$a_{A_c;xy}^{\varepsilon}$	[-]	Element der Aktivierungsmatrix der Auftragsabwicklungsemissionen
a_{xy}^{k}	[GE]	Kostenelement der Auftragsabwicklungsmatrix
$a_{A_c;xy}^{k}$	[-]	Element der Aktivierungsmatrix der Auftragsabwicklungskosten
$\boldsymbol{A}^k$	[-]	Kostenmatrix der Auftragsabwicklung ($s \times s$-Matrix)

Symbol	Einheit	Beschreibung
$\boldsymbol{A}_{A_c}^{k}$	[-]	Aktivierungsmatrix der Auftragsabwicklungskosten für Konfiguration c ($s \times s$-Matrix)
BM_{xy}^{Ges}	[-]	Summe der ausgelieferten Bestellmenge der Variante y am Standort x
$BM_{xy}^{J_k}$	[-]	Bestellmenge des zugehörigen Lagerbestandsniveaus J_k der Variante y am Standort x
BM_{xy}^{P}	[-]	Innerhalb der erwarteten Durchlaufzeit ausgelieferte Bestellmenge der Variante y am Standort x
c	[-]	Konfiguration der Ersatzteil-Supply-Chain
d_x	[ZE]	Zeitliche Inanspruchnahme der Transportmittel am Standort x
d_{xy}	[ZE]	Transportzeit zwischen Standort x und Standort y
ef_{VO,A_i}	[kg CO_2ÄQ/kg]	THG-Emissionsfaktor des Fahrzeugeinsatzes für jeden THG-bezogenen Aktivitätstyp A_i
EP_y	[GE]	Preis der Ersatzteilvariante y
$f(t)$	[-]	Ausfalldichte
f_{xy}^{k}	[GE]	Kostenelement der Folgekostenmatrix
$f_{A_c;xy}^{k}$	[-]	Element der Aktivierungsmatrix der Folgekosten
$F(t)$	[-]	Ausfallwahrscheinlichkeit
$\boldsymbol{F}^{k}$	[-]	Kostenmatrix der Folgekosten ($s \times v$-Matrix)
$\boldsymbol{F}_{A_c}^{k}$	[-]	Aktivierungsmatrix der Folgekosten für Konfiguration c ($s \times v$-Matrix)
$g_{K_{(S,Z)}}$	[-]	Knotengewicht der Nutzwertanalyse für Stufe S und Ziel Z
$g_{S_{(S,Z)}}$	[-]	Stufengewicht der Nutzwertanalyse für Stufe S und Ziel Z
i_k	[%/ZE]	Kalkulatorischer Zinssatz der Lagerhaltung am Standort x
$I_{b,xy}$	[-]	Lagerbestandsniveau nach Bestellung b am Standort x für Variante y
$J_{xy;k}$	[-]	Aufsteigend sortierte Lagerbestandsniveaus am Standort x für Variante y
$k_{E_i}^{A}$	[GE]	Auftragsabwicklungskosten des Ersatzteils i
$k_x^{AfA,A}$	[GE]	Kosten für Abschreibungen auf Anlageinvestitionen der Auftragsabwicklung am Standort x
$k_x^{AfA,B}$	[GE]	Kosten für Abschreibungen auf Anlageinvestitionen der Betriebsmittel am Standort x
$k_x^{AfA,L}$	[GE]	Kosten für Abschreibungen auf Anlageinvestitionen der Lagermittel am Standort x
$k_x^{BuV,A}$	[GE]	Kosten für Betriebsstoffe und Verbrauchsmittel der Auftragsabwicklung am Standort x
$k_x^{BuV,B}$	[GE]	Kosten für Betriebsstoffe und Verbrauchsmittel der Betriebsmittel am Standort x
$k_x^{BuV,L}$	[GE]	Kosten für Betriebsstoffe und Verbrauchsmittel der Lagerhaltung am Standort x
$k_{xy}^{BuV,T}$	[GE]	Kosten für Betriebsstoffe und Verbrauchsmittel des Transports
k_{xy}^{dir}	[GE]	Direkte Kosten der Produktion am Standort x der Variante y
$k_{E_i}^{F}$	[GE]	Folgekosten des Ersatzteils i

Symbol	Einheit	Beschreibung
k^{Ges}	[GE]	Gesamtkosten der Ersatzteilversorgung
k_c^{Ges}	[GE]	Gesamtkosten der Ersatzteil-Supply-Chain bei Konfiguration *c*
k_{xy}^{ind}	[GE]	Indirekte Kosten der Produktion am Standort *x* der Variante *y*
k_{xy}^{In}	[GE]	Kosten des Bauprozesses am Standort *x* für die Variante *y*
$k_x^{Inf,A}$	[GE]	Infrastrukturkosten der Auftragsabwicklung am Standort *x*
$k_x^{Inf,B}$	[GE]	Infrastrukturkosten der Betriebsmittel am Standort *x*
$k_x^{Ins,A}$	[GE]	Instandhaltungskosten der Auftragsabwicklung am Standort *x*
$k_x^{Ins,B}$	[GE]	Instandhaltungskosten der Betriebsmittel am Standort *x*
$k_x^{Ins,L}$	[GE]	Instandhaltungskosten der Lagerhaltung am Standort *x*
$k_{xy}^{Ins,T}$	[GE]	Instandhaltungskosten der Transportmittel am Standort *x*
$k_x^{Kap,A}$	[GE]	Kapitalkosten der Auftragsabwicklung am Standort *x*
$k_x^{Kap,B}$	[GE]	Kosten des eingesetzten Kapitals für Betriebsmittel am Standort *x*
$k_x^{Kap,L}$	[GE]	Kapitalkosten der Lagerhaltung am Standort *x*
$k_{E_i}^{L}$	[GE]	Lagerhaltungskosten des Ersatzteils *i*
k_{xy}^{M}	[GE]	Materialkosten der Produktion am Standort *x* der Variante *y*
$k_{E_i}^{P}$	[GE]	Produktionskosten des Ersatzteils *i*
k_{xy}^{Post}	[GE]	Kosten der Nachbearbeitung am Standort *x* für die Variante *y*
k_{xy}^{Pre}	[GE]	Kosten der Vorbereitung am Standort *x* für die Variante *y*
$k_{E_i}^{T}$	[GE]	Transportkosten des Ersatzteils *i*
k_{xy}^{TM}	[GE]	Kosten der Transportmittel
k_{xy}^{Z}	[GE]	Kosten der Zukaufteile zur Produktion am Standort *x* der Variante *y*
l_{xy}^{ε}	[kg CO_2eq]	Emissionselement der Lagerhaltungsmatrix
$l_{A_c;xy}^{\varepsilon}$	[-]	Element der Aktivierungsmatrix der Lagerhaltungsemissionen
$l_{A_c;xy}^{k}$	[-]	Element der Aktivierungsmatrix der Lagerhaltungskosten
l_{xy}^{k}	[GE]	Kostenelement der Lagerhaltungsmatrix
$\boldsymbol{L}^k$	[-]	Kostenmatrix der Lagerhaltung ($s \times v$-Matrix)
$\boldsymbol{L}_{A_c}^k$	[-]	Aktivierungsmatrix der Lagerhaltungskosten für Konfiguration *c* ($s \times v$-Matrix)
M_i	[kg]	Masse aller Lieferungen im Transportvorgang *i* in Bezug auf die TOC
n	[-]	Anzahl der berücksichtigten Ersatzteile im Betrachtungszeitraum
p_{xy}^{ε}	[kg CO_2eq]	Emissionselement der Produktionsmatrix
$p_{A_c;xy}^{\varepsilon}$	[-]	Element der Aktivierungsmatrix der Produktionsemissionen
p_{xy}^{k}	[GE]	Kostenelement der Produktionsmatrix

Symbol	**Einheit**	**Beschreibung**
$p^k_{A_c;xy}$	[-]	Element der Aktivierungsmatrix der Produktion
$\boldsymbol{P}^k$	[-]	Kostenmatrix der Produktion ($s \times v$-Matrix)
$\boldsymbol{P}^k_{A_c}$	[-]	Aktivierungsmatrix der Produktionskosten für Konfiguration *c* ($s \times v$-Matrix)
Q_{Ai}	[kg]	Gesamtmenge jedes THG-bezogenen Aktivitätstyps A_i
$R(t)$	[-]	Überlebenswahrscheinlichkeit bzw. Zuverlässigkeit
RES^{In}_x	[kg CO_2eq/ZE]	Ressourcenemissionssatz der Produktion am Standort *x* der Variante *y*
RES^{Lag}_x	[kg CO_2eq/ZE]	Ressourcenemissionssatz der Lagerhaltung am Standort *x*
RKS^{Auft}_x	[GE/ZE]	Ressourcenkostensatz der Auftragsabwicklung am Standort *x*
RKS^{Betr}_x	[GE/ZE]	Ressourcenkostensatz der Betriebsmittel zur Produktion am Standort *x*
RKS^{In}_x	[GE/ZE]	Ressourcenkostensatz der Produktion am Standort *x*
RKS^{Lag}_x	[GE/ZE]	Ressourcenkostensatz der Lagerhaltung am Standort *x*
$RKS^{Pers,A}_x$	[GE/ZE]	Ressourcenkostensatz des Verwaltungspersonals am Standort *x*
$RKS^{Pers,In}_x$	[GE/ZE]	Ressourcenkostensatz des Produktionspersonals am Standort *x*
$RKS^{Pers,L}_x$	[GE/ZE]	Ressourcenkostensatz des Lagerpersonals am Standort *x*
$RKS^{Pers,T}_x$	[GE/ZE]	Ressourcenkostensatz des Transportpersonals am Standort *x*
RKS^{Pre}_x	[GE/ZE]	Ressourcenkostensatz der Vorbereitung des additiven Fertigungsprozesses am Standort *x*
RKS^{Tran}_{xy}	[GE/ZE]	Ressourcenkostensatz des Transports zwischen Standort *x* und Standort *y*
s	[-]	Anzahl der berücksichtigten Standorte in der Ersatzteil-Supply-Chain
s'	[-]	Bestellpunkt der (s', S')-Lagerhaltungspolitik
s_i	[km]	Zuweisungsentfernung des Transportvorgangs *i* in Bezug auf die TOC
S	[-]	Stufe der
S'	[-]	Bestellniveau der (s', S')-Lagerhaltungspolitik
S^{BM}_{xy}	[-]	Servicelevel der Bestellmenge am Standort *x* der Variante *y*
SB^{Opt}_{xy}	[-]	Notwendiger Sicherheitsbestand am Standort *x* der Variante *y*
SW_{xy}	[-]	Schwellwert zur Berechnung des Sicherheitsbestands am Standort *x* für Variante *y*
t^{ε}_{xy}	[kg CO_2eq]	Emissionselement der Transportmatrix
$t^{\varepsilon}_{A_c;xy}$	[-]	Element der Aktivierungsmatrix der Transportemissionen
t^A_x	[ZE]	Zeitliche Inanspruchnahme der Auftragsabwicklung am Standort *x*
t^{Auft}_{xy}	[ZE]	Zeitliche Inanspruchnahme der Auftragsabwicklung am Standort *x* für die Variante *y*
t^{Betr}_x	[ZE]	Zeitliche Inanspruchnahme der Betriebsmittel am Standort *x*
t^{In}_{xy}	[ZE]	Zeitliche Inanspruchnahme der Produktion am Standort *x* der Variante *y*

Symbol	Einheit	Beschreibung
$t^{k}_{A_c;xy}$	[-]	Element der Aktivierungsmatrix des Transports
t^{k}_{xy}	[GE]	Kostenelement der Transportmatrix
t^{L}_{x}	[ZE]	Zeitliche Inanspruchnahme der Lagerhaltung am Standort x
t^{Lag}_{xy}	[ZE]	Durchschnittliche Lagerdauer am Standort x für die Variante y
t^{Pre}_{xy}	[ZE]	Zeitliche Inanspruchnahme der Vorbereitung am Standort x für die Variante y
T_{TCE}	[tkm]	Transportaktivität des Transportkettenelements
T_{TOC}	[tkm]	Transportaktivität der Transportvorgänge
$\boldsymbol{T}^{k}$	[-]	Kostenmatrix des Transports ($s \times s$-Matrix)
$\boldsymbol{T}^{k}_{A_c}$	[-]	Aktivierungsmatrix der Transportkosten für Konfiguration c ($s \times s$-Matrix)
V	[-]	Anzahl unterschiedlicher Ersatzteile bzw. Ersatzteilvarianten
zAB_{xy}	[-]	zusätzlicher Anfangsbestand am Standort x der Variante y

10 Abbildungsverzeichnis

11 Tabellenverzeichnis

12 Literaturverzeichnis

[3D 23a] 3D HUBS B.V.: *What is SLA 3D printing?,* 2023. Verfügbar: https://www.hubs.com/knowledge-base/what-is-sla-3d-printing/, [Zugriff: 25. Februar 2024].

[3D 23b] 3D HUBS B.V.: *What is SLS 3D printing?,* 2023. Verfügbar: https://www.hubs.com/knowledge-base/what-is-sls-3d-printing/, [Zugriff: 25. Februar 2024].

[ABE08] ABELE, E.; KUHN, S. & HUESKE, B.: *Overall Equipment Flexibility. Entwicklung einer Methodik zur Messung der Gesamtanlagenflexibilität für die spanende Fertigung*. In: ZWF Zeitschrift für wirtschaftlichen Fabrikbetrieb, Jg. 103(5), S. 322-327, 2008. DOI: 10.3139/104.101283.

[ADA92] ADAM, D.: *Planung und Entscheidung. Modelle - Ziele - Methoden.* 3., vollst. überarb. u. wesentl. erw. Aufl. Wiesbaden: Gabler Verlag, 1992. ISBN: 978-3-409-34613-9.

[ADA98] ADAM, D.: *Produktions-Management.* 9., überarb. Aufl. Wiesbaden: Gabler Verlag, 1998. ISBN: 978-3-663-01589-5.

[AFS19] AFSHARI, H.; JABER, M. & SEARCY, C.: *Investigating the effects of learning and forgetting on the feasibility of adopting additive manufacturing in supply chains*. In: Computers & Industrial Engineering, Jg. 128, S. 576-590, 2019. DOI: 10.1016/j.cie.2018.12.069.

[AFS20] AFSHARI, H.; SEARCY, C. & JABER, M.: *The Role of Eco-Innovation Drivers in Promoting Additive Manufacturing in Supply Chains*. In: International Journal of Production Economics, Jg. 223, 2020. DOI: 10.1016/j.ijpe.2019.107538.

[ALL14] ALL-PARTY PARLIAMENTARY SUSTAINABLE RESOURCE GROUP: *Remanufacturing. Towards a Resource Efficient Economy.* London, 2014.

[ALO19] ALOGLA, A.; BAUMERS, M. & TUCK, C.: *THE IMPACT OF ADOPTING ADDITIVE MANUFACTURING ON THE PERFORMANCE OF A RESPONSIVE SUPPLY CHAIN.* In: (Hrsg.) PAWAR, K.; POTTER, A.; ROGERS, H.; GLOCK, C.: *Supply chain networks vs platforms. Innovations, challenges and opportunities,* S. 14-22, Nottingham: Business School, 2019. ISBN: 978-0-85358-329-5.

[API17] APICS – THE ASSOCIATION FOR OPERATIONS MANAGEMENT: *SCOR. Supply Chain Operations Reference Model.* Version 12.0. Chicago, USA, 2017.

[APR12] APRA AUTOMOTIVE PARTS REMANUFACTURERS ASSOCIATION: *Remanufacturing Terminology. Remanufacturing Term Guideline,* 2012.

[APS13] Amazon Technologies, Inc.: *PROVIDING SERVICES RELATED TO ITEM DELIVERY VIA 3D MANUFACTURING ON DEMAND,* Erfinder: Linda Apsley; Colin Bodell; Jacob Danton; Scott Hayden; Saiprasad Kapila; Eric Lessard; Robert Uhl, Anmeldung: 08.11.2013. USA, USA US 2015/0052024 A1.

[ARN08] ARNOLD, D.; ISERMANN, H.; KUHN, A.; TEMPELMEIER, H. & FURMANS, K.: *Handbuch Logistik.* 3., neu bearb. Aufl. Berlin, Heidelberg: Springer Verlag, 2008. ISBN: 978-3-540-72928-0.

[ARN09] ARNOLD, D. & FURMANS, K.: *Materialfluss in Logistiksystemen.* 6., erw. Aufl. Berlin, Heidelberg: Springer Verlag, 2009. ISBN: 978-3-642-01404-8.

[ARN16] ARNOLDS, H.; HEEGE, F.; RÖH, C. & TUSSING, W.: *Materialwirtschaft und Einkauf. Grundlagen - Spezialthemen - Übungen.* 13., akt. u. überarb. Aufl. Wiesbaden: Springer Gabler Verlag, 2016. ISBN: 978-3-658-12627-8.

[ASH17] ASHOUR POUR, M.; ZANONI, S.; BACCHETTI, A.; ZANARDINI, M. & PERONA, M.: *Additive manufacturing impacts on a two-level supply chain.* In: International Journal of Systems Science: Operations and Logistics, Jg. 6(1), S. 1-14, 2017. DOI: 10.1080/23302674.2017.1340985.

[AUL12] AULL, F.: *Modell zur Ableitung effizienter Implementierungsstrategien für Lean-Production-Methoden.* Zugl.: München, Techn. Univ., Diss. München: Herbert Utz Verlag, 2012. Forschungsberichte IWB, Bd. 275. ISBN: 978-3-8316-4283-0.

[AUR03] AURICH, J.; BARBIAN, P. & WAGENKNECHT, C.: *Prozessmodule zur Gestaltung flexibilitätsgerechter Produktionssysteme.* In: ZWF Zeitschrift für wirtschaftlichen Fabrikbetrieb, Jg. 98(5), S. 214-218, 2003. DOI: 10.3139/104.100635.

[BAC20] BACHÉR, J.; DAMS, Y.; DUHOUX, T.; DENG, Y.; TEITTINEN, T. & FOGH MORTENSEN, L.: *Electronic products and obsolescence in a circular economy,* 2020. Eionet Report ETC/WMGE 2020/3.

[BAK00] BAKER, M.: *Writing a Literature Review.* In: The Marketing Review, Jg. 1(2), S. 219-247, 2000. DOI: 10.1362/1469347002529189.

[BAL13] BALDINGER, M.; LEUTENECKER, B. & RIPPEL, M.: *Strategische Relevanz generativer Fertigungsverfahren.* In: Industrie Management, Jg. 29(2), S. 11-14, 2013.

[BAL89] BALCI, O.: *How to assess the acceptability and credibility of simulation results.* In: (Hrsg.) MACNAIR, E.; MUSSELMAN, K.; HEIDELBERGER, P.: *Proceedings of the 1989 Winter Simulation Conference,* S. 62-71, New York: IEEE, 1989. ISBN: 0-911801-58-8.

[BAL98] BALCI, O.: *Verification, Validation and Testing.* In: (Hrsg.) BANKS, J.: *Handbook of simulation. Principles, methodology, advances, applications, and practice,* S. 335-396, New York u. a.: Wiley, 1998. ISBN: 0-471-13403-1.

[BAN06] BANKHOFER, U.: *Zur Standortplanung und -kontrolle im Rahmen des Supply Chain Managements,* 2006. Ilmenauer Beiträge zur Wirtschaftsinformatik, Nr. 2006-02.

[BAN08] BANGSOW, S.: *Fertigungssimulationen mit Plant Simulation und SimTalk. Anwendung und Programmierung mit Beispielen und Lösungen.* München, Wien: Carl Hanser Verlag, 2008. ISBN: 978-3-446-41490-7.

[BAN11] BANGSOW, S.: *Praxishandbuch Plant Simulation und SimTalk. Anwendung und Programmierung in über 150 Beispiel-Modellen.* München: Carl Hanser Verlag, 2011. ISBN: 978-3-446-42782-2.

[BAN14] BANKS, J.; CARSON II, J.; NELSON, B. & NICOL, D.: *Discrete-Event System Simulation.* 5. Ed. Harlow: Pearson, 2014. ISBN: 978-1-292-02437-0.

[BAN15] BANDARA, W.; FURTMUELLER, E.; GORBACHEVA, E.; MISKON, S. & BEEKHUYZEN, J.: *Achieving Rigor in Literature Reviews: Insights from Qualitative Data Analysis and Tool-Support.* In: Communications of the Association for Information Systems, Jg. 34, S. 154-204, 2015. DOI: 10.17705/1CAIS.03708.

[BAN20] BANDYOPADHYAY, A.; GUALTIERI, T.; HEER, B. & BOSE, S.: *Introduction to Additive Manufacturing.* In: (Hrsg.) BANDYOPADHYAY, A.; BOSE, S.: *Additive manufacturing.* 2. Ed., S. 1-24, Boca Raton, FL: CRC Press, 2020. ISBN: 978-1-138-60925-9.

[BAR16] BARZ, A.; BUER, T. & HAASIS, H.-D.: *Quantifying the effects of additive manufacturing on supply networks by means of a facility location-allocation model.* In: Logistics Research, Jg. 9(1), 2016. DOI: 10.1007/s12159-016-0140-0.

[BAR19] BARTH, L.; EHRAT, M. & FUCHS, R.: *Classifying Digital Twins: A Three-Dimensional Conceptual Reference Model.* In: (Hrsg.) MEIERHOFER, J.; WEST, S.: *2nd Smart Services Summit,* S. 22-30, 2019. ISBN: 978-3-033-07563-4.

[BAS19] BASTO, J.; FERREIRA, J.; ALCALA, S.; FRAZZON, E. & MONIZ, S.: *Optimal Design of Additive Manufacturing Supply Chains.* In: (Hrsg.) IEOM: *Proceedings of the International Conference on Industrial Engineering and Operations Management,* 2019. ISBN: 978-1-5323-5949-1.

[BAU02] BAUER, A.: *Lebenszyklusorientierte Optimierung von Instandhaltungssystemen für hochwertige Investitionsgüter.* Zugl.: Braunschweig, Techn. Univ., Diss., 2001. Aachen: Shaker Verlag, 2002. Schriftenreihe des IFU / Institut für Fabrikbetriebslehre und Unternehmensforschung, Technische Universität Carolo-Wilhelmina zu Braunschweig, Bd. 3. ISBN: 978-3-8322-0155-5.

[BAU18] BAUER, A. & SCHMIDT, T.: *Ersatzteillogistik.* In: (Hrsg.) KOETHER, R.: *Taschenbuch der Logistik.* 5., akt. Aufl., S. 461-470, München: Carl Hanser Verlag, 2018. ISBN: 978-3-446-45414-9.

[BAU20] BAUERNHANSL, T. & MIEHE, R.: *Industrielle Produktion - Historie, Treiber und Ausblick.* In: (Hrsg.) BAUERNHANSL, T.: *Fabrikbetriebslehre 1. Management in der Produktion,* S. 1-34, Berlin: Springer Vieweg Verlag, 2020. ISBN: 978-3-662-44537-2.

[BEC04] BECKMANN, H.: *Supply Chain Management: Grundlagen, Konzeption und Strategien.* In: (Hrsg.) BECKMANN, H.: *Supply Chain Management. Strategien und Entwicklungstendenzen in Spitzenunternehmen,* S. 1-98, Berlin: Springer Verlag, 2004. ISBN: 978-3-642-62089-8.

[BEC18] BECKER, T. & BECKER, T.: *Prozesse in Produktion und Supply Chain optimieren.* 3., neu bearb. u. erw. Aufl. Berlin: Springer Vieweg Verlag, 2018. ISBN: 978-3-662-49074-7.

[BEL05] BELLMANN, K.: *Flexibilisierung der Produktion durch Dienstleistungen.* In: (Hrsg.) KALUZA, B.; BLECKER, T.; BEHRENS, S.: *Erfolgsfaktor Flexibilität. Strategien und Konzepte für wandlungsfähige Unternehmen,* S. 153-174, Berlin: Erich Schmidt Verlag, 2005. ISBN: 3-503-08367-7.

[BER04] BERTSCHE, B. & LECHNER, G.: *Zuverlässigkeit im Fahrzeug- und Maschinenbau. Ermittlung von Bauteil- und System-Zuverlässigkeiten.* 3., überarb. u. erw. Aufl. Berlin, Heidelberg, New York: Springer Verlag, 2004. ISBN: 3-540-20871-2.

[BER14] BERTLING, J.; HIEBEL, M.; PFLAUM, H. & NÜHLEN, J.: *Arten und Entstehungstypen frühzeitiger Produktalterung - Entwicklung eines Obsoleszenz-Portfolios.* In: Umweltmagazin, Jg. 3, S. 60-65, 2014.

[BER17] BERGER, U.; HARTMANN, A. & SCHMID, D.: *3D-Druck - Additive Fertigungsverfahren. Rapid Prototyping, Rapid Tooling, Rapid Manufacturing.* 2. Aufl. Haan-Gruiten: Verlag Europa-Lehrmittel, 2017. ISBN: 978-3-8085-5034-2.

[BER68] BERTALANFFY, L.: *General System Theory. Foundations, Development, Applications.* New York: George Braziller, 1968.

[BEU11] BEUTELSPACHER, A. & ZSCHIEGNER, M.-A.: *Diskrete Mathematik für Einsteiger. Mit Anwendungen in Technik und Informatik.* 4., akt. Aufl. Wiesbaden: Vieweg+Teubner Verlag, 2011. ISBN: 978-3-8348-1248-3.

[BGH10] BGH BUNDESGERICHTSHOF: *Urteil Xa ZR 3/07,* 10. Juni 2010.

[BIE08] BIEDERMANN, H.: *Ersatzteilmanagement. Effiziente Ersatzteillogistik für Industrieunternehmen.* 2., erw. u. akt. Aufl. Berlin, Heidelberg: Springer Verlag, 2008. ISBN: 978-3-540-00850-7.

[BIE18] BIEDERMANN, L.: *Supply Chain Resilienz. Konzeptioneller Bezugsrahmen und Identifikation zukünftiger Erfolgsfaktoren.* Wiesbaden: Springer Gabler Verlag, 2018. ISBN: 978-3-658-23515-4.

[BIE95] BIEDERMANN, H.: *Ersatzteil-Logistik. Beschaffung - Disposition - Organisation.* Düsseldorf: VDI-Verlag, 1995. ISBN: 3-18-401303-0.

[BJØ18] BJØRN, A.; OWSIANIAK, M.; LAURENT, A.; OLSEN, S.; CORONA, A. & HAUSCHILD, M.: *Scope Definition.* In: (Hrsg.) HAUSCHILD, M.; ROSENBAUM, R.; OLSEN, S.: *Life Cycle Assessment. Theory and Practice,* S. 75-116, Cham: Springer Verlag, 2018. ISBN: 978-3-319-56474-6.

[BLI00] BLISS, C.: *Management von Komplexität. Ein integrierter, systemtheoretischer Ansatz zur Komplexitätsreduktion.* Wiesbaden: Gabler Verlag, 2000. Unternehmensführung und Marketing, Bd. 35. ISBN: 978-3-409-11558-2.

[BLO14] BLOECH, J.; BOGASCHEWSKY, R.; BUSCHER, U.; DAUB, A.; GÖTZE, U. & ROLAND, F.: *Einführung in die Produktion.* 7., korr. u. akt. Aufl. Berlin, Heidelberg: Springer Gabler Verlag, 2014. ISBN: 978-3-642-31892-4.

[BOG16] BOGERS, M.; HADAR, R. & BILBERG, A.: *Additive manufacturing for consumer-centric business models: Implications for supply chains in consumer goods manufacturing.* In: Technological Forecasting and Social Change, Jg. 102, S. 225-239, 2016. DOI: 10.1016/j.techfore.2015.07.024.

[BOH18] BOHNSTEDT, J.: *Vertragsrecht im Einkauf. Erfolgsfaktor im Supply Chain Risk Management (SCRM).* 3., überarb. Aufl. Wiesbaden: Springer Gabler Verlag, 2018. ISBN: 978-3-658-18665-4.

[BOO16] BOOTH, A.; SUTTON, A. & PAPAIOANNOU, D.: *Systematic Approaches to a Successful Literature Review.* 2. Ed. London u. a.: SAGE, 2016. ISBN: 978-1-4739-1245-8.

[BOR13a] BORSHCHEV, A.: *MULTI-METHOD MODELING.* In: (Hrsg.) PASUPATHY, R.; KIM, S.-H.; TOLK, A.; HILL, R., et al.: *Proceedings of the 2013 Winter Simulation Conference,* S. 4089-4100, Madison, Wis.: Omnipress, 2013. ISBN: 978-1-4799-2077-8.

[BOR13b] BORSHCHEV, A.: *The Big Book of Simulation Modeling. Multimethod Modeling with AnyLogic 6,* 2013. ISBN: 978-0-9895731-7-7.

[BOS89] BOSSEL, H.: *Simulation dynamischer Systeme. Grundwissen, Methoden, Programme.* Braunschweig, Wiesbaden: Friedrich Vieweg und Sohn Verlag, 1989. ISBN: 978-3-528-04746-7.

[BOS92] BOSSEL, H.: *Modellbildung und Simulation. Konzepte, Verfahren und Modelle zum Verhalten dynamischer Systeme.* Braunschweig, Wiesbaden: Friedrich Vieweg und Sohn Verlag, 1992. ISBN: 978-3-528-05242-3.

[BOT03] BOTHE, T.: *Planung und Steuerung der Ersatzteilversorgung nach Ende der Serienfertigung.* Zugl.: Braunschweig, Techn. Univ., Diss., 2003. Aachen: Shaker Verlag, 2003. Schriftenreihe des IFU, Bd. 7. ISBN: 978-3-8322-1739-6.

[BOX66] BOX, G.: *Use and Abuse of Regression.* In: Technometrics, Jg. 8(4), S. 625-629, 1966.

[BRA09] BRANDSTÄTTER, M.: *Kompatibilitätsmodellierung im Systems-Engineering Umfeld.* Zugl.: München, Techn. Univ., Diss. München, 2009.

[BRA18] BRACHT, U.; GECKLER, D. & WENZEL, S.: *Digitale Fabrik. Methoden und Praxisbeispiele.* 2., akt. u. erw. Aufl. Berlin: Springer Vieweg Verlag, 2018. ISBN: 978-3-662-55782-2.

[BRÄ19] BRÄUER, S. & STIEGER, A.: *End-of-Life-Strategien für Traktionsbatterien.* In: (Hrsg.) BECKER, J.; BEVERUNGEN, D.; WINTER, M.; MENNE, S.: *Umwidmung und Weiterverwendung von Traktionsbatterien. Szenarien, Dienstleistungen und Entscheidungsunterstützung,* S. 21-123, Wiesbaden: Springer Vieweg Verlag, 2019. ISBN: 978-3-658-21020-5.

[BRE13] BREUNINGER, J.; BECKER, R.; WOLF, A.; ROMMEL, S. & VERL, A.: *Generative Fertigung mit Kunststoffen. Konzeption und Konstruktion für Selektives Lasersintern.* Berlin: Springer Vieweg Verlag, 2013. ISBN: 978-3-642-24324-0.

[BRE21] BRENDEL, A.; TRANG, S.; MARRONE, M.; LICHTENBERG, S. & KOLBE, L.: *What to do for a Literature Review? - A Synthesis of Literature Review Practices.* In: (Hrsg.) Association for Information Systems: *A vision for the future. 26th Americas Conference on Information Systems (AMCIS 2020),* S. 1-11, Red Hook: Curran Associates, 2021. ISBN: 978-1-7138-2059-8.

[BRE97] BREIING, A. & KNOSALA, R.: *Bewerten technischer Systeme. Theoretische und methodische Grundlagen bewertungstechnischer Entscheidungshilfen.* Berlin, Heidelberg: Springer Verlag, 1997. ISBN: 978-3-642-63908-1.

[BRI21] BRITO, F.; JUNIOR, G.; FRAZZON, E.; Joao Pedro Tavares Vieira Basto & ALCALA, S.: *Design Approach for Additive Manufacturing in Spare Part Supply Chains.* In: IEEE Transactions on Industrial Informatics, Jg. 17(2), S. 757-765, 2021. DOI: 10.1109/TII.2020.3029541.

[BRI23] BRICKWEDE, S.: *3D-Druck schont Ressourcen.* In: (Hrsg.) in|pact media GmbH: *Mobilität der Zukunft. Technik, Trends, Innovationen,* S. 16, 2023.

[BRO11] BROSZE, T.: *Produktions- und Logistikmanagement im Unternehmen der Zukunft. Prozesse in Produktions- und Logistiknetzwerken planen und regeln.* In: UdZ - Unternehmen der Zukunft, Jg. 12(1), S. 6-9, 2011.

[BSI09] BSI BRITISH STANDARDS INSTITUTION: British Standard BS 8887-2 (2009): *Design for manufacture, assembly, disassembly and end-of-life processing (MADE). Part 2: Terms and definitions.* London: British Standards Institution, 2009.

[BUN13] BUNGARTZ, H.-J.; ZIMMER, S.; BUCHHOLZ, M. & PFLÜGER, D.: *Modellbildung und Simulation. Eine anwendungsorientierte Einführung.* 2., überarb. Aufl. Berlin: Springer Verlag, 2013. ISBN: 978-3-642-37656-6.

[BUR09] BURR, G.: *Führung dezentraler und teilautonomer Leistungseinheiten.* In: (Hrsg.) BULLINGER, H.-J.; SPATH, D.; WARNECKE, H.-J.; WESTKÄMPER, E.: *Handbuch Unternehmensorganisation. Strategien, Planung, Umsetzung.* 3., neu bearb. Aufl., S. 964-985, Berlin: Springer Verlag, 2009. ISBN: 978-3-540-72136-9.

[BUS04] BUSCH, A. & DANGELMAIER, W.: *Integriertes Supply Chain Management - ein koordinationsorientierter Uberblick.* In: (Hrsg.) BUSCH, A.; DANGELMAIER, W.: *Integriertes Supply Chain Management. Theorie und Praxis effektiver unternehmensübergreifender Geschäftsprozesse.* 2. Aufl., S. 1-24, Wiesbaden: Gabler Verlag, 2004. ISBN: 978-3-409-21958-7.

[CAV17] CAVIEZEL, C.; GRÜNWALD, R.; EHRENBERG-SILIES, S.; KIND, S.; JETZKE, T. & BOVENSCHULTE, M.: *Additive Fertigungsverfahren (3-D-Druck). Innovationsanalyse.* Berlin, 2017. Arbeitsbericht Nr. 175.

[CES19] CESTANA, A.; PASTORE, E.; ALFIERI, A. & MATTA, A.: *Reducing resupply time with additive manufacturing in spare part supply chain.* In: IFAC-PapersOnLine, Jg. 52(13), S. 577-582, 2019. DOI: 10.1016/j.ifacol.2019.11.220.

[CHI16] CHIU, M.-C. & LIN, Y.-H.: *Simulation based method considering design for additive manufacturing and supply chain. An empirical study of lamp industry.* In: Industrial Management & Data Systems, Jg. 116(2), S. 322-348, 2016. DOI: 10.1108/IMDS-07-2015-0266.

[CHU18] CHUNG, B.; KIM, S. & LEE, J.: *Dynamic Supply Chain Design and Operations Plan for Connected Smart Factories with Additive Manufacturing.* In: Applied Sciences, Jg. 8(4), S. 583, 2018. DOI: 10.3390/app8040583.

[CLA21] CLARIVATE: *Web of Science platform: Web of Science: Summary of Coverage,* 2021. Verfügbar: https://clarivate.com/products/scientific-and-academic-research/research-discovery-and-workflow-solutions/web-of-science/web-of-science-core-collection/, [Zugriff: 4. Januar 2023].

[COK18] COKYASAR, T.; KOSE, H.; DONG, W.; LI, X.; JIN, M. & LI, W.: *An agent-based simulation model for optimization of spare parts sourcing with additive manufacturing.* In: IISE Annual Conference and Expo 2018, S. 1902-1907, 2018.

[COO16] COOPER, T.: *The Significance of Product Longevity.* In: (Hrsg.) COOPER, T.: *Longer Lasting Products. Alternatives to the Throwaway Society,* London, New York: Routledge, 2016. ISBN: 978-0-566-08808-7.

[COO88] COOPER, H.: *Organizing knowledge syntheses: A taxonomy of literature reviews.* In: Knowledge in Society, Jg. 1(1), S. 104-126, 1988. DOI: 10.1007/BF03177550.

[COR04] CORSTEN, D. & GABRIEL, C.: *Supply Chain Management erfolgreich umsetzen. Grundlagen, Realisierung und Fallstudien.* 2., verb. Aufl. Berlin, Heidelberg: Springer Verlag, 2004. ISBN: 978-3-642-62340-0.

[COR17] CORDES, A.-K. & HELLINGRATH, B.: *Prozesse, Prognose und Planung in Ersatzteil-Supply-Chains für die zustandsorientierte Instandhaltung.* Berlin: Logos Verlag, 2017. Advances in Information Systems and Management Science, Bd. 59. ISBN: 978-3-8325-4672-4.

[COY96] COYLE, R.: *System Dynamics Modelling. A practical approach.* London: Chapman & Hall, 1996. ISBN: 978-0-412-61710-2.

[DAI24] DAIMLER TRUCK AG: *Die Komplettlösung für die additive Transformation in Ihrem Unternehmen,* 2024. Verfügbar: https://ams.buses.daimlertruck.com/de/, [Zugriff: 25. Februar 2024].

[DAN04] DANGELMAIER, W.; PAPE, U. & RÜTHER, M.: *Agentensysteme für das Supply Chain Management. Grundlagen - Konzepte - Anwendungen.* Wiesbaden: Deutscher Universitäts-Verlag, 2004. ISBN: 978-3-8244-2180-0.

[DAN09] DANGELMAIER, W.: *Theorie der Produktionsplanung und -steuerung. Im Sommer keine Kirschpralinen?* Berlin, Heidelberg: Springer Verlag, 2009. ISBN: 978-3-642-00632-6.

[DAN17] DANGELMAIER, W.: *Produktionstheorie 1. Methodische Grundlagen.* Berlin: Springer Vieweg Verlag, 2017. ISBN: 978-3-662-54922-3.

[DAV19] DAVIS, E.; ECKHAUSE, J.; PETERSON, D. & VOLOVOI, V.: *An Analytics Framework for Structuring 3D Printing Deployment Decisions.* In: (Hrsg.) IEEE Institute of Electrical and Electronics Engineers: *2019 Annual Reliability and Maintainability Symposium (RAMS),* S. 1-6: IEEE, 2019. ISBN: 978-1-5386-6554-1.

[DEC10] DECKERT, A. & KLEIN, R.: *Agentenbasierte Simulation zur Analyse und Lösung betriebswirtschaftlicher Entscheidungsprobleme.* In: Journal für Betriebswirtschaft, Jg. 60(2), S. 89-125, 2010. DOI: 10.1007/s11301-010-0058-6.

[DEI11] DEINDL, M. & TILLY, M.: *Arbeiten im Smart-Objects-Innovation-Lab. Neue Wege der intelligenten Kombination betrieblicher Objekte mit Informationstechnologien.* In: UdZ - Unternehmen der Zukunft, Jg. 12(2), S. 12-15, 2011.

[DEU12] DEUTSCHER BUNDESTAG: *Gesetz zur Förderung der Kreislaufwirtschaft und Sicherung der umweltverträglichen Bewirtschaftung von Abfällen. Kreislaufwirtschaftsgesetz - KrWG.* In: BGBl I, Jg. 2012(Teil I Nr. 10), S. 212-264, 2012.

[DEU98] DEUTSCHER BUNDESTAG: *Drucksache des Deutschen Bundestages 13/11200. Abschlußbericht der Enquete-Kommission "Schutz des Menschen und der Umwelt - Ziele und Rahmenbedingungen einer nachhaltig zukunftsverträglichen Entwicklung".* Konzept Nachhaltigkeit. Vom Leitbild zur Umsetzung. Bonn, 1998. Drucksache.

[DIN06] DIN DEUTSCHES INSTITUT FÜR NORMUNG E. V.: DIN EN 14943 (03/2006): *Transportdienstleistungen – Logistik – Glossar; Deutsche Fassung EN 14943:2005.* Berlin: Beuth Verlag, 2006.

[DIN10] DIN DEUTSCHES INSTITUT FÜR NORMUNG E. V.: DIN SPEC 1001 (03/2010): *Lager- und Transportlogistik – Standardisierte Leistungsdefinition und -bewertung in der Angebotsphase.* Berlin: Beuth Verlag, 2010.

[DIN14] DIN DEUTSCHES INSTITUT FÜR NORMUNG E. V.: DIN IEC 60050-351 (09/2014): *Internationales Elektrotechnisches Wörterbuch – Teil 351: Leittechnik (IEC 60050-351:2013).* Berlin: Beuth Verlag, 2014.

[DIN15] DIN DEUTSCHES INSTITUT FÜR NORMUNG E. V.: DIN EN ISO 9000 (11/2015): *Qualitätsmanagementsysteme – Grundlagen und Begriffe (ISO 9000:2015); Deutsche und Englische Fassung EN ISO 9000:2015.* Berlin: Beuth Verlag, 2015.

[DIN16a] DIN DEUTSCHES INSTITUT FÜR NORMUNG E. V.: DIN EN ISO 17296-2 (12/2016): *Additive Fertigung – Grundlagen – Teil 2: Überblick über Prozesskategorien und Ausgangswerkstoffe (ISO 17296-2:2015); Deutsche Fassung EN ISO 17296-2:2016.* Berlin: Beuth Verlag, 2016.

[DIN16b] DIN DEUTSCHES INSTITUT FÜR NORMUNG E. V.: DIN EN ISO 17296-4 (12/2016): *Additive Fertigung – Grundlagen – Teil 4: Überblick über die Datenverarbeitung (ISO 17296-4:2014); Deutsche Fassung EN ISO 17296-4:2016.* Berlin: Beuth Verlag, 2016.

[DIN17] DIN DEUTSCHES INSTITUT FÜR NORMUNG E. V.: DIN EN ISO/ASTM 52900 (06/2017): *Additive Fertigung – Grundlagen – Terminologie (ISO/ASTM 52900:2015); Deutsche Fassung EN ISO/ASTM 52900:2017.* Berlin: Beuth Verlag, 2017.

[DIN18a] DIN DEUTSCHES INSTITUT FÜR NORMUNG E. V.: DIN EN 13306 (02/2018): *Instandhaltung – Begriffe der Instandhaltung; Dreisprachige Fassung EN 13306:2017.* Berlin: Beuth Verlag, 2018.

[DIN18b] DIN DEUTSCHES INSTITUT FÜR NORMUNG E. V.: DIN EN ISO/ASTM 52900 (Entwurf) (06/2018): *Additive Fertigung – Grundlagen – Terminologie (ISO/ASTM DIS 52900:2018); Deutsche und Englische Fassung prEN ISO/ASTM 52900:2018.* Berlin: Beuth Verlag, 2018.

[DIN18c] DIN DEUTSCHES INSTITUT FÜR NORMUNG E. V.: DIN EN ISO/ASTM 52901 (12/2018): *Additive Fertigung – Grundlagen – Anforderungen an erworbene additiv gefertigte Bauteile (ISO/ASTM 52901:2017); Deutsche Fassung EN ISO/ASTM 52901:2018.* Berlin: Beuth Verlag, 2018.

[DIN19a] DIN DEUTSCHES INSTITUT FÜR NORMUNG E. V.: DIN EN ISO 14067 (02/2019): *Treibhausgase – Carbon Footprint von Produkten – Anforderungen an und Leitlinien für Quantifizierung (ISO 14067:2018); Deutsche und Englische Fassung EN ISO 14067:2018.* Berlin: Beuth Verlag, 2019.

[DIN19b] DIN DEUTSCHES INSTITUT FÜR NORMUNG E. V.: DIN 31051 (06/2019): *Grundlagen der Instandhaltung.* Berlin: Beuth Verlag, 2019.

[DIN19c] DIN DEUTSCHES INSTITUT FÜR NORMUNG E. V.: DIN EN ISO 14064-1 (06/2019): *Treibhausgase – Teil 1: Spezifikation mit Anleitung zur quantitativen Bestimmung und Berichterstattung von Treibhausgasemissionen und Entzug von Treibhausgasen auf Organisationsebene (ISO 14064-1:2018); Deutsche und Englische Fassung EN ISO 14064-1:2018.* Berlin: Beuth Verlag, 2019.

[DIN19d] DIN DEUTSCHES INSTITUT FÜR NORMUNG E. V.: DIN SPEC 170711 (12/2019): *Additive Fertigung – Anforderungen an qualitätsgesicherte Prozesse für additive Fertigungszentren.* Berlin: Beuth Verlag, 2019.

[DIN20] DIN DEUTSCHES INSTITUT FÜR NORMUNG E. V.: DIN EN 45554 (10/2020): *Allgemeine Verfahren zur Bewertung der Reparier-, Wiederverwend- und Upgradebarkeit energieverbrauchsrelevanter Produkte; Deutsche Fassung EN 45554:2020.* Berlin: Beuth Verlag, 2020.

[DIN21] DIN DEUTSCHES INSTITUT FÜR NORMUNG E. V.: DIN EN ISO 14040 (02/2021): *Umweltmanagement - Ökobilanz - Grundsätze und Rahmenbedingungen (ISO 14040:2006 + Amd 1:2020); Deutsche Fassung EN ISO 14040:2006 + A1:2020.* Berlin: Beuth Verlag, 2021.

[DIN22a] DIN DEUTSCHES INSTITUT FÜR NORMUNG E. V.: DIN EN ISO 14083 (Entwurf) (03/2022): *Treibhausgase – Quantifizierung und Berichterstattung über Treibhausgasemissionen von Transportvorgängen (ISO/DIS 14083:2022); Deutsche und Englische Fassung prEN ISO 14083:2022.* Berlin: Beuth Verlag, 2022.

[DIN22b] DIN DEUTSCHES INSTITUT FÜR NORMUNG E. V.: DIN 8580 (12/2022): *Fertigungsverfahren - Begriffe, Einteilung.* Berlin: Beuth Verlag, 2022.

[DIN23] DIN DEUTSCHES INSTITUT FÜR NORMUNG E. V.: DIN SPEC 91472 (06/2023): *Remanufacturing (Reman) – Qualitätsklassifizierung für zirkuläre Prozesse.* Berlin: Beuth Verlag, 2023.

[DIN76] DIN DEUTSCHES INSTITUT FÜR NORMUNG E. V.: DIN 24420-1 (09/1976): *Ersatzteillisten. Allgemeines.* Berlin: Beuth Verlag, 1976.

[DIN85] DIN DEUTSCHES INSTITUT FÜR NORMUNG E. V.: DIN 31051 (01/1985): *Instandhaltung. Begriffe und Maßnahmen.* Berlin: Beuth Verlag, 1985.

[DIN89a] DIN DEUTSCHES INSTITUT FÜR NORMUNG E. V.: DIN 30781 Teil 1 (05/1989): *Transportkette. Grundbegriffe.* Berlin: Beuth Verlag, 1989.

[DIN89b] DIN DEUTSCHES INSTITUT FÜR NORMUNG E. V.: DIN 30781 Teil 2 (05/1989): *Transportkette. Systematik der Transportmittel und Transportwege.* Berlin: Beuth Verlag, 1989.

[DIR20] DIRCKSEN, M. & FELDMANN, C.: *Holistic evaluation of the impacts of additive manufacturing on sustainability, distribution costs, and time in global supply chains.* In: Transportation Research Procedia, Jg. 48, S. 2140-2165, 2020. DOI: 10.1016/j.trpro.2020.08.272.

[DIT02] DITTMER, G.: *Rationales Management. Komplexität methodisch meistern.* Berlin: Springer Verlag, 2002. ISBN: 978-3-642-62680-7.

[DIT95] DITTMER, G.: *Managen mit Methode. Instrumente für individuelle Lösungen.* Wiesbaden: Gabler Verlag, 1995. ISBN: 978-3-663-05929-5.

[DOB12] DOBHAN, A.: *Internal Supply Chain Management. Entwicklung und experimentelle Analyse hybrider Losgrößenplanungsverfahren.* Zugl.: Bamberg, Univ., Diss., 2012. Bamberg: University of Bamberg Press, 2012. Schriftenreihe Logistik und Supply Chain Management, Bd. 7. ISBN: 978-3-86309-124-8.

[DOM01] DOMBROWSKI, U. & BOTHE, T.: *Ersatzteilmanagement. Strategien für die Ersatzteilversorgung nach Ende der Serienproduktion.* In: wt Werkstattstechnik online, Jg. 91(12), S. 792-796, 2001.

[DOM04] DOMBROWSKI, U.; OTANO, C. & WREHDE, J.: *Ersatzteilmanagement in der industriellen Praxis. Vergangenheitsbewältigung und Zukunftsgestaltung,* 2004. VDI-Berichte.

[DOM05a] DOMBROWSKI, U.; HORATZEK, S. & WREHDE, J.: *Der Weg zu einem lebenszyklusorientierten Ersatzteilmanagement. Teil I: Zukunftsgestaltung.* In: ZWF Zeitschrift für wirtschaftlichen Fabrikbetrieb, Jg. 100(3), S. 125-129, 2005.

[DOM05b] DOMBROWSKI, U.; HORATZEK, S. & WREHDE, J.: *Der Weg zu einem lebenszyklusorientierten Ersatzteilmanagement. Teil II: Vergangenheitsbewältigung.* In: ZWF Zeitschrift für wirtschaftlichen Fabrikbetrieb, Jg. 100(4), S. 197-201, 2005.

[DOM06] DOMBROWSKI, U.; PALLUCK, M. & SCHMIDT, S.: *Strukturelle Analyse Ganzheitlicher Produktionssysteme.* In: ZWF Zeitschrift für wirtschaftlichen Fabrikbetrieb, Jg. 101(3), S. 114-118, 2006. DOI: 10.3139/104.101002.

[DOM07] DOMBROWSKI, U. & QUANTSCHNIG, M.: *Potential der lebenszyklusorientierten Planung im Ersatzteilmanagement.* In: wt Werkstattstechnik online, Jg. 97(7/8), S. 567-571, 2007.

[DOM08] DOMBROWSKI, U. & SCHULZE, S.: *Lebenszyklusorientiertes Ersatzteilmanagement – Neue Herausforderungen durch innovationsstarke Bauteile in langlebigen Primärprodukten.* In: (Hrsg.) NYHUIS, P.: *Beiträge zu einer Theorie der Logistik,* S. 439-462, Berlin, Heidelberg: Springer Verlag, 2008. ISBN: 978-3-540-75642-2.

[DOM14] DOMBROWSKI, U.; MALORNY, C. & ENGEL, C.: *Erfolgreich im Ersatzteilmanagement durch Anwendung additiver Fertigungsverfahren.* In: ZWF Zeitschrift für wirtschaftlichen Fabrikbetrieb, Jg. 109(9), S. 621-624, 2014.

[DOM15] DOMSCHKE, W.; DREXL, A.; KLEIN, R. & SCHOLL, A.: *Einführung in Operations Research.* 9., überarb. u. verb. Aufl. Berlin: Springer Gabler Verlag, 2015. ISBN: 978-3-662-48215-5.

[DOM18] DOMSCHKE, W.; DREXL, A.; MAYER, G. & TADUMADZE, G.: *Betriebliche Standortplanung.* In: (Hrsg.) TEMPELMEIER, H.: *Planung logistischer Systeme,* S. 1-24, Berlin: Springer Vieweg Verlag, 2018. ISBN: 978-3-662-57781-3.

[DOM20] DOMBROWSKI, U.; MALORNY, C.; KOLSHORN, R. & BLÖCKER, T.: *Teiledienst.* In: (Hrsg.) DOMBROWSKI, U.; FOCHLER, S.; MALORNY, C.: *After Sales Service. Zukunftsfähig und prozessorientiert gestalten,* S. 35-124, Berlin: Springer Vieweg Verlag, 2020. ISBN: 978-3-662-62324-4.

[DRE19] DREWS, T.: *Zieldeterminierte Gestaltung von Produktionssystemen.* Zugl.: Bayreuth, Univ., Diss., 2019. Düren: Shaker Verlag, 2019. Fortschritte in Konstruktion und Produktion, Bd. 44. ISBN: 978-3-8440-6671-5.

[DRE81] DREGER, W.: *Ersatzteil-Bedarfsplanung und Bewirtschaftung. Teil 1: Ersatzteil-Bedarfs-Planung (EBP).* In: Werkstattblatt, Jg. (807), S. 1-8, 1981.

[DRI14] DRIESSEN, M.; ARTS, J.; VAN HOUTUM, G.-J.; RUSTENBURG, J. & HUISMAN, B.: *Maintenance spare parts planning and control: a framework for control and agenda for future research.* In: Production Planning & Control, Jg. 26(5), S. 407-426, 2014. DOI: 10.1080/09537287.2014.907586.

[DUF12] DUFLOU, J.; SUTHERLAND, J.; DORNFELD, D.; HERRMANN, C.; JESWIET, J.; KARA, S.; HAUSCHILD, M. & KELLENS, K.: *Towards energy and resource efficient manufacturing: A processes and systems approach.* In: CIRP Annals - Manufacturing Technology, Jg. 61(2), S. 587-609, 2012. DOI: 10.1016/j.cirp.2012.05.002.

[DUN14] DUNKE, F.; NECIL, J. & NICKEL, S.: *Online-Optimierung und Simulation in der Logistik.* In: (Hrsg.) LÜBBECKE, M.; WEILER, A.; WERNERS, B.: *Zukunftsperspektiven des Operations Research. Erfolgreicher Einsatz und Potenziale,* S. 33-48, Wiesbaden: Springer Gabler Verlag, 2014. ISBN: 978-3-658-05706-0.

[DYC06] DYCKHOFF, H.: *Produktionstheorie. Grundzüge industrieller Produktionswirtschaft.* 5., überarb. Aufl. Berlin, Heidelberg, New York: Springer Verlag, 2006. ISBN: 978-3-540-32600-7.

[DYC07] DYCKHOFF, H. & SPENGLER, T.: *Produktionswirtschaft. Eine Einführung für Wirtschaftsingenieure.* 2., verb. Aufl. Berlin, Heidelberg, New York: Springer Verlag, 2007. ISBN: 978-3-540-72217-5.

[ECK14] ECKERT, R.: *Business Model Prototyping. Geschäftsmodellentwicklung im Hyperwettbewerb. Strategische Überlegenheit als Ziel.* Wiesbaden: Springer Gabler Verlag, 2014. ISBN: 978-3-658-06107-4.

[ECO24] ECOINVENT: *ecoinvent Database,* 2024. Verfügbar: https://ecoinvent.org/the-ecoinvent-database/, [Zugriff: 25. Februar 2024].

[EIC05] EICHHORN, P.: *Das Prinzip Wirtschaftlichkeit. Basiswissen der Betriebswirtschaftslehre.* 3., überarb. u. erw. Aufl. Wiesbaden: Gabler Verlag, 2005. ISBN: 978-3-409-31575-3.

[EID95] EIDENMÜLLER, B.: *Die Produktion als Wettbewerbsfaktor. Das Potential der Mitarbeiter nutzen - Herausforderungen an das Produktionsmanagement.* 3., neu bearb. und erw. Aufl. Köln: Verlag TÜV Rheinland, 1995. ISBN: 978-3-8249-0181-4.

[ELE12] ELEY, M.: *Simulation in der Logistik. Eine Einführung in die Erstellung ereignisdiskreter Modelle unter Verwendung des Werkzeuges "Plant Simulation".* Berlin: Springer Gabler Verlag, 2012. ISBN: 978-3-642-27372-8.

[ELL13] ELLEN MACARTHUR FOUNDATION: *Towards the Circular Economy Vol. 1. Economic and business rationale for an accelerated transition,* 2013.

[ELS21a] ELSEVIER: *ScienceDirect. Elsevier's premier platform of peer-reviewed literature,* 2021. Verfügbar: https://www.elsevier.com/solutions/sciencedirect, [Zugriff: 4. Januar 2023].

[ELS21b] ELSEVIER: *Scopus. Expertly curated abstract & citation database,* 2021. Verfügbar: https://www.elsevier.com/solutions/scopus, [Zugriff: 4. Januar 2023].

[EME19] EMELOGU, A.; CHOWDHURY, S.; MARUFUZZAMAN, M. & BIAN, L.: *Distributed or centralized? A novel supply chain configuration of additively manufactured biomedical implants for southeastern US States.* In: CIRP Journal of Manufacturing Science and Technology, Jg. 24, S. 17-34, 2019. DOI: 10.1016/j.cirpj.2018.12.001.

[EOS14] EOS GMBH ELECTRO OPTICAL SYSTEMS: *EOS P 396 Basic training. Training manual,* 2014.

[EOS17] EOS GMBH ELECTRO OPTICAL SYSTEMS: *Parameter sheet. Machine, software and material parameters FORMIGA P 100 / PSW 3.3 FORMIGA P 110, EOSINT P 395, EOSINT P 800 / PSW 3.6 EOSINT P 760, EOSINT P 800 / PSW 3.7 EOS P 396, EOSINT P 760, EOS P 770, EOSINT P 800, EOS P 800 / PSW 3.8,* 2017.

[EOS22a] EOS GMBH ELECTRO OPTICAL SYSTEMS: *EOS P 396. Integrierbar in Industrie 4.0-Umgebungen Herstellung qualitativ hochwertiger Teile,* 2022.

[EOS22b] EOS GMBH ELECTRO OPTICAL SYSTEMS: *EOS-Werkstoffe Kunststoff. Technische Daten,* 2022.

[ERL20] ERLACH, K.: *Wertstromdesign. Der Weg zur schlanken Fabrik.* 3. Aufl. Berlin: Springer Vieweg Verlag, 2020. ISBN: 978-3-662-58906-9.

[EUR03] EUROPÄISCHE KOMMISSION: *Empfehlung der Kommission vom 6. Mai 2003 betreffend die Definition der Kleinstunternehmen sowie der kleinen und mittleren Unternehmen. 2003/361/EG.* In: Amtsblatt der Europäischen Union, Jg. 46(L 124), S. 36-41, 20. Mai 2003.

[EUR11] EUROCONTROL EUROPEAN ORGANISATION FOR THE SAFETY OF AIR NAVIGATION: *Study into the impact of the global economic crisis on airframe utilisation,* 2011.

[EUR18] EUROPÄISCHES PARLAMENT UND RAT DER EUROPÄISCHEN UNION: *VERORDNUNG (EU) 2018/858 DES EUROPÄISCHEN PARLAMENTS UND DES RATES vom 30. Mai 2018 über die Genehmigung und die Marktüberwachung von Kraftfahrzeugen und Kraftfahrzeuganhängern sowie von Systemen, Bauteilen und selbstständigen technischen Einheiten für diese Fahrzeuge, zur Änderung der Verordnungen (EG) Nr. 715/2007 und (EG) Nr. 595/2009 und zur Aufhebung der Richtlinie 2007/46/EG.* In: Amtsblatt der Europäischen Union, Jg. 61(L 151), S. 1-218, 2018.

[EUR19a] EUROPÄISCHE KOMMISSION: *MITTEILUNG DER KOMMISSION AN DAS EUROPÄISCHE PARLAMENT, DEN EUROPÄISCHEN RAT, DEN RAT, DEN EUROPÄISCHEN WIRTSCHAFTS- UND SOZIALAUSSCHUSS UND DEN AUSSCHUSS DER REGIONEN. Der europäische Grüne Deal,* 2019.

[EUR19b] EUROPÄISCHE KOMMISSION: *VERORDNUNG (EU) 2019/2023 DER KOMMISSION vom 1. Oktober 2019 zur Festlegung von Ökodesign-Anforderungen an Haushaltswaschmaschinen und Haushaltswaschtrockner gemäß der Richtlinie 2009/125/EG des Europäischen Parlaments und des Rates, zur Änderung der Verordnung (EG) Nr. 1275/2008 der Kommission und zur Aufhebung der Verordnung (EU) Nr. 1015/2010 der Kommission*, Jg. 62(L315), S. 285-312, 2019.

[EUR20a] EUROPÄISCHE KOMMISSION: *COMMISSION STAFF WORKING DOCUMENT. Leading the way to a global circular economy: state of play and outlook.* Brussels, 2020.

[EUR20b] EUROPÄISCHES PARLAMENT UND RAT DER EUROPÄISCHEN UNION: *VERORDNUNG (EU) 2020/852 DES EUROPÄISCHEN PARLAMENTS UND DES RATES vom 18. Juni 2020 über die Einrichtung eines Rahmens zur Erleichterung nachhaltiger Investitionen und zur Änderung der Verordnung (EU) 2019/2088.* In: Amtsblatt der Europäischen Union, Jg. 63(L 198), S. 13-43, 2020.

[EUR20c] EUROPÄISCHE KOMMISSION: *MITTEILUNG DER KOMMISSION AN DAS EUROPÄISCHE PARLAMENT, DEN RAT, DEN EUROPÄISCHEN WIRTSCHAFTS- UND SOZIALAUSSCHUSS UND DEN AUSSCHUSS DER REGIONEN. Ein neuer Aktionsplan für die Kreislaufwirtschaft Für ein saubereres und wettbewerbsfähigeres Europa.* Brüssel, 2020.

[EUR22a] EUROPÄISCHE KOMMISSION: *MITTEILUNG DER KOMMISSION. Arbeitsprogramm für Ökodesign und Energieverbrauchskennzeichnung 2022-2024.* In: Amtsblatt der Europäischen Union, Jg. 65(C 182), S. 1-12, 2022.

[EUR22b] EUROPÄISCHE KOMMISSION: *Vorschlag für eine VERORDNUNG DES EUROPÄISCHEN PARLAMENTS UND DES RATES zur Schaffung eines Rahmens für die Festlegung von Ökodesign-Anforderungen für nachhaltige Produkte und zur Aufhebung der Richtlinie 2009/125/EG.* Brüssel, 2022.

[EUR22c] EUROPEAN COMMISSION: *COMMISSION STAFF WORKING DOCUMENT IMPACT ASSESSMENT. Accompanying the document Proposal for a Regulation of the European Parliament and of the Council establishing a framework for setting ecodesign requirements for sustainable products and repealing Directive 2009/125/EC.* Brussels, 2022.

[EUR23] EUROPÄISCHE KOMMISSION: *Vorschlag für eine RICHTLINIE DES EUROPÄISCHEN PARLAMENTS UND DES RATES über gemeinsame Vorschriften zur Förderung der Reparatur von Waren und zur Änderung der Verordnung (EU) 2017/2394 und der Richtlinien (EU) 2019/771 und (EU) 2020/1828,* 2023.

[EUR24a] EUROPÄISCHE KOMMISSION: *Kommission begrüßt politische Einigung über neue Verbraucherrechte für einfache und günstige Reparaturen.* Brüssel, 2024.

[EUR24b] EUROPEAN COMMISSION: *Access2Markets. My Trade Assistant,* 2024. Verfügbar: https://trade.ec.europa.eu/access-to-markets/en/home#my-trade-assistant, [Zugriff: 25. Februar 2024].

[EVE95] EVERSHEIM, W.: *Prozeßorientierte Unternehmensorganisation. Konzepte und Methoden zur Gestaltung „schlanker" Organisationen.* Berlin, Heidelberg: Springer Verlag, 1995. ISBN: 978-3-642-97835-7.

[EVE96a] EVERSHEIM, W.: *Organisation in der Produktionstechnik.* 3., neu bearb. und erw. Aufl. Düsseldorf: VDI-Verlag, 1996. ISBN: 3-18-401542-4.

[EVE96b] EVERSHEIM, W.; MAßBERG, W. & PRITSCHOW, G.: *Prozeßgestaltung.* In: (Hrsg.) EVERSHEIM, W.; SCHUH, G.: *Hütte. Produktion und Management; Betriebshütte.* 7., völlig neu bearb. Aufl., 7-73–7-123, Berlin: Springer Verlag, 1996. ISBN: 978-3-642-87948-7.

[FAN91] FANDEL, G.: *Produktion I. Produktions- und Kostentheorie.* 3., neu berarb. Aufl. Berlin, Heidelberg: Springer Verlag, 1991. ISBN: 3-540-53526-8.

[FAU09] FAUST, P.: *Lean Supply Chains. Der Kunde als Taktgeber.* In: ZWF Zeitschrift für wirtschaftlichen Fabrikbetrieb, Jg. 104(4), S. 235-241, 2009.

[FEC20] FECHTER, M. & DIETZ, T.: *Bewertung der Wandlungsfähigkeit eines Produktionssystems.* In: (Hrsg.) BAUERNHANSL, T.; FECHTER, M.; DIETZ, T.: *Entwicklung, Aufbau und Demonstration einer wandlungsfähigen (Fahrzeug-) Forschungsproduktion,* S. 11-17, Berlin: Springer Vieweg Verlag, 2020. ISBN: 978-3-662-60490-8.

[FEL13] FELDHUSEN, J. & GROTE, K.-H.: *Funktionszusammenhang.* In: (Hrsg.) FELDHUSEN, J.; GROTE, K.-H.: *Pahl/Beitz Konstruktionslehre. Methoden und Anwendung erfolgreicher Produktentwicklung.*

8., vollst. überarb. Aufl., S. 242-246, Berlin: Springer Vieweg Verlag, 2013. ISBN: 978-3-642-29568-3.

[FEL16] FELDMANN, C. & PUMPE, A.: *3D-Druck – Verfahrensauswahl und Wirtschaftlichkeit. Entscheidungsunterstützung für Unternehmen.* Wiesbaden: Springer Gabler Verlag, 2016. ISBN: 978-3-658-15195-9.

[FEL17] FELDMANN, C. & GORJ, A.: *3D-Druck und Lean Production. Schlanke Produktionssysteme mit additiver Fertigung.* Wiesbaden: Springer Gabler Verlag, 2017. ISBN: 978-3-658-18407-0.

[FEL19] FELDMANN, C.; SCHULZ, C. & FERNSTRÖNING, S.: *Digitale Geschäftsmodell-Innovationen mit 3D-Druck. Erfolgreich entwickeln und umsetzen.* Wiesbaden: Springer Gabler Verlag, 2019. ISBN: 978-3-658-25161-1.

[FIN01] FINK, A.; SCHLAKE, O. & SIEBE, A.: *Erfolg durch Szenario-Management. Prinzip und Werkzeuge der strategischen Vorausschau.* Frankfurt/Main: Campus Verlag, 2001. ISBN: 978-3-593-36714-9.

[FIN10] FINKE, Y.: *Kostenoptimale Produktions- und Bevorratungsstrategie nach End of Production (EOP). Sachbericht IGF-Forschungsvorhaben (Fördernr. 15697 N/1).* Dortmund, 2010.

[FIN14] FINK, A.: *Conducting Research Literature Reviews. From the Internet to Paper.* 4. Ed. Los Angeles u. a.: SAGE, 2014. ISBN: 978-1-4522-5949-9.

[FIN15] FINKE, Y.: *Schlussbericht zu dem IGF Vorhaben Entwicklung einer Systematik zur Strategiewahl durch multivariate Analyseverfahren in der Nachserienversorgung (NSV) von Elektronikbaugruppen.* Dortmund, 2015.

[FIS01] FISHMAN, G.: *Discrete-Event Simulation. Modeling, Programming, and Analysis.* New York: Springer Verlag, 2001. ISBN: 978-0-387-95160-7.

[FOR16a] FORD, S. & DESPEISSE, M.: *Additive manufacturing and sustainability: an exploratory study of the advantages and challenges.* In: Journal of Cleaner Production, Jg. 137, S. 1573-1587, 2016. DOI: 10.1016/j.jclepro.2016.04.150.

[FOR16b] FORMLABS GMBH: *Standard-Kunstharze. Materialien für hochauflösende Modelle und Rapid Prototyping,* 2016.

[FOR20] FORMLABS GMBH: *Einführung in den Stereolithografie-3D-Druck. Ein umfassender Leitfaden für professionelle Anwender,* 2020.

[FOR22] FORMLABS GMBH: *Leitfaden für die Nachhärtung von Stereolithografie-3D-Drucken (SLA).* Whitepaper, 2022.

[FOR23] FORMLABS GMBH: *Leitfaden zum 3D-Druck mit selektivem Lasersintern (SLS).* Whitepaper, 2023.

[FOR58] FORRESTER, J.: *Industrial Dynamics. a major breakthrough for decision makers.* In: Harvard Business Review, Jg. 36(July-August), S. 37-66, 1958.

[FOR72] FORRESTER, J.: *Grundzüge einer Systemtheorie. Ein Lehrbuch.* Wiesbaden: Gabler Verlag, 1972. ISBN: 3-409-31335-4.

[FOR77] FORRESTER, J.: *Industrial Dynamics.* Ninth printing. Cambridge: M.I.T. Press, 1977. ISBN: 0-262-06003-5.

[FRA17] Formlabs Inc.: *METHOD FOR CONFIGURING AN ADDITIVE FABRICATION DEVICE TO FABRICATE AN OBJECT,* Erfinder: Benjamin Frantzdale; Andrey Mishenko, Anmeldung: 26.09.2017, European Patent 3 515 709 B1.

[FRA97] FRANKLIN, S. & GRAESSER, A.: *Is It an agent, or just a program?: A taxonomy for autonomous agents.* In: (Hrsg.) CARBONELL, J.; SIEKMANN, J.; GOOS, G.; HARTMANIS, J., et al.: *Intelligent Agents III. Agent Theories, Architectures, and Languages,* S. 21-35, Berlin, Heidelberg, New York: Springer Verlag, 1997. ISBN: 978-3-540-62507-0.

[FRE07] FREIBERGER, S.: *Prüf- und Diagnostechnologien zur Refabrikation von mechatronischen Systemen aus Fahrzeugen.* Zugl.: Bayreuth, Univ., Diss., 2007. Düren: Shaker Verlag, 2007. Fortschritte in Konstruktion und Produktion, Bd. 6. ISBN: 978-3-8322-6158-.

[FRE95] FRESE, E. & HEPPNER, K.: *Ersatzteilversorgung. Strategie und Organisation.* München: TCW Transfer-Centrum Verlag, 1995. ISBN: 3-929918-55-2.

[FRI20] FRISCHKNECHT, R.: *Lehrbuch der Ökobilanzierung.* Berlin: Springer Verlag, 2020. ISBN: 978-3-662-54762-5.

[FUC84] FUCHS-WEGNER, G.: *Verfahren der Analyse von Systemen.* In: (Hrsg.) KURZROCK, R.: *Systemtheorie,* S. 82-90, Berlin: Colloquium Verlag, 1984. ISBN: 3-7678-0317-8.

[GÄF74] GÄFGEN, G.: *Theorie der wirtschaftlichen Entscheidung. Untersuchungen zur Logik und Bedeutung des rationalen Handelns.* 3., erw. und erg. Aufl. Tübingen: Mohr Verlag, 1974. ISBN: 978-3-16-336012-9.

[GAR18] GARCIA, F.; DA MORIS, V.; NUNES, A. & SILVA, D.: *Environmental performance of additive manufacturing process – an overview.* In: Rapid Prototyping Journal, Jg. 24(7), S. 1166-1177, 2018. DOI: 10.1108/RPJ-05-2017-0108.

[GAS13] GASSNER, S.: *Instandhaltungsdienstleistungen in Produktionsnetzwerken. Mehrzielentscheidung zwischen Make, Buy, Concurrent Sourcing und Cooperate.* Wiesbaden: Springer Gabler Verlag, 2013. ISBN: 978-3-658-01366-0.

[GAU14] GAUSEMEIER, J. & PLASS, C.: *Zukunftsorientierte Unternehmensgestaltung. Strategien, Geschäftsprozesse und IT-Systeme für die Produktion von morgen.* 2., überarb. Aufl. München: Carl Hanser Verlag, 2014. ISBN: 978-3-446-43631-2.

[GEB16] GEBHARDT, A.: *Additive Fertigungsverfahren. Additive Manufacturing und 3D-Drucken für Prototyping - Tooling - Produktion.* 5., neu bearb. u. erw. Aufl. München: Carl Hanser Verlag, 2016. ISBN: 978-3-446-44401-0.

[GEB19] GEBHARDT, A.; KESSLER, J. & SCHWARZ, A.: *Produktgestaltung für die Additive Fertigung.* München: Carl Hanser Verlag, 2019. ISBN: 978-3-446-45285-5.

[GES11] GESCHKA, H.; HAHNENWALD, H. & SCHWARZ-GESCHKA, M.: *Szenariotechnik.* In: (Hrsg.) GASSMANN, O.; SUTTER, P.: *Praxiswissen Innovationsmanagement. Von der Idee zum Markterfolg.* 2., erw. u. überarb. Aufl., S. 109-127, München: Hanser, 2011. ISBN: 978-3-446-42285-8.

[GHA18] GHADGE, A.; KARANTONI, G.; CHAUDHURI, A. & SRINIVASAN, A.: *Impact of additive manufacturing on aircraft supply chain performance: A system dynamics approach.* In: Journal of Manufacturing Technology Management, Jg. 29(5), S. 846-865, 2018. DOI: 10.1108/JMTM-07-2017-0143.

[GIB21] GIBSON, I.; ROSEN, D.; STUCKER, B. & KHORASANI, M.: *Additive Manufacturing Technologies.* 3. Ed. Cham: Springer Verlag, 2021. ISBN: 978-3-030-56126-0.

[GIE07] GIENKE, H.: *Ziele, Strategien und Aufgaben der Produktionsplanung und -steuerung.* In: (Hrsg.) GIENKE, H.; KÄMPF, R.: *Handbuch Produktion. Innovatives Produktionsmanagement: Organisation, Konzepte, Controlling,* S. 551-578, München: Carl Hanser Verlag, 2007. ISBN: 978-3-446-41025-1.

[GLA01] GLADEN, W.: *Kennzahlen- und Berichtssysteme. Grundlagen zum Performance Measurement.* Wiesbaden: Gabler Verlag, 2001. ISBN: 978-3-409-11828-6.

[GLE08] GLEIßNER, H. & FEMERLING, C.: *Logistik. Grundlagen - Übungen - Fallbeispiele.* Wiesbaden: Gabler Verlag, 2008. ISBN: 978-3-8349-0296-2.

[GLO03] GLOHR, C.: *Supply Chain Performance Management.* In: Controlling, Jg. 15(11), S. 615-622, 2003. DOI: 10.15358/0935-0381-2003-11-615.

[GLO22] GLOBAL FOOTPRINT NETWORK: *This year's Earth Overshoot Day falls on July 28.* Verfügbar: https://www.overshootday.org/newsroom/press-release-june-2022-english/.

[GRA05] GRAF, R.: *Erweitertes Supply Chain Management zur Ersatzteilversorgung.* Zugl.: Braunschweig, Techn. Univ., Diss., 2005. Essen: Vulkan-Verlag, 2005. Schriftenreihe des Instituts für Werkzeugmaschinen und Fertigungstechnik der TU Braunschweig. ISBN: 3-8027-8685-8.

[GRE17] GREINACHER, S.: *Simulationsgestützte Mehrzieloptimierung schlanker und ressourceneffizienter Produktionssysteme.* Zugl.: Karlsruhe, Karlsruher Institut für Technologie, Diss., 2017. Aachen: Shaker Verlag, 2017. Forschungsberichte aus dem wbk, Institut für Produktionstechnik, Karlsruher Institut für Technologie (KIT), Bd. 199. ISBN: 978-3-8440-5316-6.

[GRO12] GROSCHE, P.: *Konfiguration und Koordination von Wertschöpfungsaktivitäten in internationalen Unternehmen. Eine empirische Untersuchung in der Automobilindustrie.* Zugl.: Berlin, ESCP Europe Wirtschaftshochsch., Diss., 2011. Wiesbaden: Springer Gabler Verlag, 2012. ISBN: 978-3-8349-4048-3.

[GRO21] GRONEBERG, H.; KOLLER, J.; MAHR, A. & DÖPPER, F.: *Development of a systematic approach to identify non-value-adding operations in the LBM process chain.* In: Procedia CIRP, Jg. 104, S. 1613-1618, 2021. DOI: 10.1016/j.procir.2021.11.272.

[GRU14] GRUND, M.: *Implementierung von schichtadditiven Fertigungsverfahren. Mit Fallbeispielen aus der Luftfahrtindustrie und Medizintechnik.* Berlin, Heidelberg: Springer Verlag, 2014. ISBN: 978-3-662-44266-1.

[GRU15] GRUNDIG, C.-G.: *Fabrikplanung. Planungssystematik - Methoden - Anwendungen.* 5., akt. Aufl. München: Carl Hanser Verlag, 2015. ISBN: 978-3-446-44215-3.

[GUP93] GUPTA, D.: *On measurement and valuation of manufacturing flexibility.* In: International Journal of Production Research, Jg. 31(12), S. 2947-2958, 1993. DOI: 10.1080/00207549308956909.

[GÜR86] GÜRMANN, K.; LAUE, R. & SCHREIBER, K.: *Ersatzteilwirtschaft.* Berlin: Verlag Die Wirtschaft, 1986. ISBN: 3-349-00034-7.

[GUT17] GUTENSCHWAGER, K.; RABE, M.; SPIECKERMANN, S. & WENZEL, S.: *Simulation in Produktion und Logistik. Grundlagen und Anwendungen.* Berlin: Springer Vieweg Verlag, 2017. ISBN: 978-3-662-55744-0.

[GUT51] GUTENBERG, E.: *Grundlagen der Betriebswirtschaftslehre. Erster Band Die Produktion.* Berlin, Heidelberg: Springer Verlag, 1951. Enzyklopädie der Rechts- und Staatswissenschaft. ISBN: 978-3-662-21966-9.

[HAA13] HAAG, H.: *Eine Methodik zur modellbasierten Planung und Bewertung der Energieeffizienz in der Produktion.* Zugl.: Stuttgart, Univ., Diss., 2013. Stuttgart: Fraunhofer Verlag, 2013. Stuttgarter Beiträge zur Produktionsforschung, Bd. 11. ISBN: 978-3-8396-0547-9.

[HAB19] HABERFELLNER, R.; WECK, O. de; FRICKE, E. & VÖSSNER, S.: *Systems Engineering. Fundamentals and Applications.* Cham: Birkhäuser, 2019. ISBN: 978-3-030-13430-3.

[HAC10] HACHTEL, G. & HOLZBAUR, U.: *Management für Ingenieure. Technisches Management für Ingenieure in Produktion und Logistik.* Wiesbaden: Vieweg+Teubner Verlag, 2010. ISBN: 978-3-8348-0572-0.

[HAH96] HAHN, D.: *Unternehmenspolitik - Generelle Ziele und Grundorientierung.* In: (Hrsg.) EVERSHEIM, W.; SCHUH, G.: *Hütte. Produktion und Management; Betriebshütte.* 7., völlig neu bearb. Aufl., 2-5 - 2-11, Berlin: Springer Verlag, 1996. ISBN: 978-3-642-87948-7.

[HAL17] HALEVI, G.; MOED, H. & BAR-ILAN, J.: *Suitability of Google Scholar as a source of scientific information and as a source of data for scientific evaluation—Review of the Literature.* In: Journal of Informetrics, Jg. 11(3), S. 823-834, 2017. DOI: 10.1016/j.joi.2017.06.005.

[HAL56] HALL, A. & FAGEN, R.: *Definition of System.* In: General Systems, Jg. 1, S. 18-28, 1956.

[HÄR16] HÄRTLER, G.: *Statistik für Ausfalldaten. Modelle und Methoden für Zuverlässigkeitsuntersuchungen.* Berlin: Springer Spektrum, 2016. ISBN: 978-3-662-50302-7.

[HAR93] HARTMANN, H.: *Materialwirtschaft. Organisation, Planung, Durchführung, Kontrolle.* 6., überarb. und erw. Aufl. Gernsbach: Dt. Betriebswirte-Verlag, 1993. ISBN: 978-3-88640-054-6.

[HED13] HEDTSTÜCK, U.: *Simulation diskreter Prozesse. Methoden und Anwendungen.* Berlin: Springer Vieweg Verlag, 2013. ISBN: 978-3-642-34870-9.

[HEI08] HEINEN, T.; RINPAU, C. & WÖRN, A.: *Wandlungsfähigkeit als Ziel der Produktionssystemgestaltung.* In: (Hrsg.) NYHUIS, P.; REINHART, G.; ABELE, E.: *Wandlungsfähige Produktionssysteme. Heute die Industrie von morgen gestalten,* S. 19-33, Garbsen: PZH, Produktionstechn. Zentrum, 2008. ISBN: 978-3-939026-96-9.

[HEI66] HEINEN, E.: *Das Zielsystem der Unternehmung. Grundlagen betriebswirtschaftlicher Entscheidungen.* Wiesbaden: Gabler Verlag, 1966. Die Betriebswirtschaft in Forschung und Praxis, Bd. 1. ISBN: 978-3-322-98111-0.

[HEL04] HELLINGRATH, B.; LAAKMANN, F. & NAYABI, K.: *Auswahl und Einführung von SCM-Softwaresystemen.* In: (Hrsg.) BECKMANN, H.: *Supply Chain Management. Strategien und Entwicklungstendenzen in Spitzenunternehmen,* S. 99-122, Berlin: Springer Verlag, 2004. ISBN: 978-3-642-62089-8.

[HER10] HERRMANN, C.: *Ganzheitliches Life Cycle Management. Nachhaltigkeit und Lebenszyklusorientierung in Unternehmen.* Heidelberg u. a.: Springer Verlag, 2010. ISBN: 978-3-642-01420-8.

[HOF16] HOFMANN, E. & OETTMEIER, K.: *3-D-Druck. Wie additive Fertigungsverfahren die Wirtschaft und deren Supply Chains revolutionieren.* In: zfo (Zeitschrift Führung und Organisation), Jg. 85(2), S. 84-90, 2016.

[HOF21] HOFFMANN, M. & SCHÖNHEIT, M.: *How Does Additive Manufacturing Affect the Spare Parts Supply Chain? - A Literature Review.* In: (Hrsg.) FRITZSCHE, R.; WINTER, S.; LOHMER, J.: *Logistik in Wissenschaft und Praxis. Von der Datenanalyse zur Gestaltung komplexer Logistikprozesse,* S. 25-44, Wiesbaden: Springer Gabler Verlag, 2021. ISBN: 978-3-658-33479-6.

[HOL06] HOLLAND, J.: *Studying Complex Adaptive Systems.* Journal of Systems Science and Complexity, Jg. 19(1), S. 1-8, 2006. DOI: 10.1007/S11424-006-0001-Z.

[HOL08] HOLTMANN, M.: *Zuverlässigkeitsmanagement mit Reliability Centered Maintenance in einem integrierten Hüttenwerk.* In: (Hrsg.) BIEDERMANN, H.: *Entwicklungsrichtungen im modernen Anlagenmanagement. Strategien, Konzepte und Lösungen für Produktion und Instandhaltung,* S. 127-138, Köln: TÜV Media, 2008. ISBN: 978-3-8249-1186-8.

[HOL10] HOLMSTRÖM, J.; PARTANEN, J.; TUOMI, J. & WALTER, M.: *Rapid manufacturing in the spare parts supply chain.* In: Journal of Manufacturing Technology Management, Jg. 21(6), S. 687-697, 2010. DOI: 10.1108/17410381011063996.

[HOM18] HOMPEL, M. ten; SCHMIDT, T. & DREGGER, J.: *Materialflusssysteme. Förder- und Lagertechnik.* 4. Aufl. Berlin: Springer Vieweg Verlag, 2018. ISBN: 978-3-662-56180-5.

[HRD97] HRDLICZKA, V.; JAKOBI, H.; SCHUMACHER, R. & WENZEL, S.: *Leitfaden für Simulationsbenutzer in Produktion und Logistik,* 1997. ASIM Mitteilungen 58.

[HUA13] HUANG, S.; LIU, P.; MOKASDAR, A. & HOU, L.: *Additive manufacturing and its societal impact: a literature review.* In: The International Journal of Advanced Manufacturing Technology, Jg. 67(5-8), S. 1191-1203, 2013. DOI: 10.1007/s00170-012-4558-5.

[HUG11] HUGOS, M.: *Essentials of Supply Chain Management.* 3. Ed. Hoboken: John Wiley & Sons, 2011. ISBN: 978-0-470-94218-5.

[HUG86] HUG, W.: *Optimale Ersatzteilwirtschaft. Beitrag zum technisch-wirtschaftlichen Bestände-Controlling.* Köln: Verlag TÜV Rheinland, 1986. ISBN: 3-88585-280-2.

[HUI17] HUIJBREGTS, M. A. J.; STEINMANN, Z. J. N.; ELSHOUT, P. M. F.; STAM, G.; VERONES, F.; VIEIRA, M. D. M.; HOLLANDER, A.; ZIJP, M. & VAN ZELM, R.: *ReCiPe 2016 v1.1. A harmonized life cycle impact assessment method at midpoint and endpoint level.* Report I: Characterization. Bilthoven, 2017. RIVM Report 2016-0104a.

[IHD88] IHDE, G.; LUKAS, G.; MERKEL, H. & NEUBAUER, H.: *Ersatzteillogistik. Theoretische Grundlagen und praktische Handhabung.* 2. erw. u. akt. Aufl. München: HUSS-VERLAG, 1988. Schriftenreihe der Bundesvereinigung Logistik e.V., Bd. 2. ISBN: 3-921455-44-8.

[ILG19] ILG, J.: *Systematische Eignungsanalyse zum Einsatz additiver Fertigungsverfahren. Anwendung am Beispiel der Medizintechnik.* Wiesbaden: Springer Gabler Verlag, 2019. ISBN: 978-3-658-24630-3.

[IND08] INDERFURTH, K. & KLEBER, R.: *Modellgestützte Flexibilitätsanalyse von Strategien zur Ersatzteilversorgung in der Nachserienphase.* Magdeburg, 2008. FEMM Working Paper 26.

[IND09] INDERFURTH, K. & KLEBER, R.: *Modellgestützte Flexibilitätsanalyse von Strategien zur Ersatzteilversorgung in der Nachserienphase.* In: Zeitschrift für Betriebswirtschaft, Jg. 79(9), S. 1019-1049, 2009. DOI: 10.1007/s11573-009-0303-4.

[INS21] INSTITUTE OF ELECTRICAL AND ELECTRONICS ENGINEERS: *About IEEE Xplore,* 2021. Verfügbar: https://innovate.ieee.org/about-the-ieee-xplore-digital-library/, [Zugriff: 4. Januar 2023].

[INT24a] INTERNATIONALES INSTITUT FÜR NACHHALTIGKEITSANALYSEN UND -STRATEGIEN: *Globale Emissions-Modell integrierter Systeme (GEMIS). Flugzeug-Fracht-internantional-DE-2020-Basis,* 2024. Verfügbar: http://www.gemis.de/de/doc/prc/%7BE2E1E3EA-D42B-469E-81F3-76D63E4E86B9%7D.htm, [Zugriff: 25. Februar 2024].

[INT24b] INTERNATIONALES INSTITUT FÜR NACHHALTIGKEITSANALYSEN UND -STRATEGIEN: *Globale Emissions-Modell integrierter Systeme (GEMIS). Flugzeug-Fracht-Inland-DE-2020,* 2024. Verfügbar: http://www.gemis.de/de/doc/prc/%7B126E700A-58A4-4C59-8926-FA7DB6A3AA02%7D.htm, [Zugriff: 25. Februar 2024].

[INT24c] INTERNATIONALES INSTITUT FÜR NACHHALTIGKEITSANALYSEN UND -STRATEGIEN: *Globale Emissions-Modell integrierter Systeme (GEMIS). LNF-Diesel-DE-2020-Basis,* 2024. Verfügbar: http://www.gemis.de/de/doc/prc/%7BA3748119-3E20-42F3-970A-551AFC68FADB%7D.htm, [Zugriff: 25. Februar 2024].

[IPB19] IPBES Intergovernmental Science-Policy Platform on Biodiversity and Ecosystem Services (Hrsg.): *The global assessment report of the intergovernmental science-policy platform on biodiversity and ecosystem services.* Bonn, 2019. ISBN: 978-3-947851-20-1.

[IPC21] IPCC INTERGOVERNMENTAL PANEL ON CLIMATE CHANGE: *Climate Change 2021: The Physical Science Basis. Contribution of Working Group I to the Sixth Assessment Report of the Intergovernmental Panel on Climate Change.* New York, 2021.

[IRL11] IRLE, C. & WEBER, J.: *Rationalität von Make-or-buy-Entscheidungen in der Produktion.* Zugl.: Vallendar, WHU - Otto Beisheim School of Management, Diss., 2011. Wiesbaden: Gabler Verlag, 2011. Gabler Research Schriften des Center for Controlling & Management (CCM), Bd. 42. ISBN: 978-3-8349-3048-4.

[IVA19] IVANOV, D.; TSIPOULANIDIS, A. & SCHÖNBERGER, J.: *Global Supply Chain and Operations Management. A Decision-Oriented Introduction to the Creation of Value.* 2. Ed. Cham: Springer Verlag, 2019. ISBN: 978-3-319-94312-1.

[IVA21] IVANOV, D.: *Supply Chain Simulation and Optimization with anyLogistix. Decision-oriented teaching notes for model-based management decision-making.* 5., upd. Ed. Berlin, 2021.

[JAN12] JANVIER-JAMES, A.: *A New Introduction to Supply Chains and Supply Chain Management: Definitions and Theories Perspective.* In: International Business Research, Jg. 5(1), 2012. DOI: 10.5539/ibr.v5n1p194.

[JIM19] JIMÉNEZ, M.; ROMERO, L.; DOMÍNGUEZ, I.; DEL ESPINOSA, M. & DOMÍNGUEZ, M.: *Additive Manufacturing Technologies: An Overview about 3D Printing Methods and Future Prospects.* In: Complexity, S. 1-30, 2019. DOI: 10.1155/2019/9656938.

[JOH21] JOHN WILEY & SONS: *About Wiley Journals,* 2021. Verfügbar: https://onlinelibrary.wiley.com/library-info/products/journals, [Zugriff: 4. Januar 2023].

[JOO14] JOOS-SACHSE, T.: *Controlling, Kostenrechnung und Kostenmanagement. Grundlagen - Anwendungen - Instrumente.* 5. Aufl. Wiesbaden: Springer Gabler Verlag, 2014. ISBN: 978-3-658-01343-1.

[JUN17] JUNG, M.: *Additive Fertigung im Ersatzteilmanagement - Grundlagen und Einführungsstrategien.* Stuttgart: International Performance Research Institute gemeinnützige GmbH, 2017. IPRI-Praxis, Bd. 29.

[JÜN89] JÜNEMANN, R.: *Materialfluß und Logistik. Systemtechnische Grundlagen mit Praxisbeispielen.* Berlin: Springer Verlag, 1989. ISBN: 978-3-540-51225-7.

[KAH01] KAHLE, E.: *Betriebliche Entscheidungen. Lehrbuch zur Einführung in die betriebswirtschaftliche Entscheidungstheorie.* 6., unwesentl. veränd. Aufl. München, Wien: Oldenbourg Verlag, 2001. ISBN: 3-486-25633-5.

[KAL05] KALUZA, B. & BLECKER, T.: *Flexibilität - State of the Art und Entwicklungstrends.* In: (Hrsg.) KALUZA, B.; BLECKER, T.; BEHRENS, S.: *Erfolgsfaktor Flexibilität. Strategien und Konzepte für wandlungsfähige Unternehmen,* S. 1-28, Berlin: Erich Schmidt Verlag, 2005. ISBN: 3-503-08367-7.

[KÄM07] KÄMPF, R.: *Ziele, Strategien und Aufgaben der Produktionsorganisation.* In: (Hrsg.) GIENKE, H.; KÄMPF, R.: *Handbuch Produktion. Innovatives Produktionsmanagement: Organisation, Konzepte, Controlling,* S. 41-55, München: Carl Hanser Verlag, 2007. ISBN: 978-3-446-41025-1.

[KAM11] KAMPKER, A.; SCHUH, G. & SCHITTNY, B.: *Unternehmensstruktur.* In: (Hrsg.) SCHUH, G.; KAMPKER, A.: *Strategie und Management produzierender Unternehmen. Handbuch Produktion und Management 1.* 2., vollst. neu bearb. und erw. Aufl., S. 133-230, Berlin, Heidelberg: Springer Verlag, 2011. ISBN: 978-3-642-14501-8.

[KAM71] KAMPE, G.: *Simscript.* Wiesbaden: Vieweg+Teubner Verlag, 1971. ISBN: 978-3-322-83891-9.

[KAR06] KARRER, M.: *Supply chain Performance Management. Entwicklung und Ausgestaltung einer unternehmensübergreifenden Steuerungskonzeption.* Zugl.: Duisburg, Univ., Diss., 2005. Wiesbaden: Deutscher Universitäts-Verlag, 2006. ISBN: 978-3-8350-9026-2.

[KEE92] KEENEY, R.: *Value-focused thinking. A path to creative decisionmaking.* Cambridge: Harvard University Press, 1992. ISBN: 978-0674931978.

[KEL14] KELLY, J.; SADEGHIEH, T. & ADELI, K.: *Peer review in scientific publications: benefits, critiques, & a survival guide.* In: The Journal of International Federation of Clinical Chemistry and Laboratory Medicine, Jg. 25(3), S. 227-243, 2014.

[KEL17] KELLENS, K.; BAUMERS, M.; GUTOWSKI, T.; FLANAGAN, W.; LIFSET, R. & DUFLOU, J.: *Environmental Dimensions of Additive Manufacturing: Mapping Application Domains and Their Environmental Implications.* In: Journal of Industrial Ecology, Jg. 21(S1), S49-S68, 2017. DOI: 10.1111/jiec.12629.

[KER11] KERTH, K.; ASUM, H. & STICH, V.: *Die besten Strategietools in der Praxis. Welche Werkzeuge brauche ich wann? Wie wende ich sie an? Wo liegen die Grenzen?* 5., erw. Aufl. München: Carl Hanser Verlag, 2011. ISBN: 978-3-446-42705-1.

[KHA14] KHAJAVI, S.; PARTANEN, J. & HOLMSTRÖM, J.: *Additive manufacturing in the spare parts supply chain.* In: Computers in Industry, Jg. 65(1), S. 50-63, 2014. DOI: 10.1016/j.compind.2013.07.008.

[KHA18] KHAJAVI, S.; HOLMSTRÖM, J. & PARTANEN, J.: *Additive manufacturing in the spare parts supply chain: hub configuration and technology maturity.* In: Rapid Prototyping Journal, Jg. 24(7), S. 1178-1192, 2018. DOI: 10.1108/RPJ-03-2017-0052.

[KIE20] KIEMEL, S.; KOLLER, J.; KAUS, D.; SINGH, S.; FULL, J.; WEEBER, M.; MIEHE, R.; EHRENBERGER, S.; ÖSTERLE, I.; SENZEYBEK, M. & STICKEL, S.: *Untersuchung: Kreislaufstrategien für Batteriesysteme in Baden-Württemberg.* Stuttgart, 2020.

[KIR73] KIRSCH, W.; BAMBERGER, I.; GABELE, E. & KLEIN, H.: *Betriebswirtschaftliche Logistik. Systeme, Entscheidungen, Methoden.* Wiesbaden: Gabler Verlag, 1973. ISBN: 978-3-409-30032-2.

[KIR74] KIRSCH, W.: *Betriebswirtschaftslehre. Systeme, Entscheidungen, Methoden.* Wiesbaden: Gabler Verlag, 1974. ISBN: 978-3-409-30081-0.

[KIT04] KITCHENHAM, B.: *Procedures for Performing Systematic Reviews,* 2004. Keely University Technical Report.

[KLE11] KLEIN, R. & SCHOLL, A.: *Planung und Entscheidung. Konzepte, Modelle und Methoden einer modernen betriebswirtschaftlichen Entscheidungsanalyse.* 2. Aufl. München: Verlag Franz Vahlen, 2011. ISBN: 978-3-8006-3884-0.

[KLE19] KLEYLEIN-FEUERSTEIN, J.: *Autarkie der Langzeitverfügbarkeit technischer Produkte mittels additiver Fertigung.* Zugl.: Bayreuth, Univ., Diss., 2019. Düren: Shaker Verlag, 2019. Fortschritte in Konstruktion und Produktion, Bd. 51. ISBN: 978-3-8440-7099-6.

[KLO15] KLOCKE, F.: *Fertigungsverfahren 5. Gießen, Pulvermetallurgie, Additive Manufacturing.* 4. Aufl. Berlin: Springer Vieweg Verlag, 2015. ISBN: 978-3-540-69512-7.

[KLU18] KLUG, F.: *Logistikmanagement in der Automobilindustrie. Grundlagen der Logistik im Automobilbau.* 2. Aufl. Berlin: Springer Vieweg Verlag, 2018. ISBN: 978-3-662-55872-0.

[KNI09] KNIGGE, J. & ROSENTRITT, C.: *Systematische Auswahl und Anpassung von Strategien zur Ersatzteil-Bedarfsdeckung.* In: ZWF Zeitschrift für wirtschaftlichen Fabrikbetrieb, Jg. 104(12), S. 1147-1150, 2009. DOI: 10.3139/104.110217.

[KNO19] KNOFIUS, N.; Matthieu C. van der Heijden & ZIJM, W.: *Moving to additive manufacturing for spare parts supply.* In: Computers in Industry, Jg. 113, 2019. DOI: 10.1016/j.compind.2019.103134.

[KNO20] KNOFIUS, N.; Matthieu C. van der Heijden; SLEPTCHENKO, A. & ZIJM, W.: *Improving effectiveness of spare parts supply by additive manufacturing as dual sourcing option.* In: OR SPECTRUM, 2020. DOI: 10.1007/s00291-020-00608-7.

[KOC12] KOCH, S.: *Logistik. Eine Einführung in Ökonomie und Nachhaltigkeit.* Berlin: Springer Vieweg Verlag, 2012. ISBN: 978-3-642-15288-7.

[KOL22] KOLLER, J.; HÄFNER, R. & DÖPPER, F.: *Decentralized Spare Parts Production for the Aftermarket using Additive Manufacturing - A Literature Review.* In: Procedia CIRP, Jg. 107, S. 894-901, 2022. DOI: 10.1016/j.procir.2022.05.081.

[KOL92] KOLB, S.: *EskiMo - eine expertensystemkontrollierte Methodenbank. Ihre Entwicklung und Anwendung bei der Auswahl von Methoden zur Optimierung von Simulationsmodellen.* Heidelberg: Physica-Verlag, 1992. Schriftenreihe Handeln und Entscheiden in komplexen ökonomischen Situationen, Bd. 2. ISBN: 3-7908-0622-6.

[KOS68] KOSIOL, E.: *Einführung in die Betriebswirtschaftslehre. Die Unternehmung als wirtschaftliches Aktionszentrum.* Wiesbaden: Gabler Verlag, 1968. ISBN: 978-3-663-12642-3.

[KRO19] KROPP, A.: *Grundlagen der Nachhaltigen Entwicklung. Handlungsmöglichkeiten und Strategien zur Umsetzung.* Wiesbaden: Springer Gabler Verlag, 2019. ISBN: 978-3-658-23071-5.

[KÜH06] KÜHN, W.: *Digitale Fabrik. Fabriksimulation für Produktionsplaner.* München, Wien: Carl Hanser Verlag, 2006. ISBN: 978-3-446-40619-3.

[KUM09] KUMMER, S.; GRÜN, O. & JAMMERNEGG, W.: *Grundzüge der Beschaffung, Produktion und Logistik.* 2., akt. Aufl. München: Pearson Studium, 2009. ISBN: 978-3-8273-7351-9.

[KUM18] KUMKE, M.: *Methodisches Konstruieren von additiv gefertigten Bauteilen.* Zugl.: Techn. Univ. Braunschweig, Diss. Wiesbaden: Springer Verlag, 2018. AutoUni-Schriftenreihe, Bd. 124. ISBN: 978-3-658-22208-6.

[KUM20] KUMAR, S.: *Additive Manufacturing Processes.* Cham: Springer Verlag, 2020. ISBN: 978-3-030-45088-5.

[KÜS95] KÜSTER, J.: *Konzeption und exemplarische Realisierung einer objektorientierten Betriebsmittelbibliothek für die Simulation in der Produktionstechnik.* Zugl.: Kaiserslautern, Univ., Diss. Düsseldorf: VDI-Verlag, 1995. Fortschritt-Berichte VDI Reihe 20, Rechnerunterstützte Verfahren, Bd. 152. ISBN: 3-18-315220-7.

[LAC06] LACHNIT, L. & MÜLLER, S.: *Unternehmenscontrolling. Managementunterstützung bei Erfolgs-, Finanz-, Risiko- und Erfolgspotenzialsteuerung.* Wiesbaden: Gabler Verlag, 2006. ISBN: 978-3-8349-0137-8.

[LAC16] LACHMAYER, R. & LIPPERT, R.: *Chancen und Herausforderungen für die Produktentwicklung.* In: (Hrsg.) LACHMAYER, R.; LIPPERT, R.; FAHLBUSCH, T.: *3D-Druck beleuchtet. Additive Manufacturing auf dem Weg in die Anwendung,* S. 5-18, Berlin, Heidelberg: Springer Vieweg Verlag, 2016. ISBN: 978-3-662-49055-6.

[LAC20] LACHMAYER, R. & LIPPERT, R.: *Entwicklungsmethodik für die Additive Fertigung.* Berlin: Springer Vieweg Verlag, 2020. ISBN: 978-3-662-59789-7.

[LAC76] LACHNIT, L.: *Zur Weiterentwicklung betriebswirtschaftlicher Kennzahlensysteme.* In: Schmalenbachs Zeitschrift für betriebswirtschaftliche Forschung, Jg. 28(4), S. 216-230, 1976.

[LAC79] LACHNIT, L.: *Systemorientierte Jahresabschlußanalyse. Weiterentwicklung der externen Jahresabschlußanalyse mit Kennzahlensystemen, EDV und mathematisch-statististischen Methoden.* Wiesbaden: Gabler Verlag, 1979. Neue betriebswirtschaftliche Forschung, Bd. 13. ISBN: 978-3-409-17011-6.

[LAU18] LAUX, H.; GILLENKIRCH, R. & SCHENK-MATHES, H.: *Entscheidungstheorie.* 10., akt. u. erw. Aufl. Berlin: Springer Gabler Verlag, 2018. ISBN: 978-3-662-57817-9.

[LAU99] LAUBER, R. & GÖHNER, P.: *Prozessautomatisierung 2. Modellierungskonzepte und Automatisierungsverfahren, Softwarewerkzeuge für den Automatisierungsingenieur, Vorgehensweise in den Projektphasen bei der Realisierung von Echtzeitsystemen.* Berlin, Heidelberg: Springer Verlag, 1999. ISBN: 978-3-642-58447-3.

[LAW09] LAW, A.: *How to build valid and credible simulation models.* In: (Hrsg.) ROSSETTI, M.: *Proceedings of the 2009 Winter Simulation Conference,* S. 24-33, Piscataway, NJ: IEEE, 2009. ISBN: 978-1-4244-5770-0.

[LAW91] LAW, A. & KELTON, W.: *Simulation modeling and analysis.* 2. Ed. New York: McGraw-Hill, 1991. ISBN: 0-07-036698-5.

[LEM17] LEMAY, S.; HELMS, M.; KIMBALL, B. & MCMAHON, D.: *Supply chain management: the elusive concept and definition.* In: The International Journal of Logistics Management, Jg. 28(4), S. 1425-1453, 2017. DOI: 10.1108/IJLM-10-2016-0232.

[LEU16] LEUPOLD, A. & GLOSSNER, S.: *3D-Druck, Additive Fertigung und Rapid Manufacturing. Rechtlicher Rahmen und unternehmerische Herausforderung.* München: Verlag Franz Vahlen, 2016. ISBN: 978-3-8006-5150-4.

[LEV06] LEVY, Y. & ELLIS, T.: *A Systems Approach to Conduct an Effective Literature Review in Support of Information Systems Research.* In: Informing Science: The International Journal of an Emerging Transdiscipline, Jg. 9, S. 181-212, 2006. DOI: 10.28945/479.

[LI17] LI, Y.; JIA, G.; CHENG, Y. & HU, Y.: *Additive manufacturing technology in spare parts supply chain: a comparative study.* In: International Journal of Production Research, Jg. 55(5), S. 1498-1515, 2017. DOI: 10.1080/00207543.2016.1231433.

[LI19] LI, Y.; CHENG, Y.; HU, Q.; ZHOU, S.; MA, L. & LIM, M.: *The influence of additive manufacturing on the configuration of make-to-order spare parts supply chain under heterogeneous demand.* In:

International Journal of Production Research, Jg. 57(11), S. 3622-3641, 2019. DOI: 10.1080/00207543.2018.1543975.

[LIE04] LIEHR, M.: *Komponentenbasierte Systemmodellierung und Systemanalyse. Erweiterung des System-Dynamics-Ansatzes zur Nutzung im strategischen Management.* Zugl.: Mannheim, Univ., Diss., 2003. Wiesbaden: Deutscher Universitäts-Verlag, 2004. ISBN: 978-3-8244-8024-1.

[LIE17] LIEDER, M.; ASIF, F.; RASHID, A.; MIHELIČ, A. & KOTNIK, S.: *Towards circular economy implementation in manufacturing systems using a multi-method simulation approach to link design and business strategy.* In: The International Journal of Advanced Manufacturing Technology, Jg. 93(5-8), S. 1953-1970, 2017. DOI: 10.1007/s00170-017-0610-9.

[LIN12] LINDEMANN, C.; JAHNKE, U.; MOI, M. & KOCH, R.: *Analyzing Product Lifecycle Costs for a Better Understanding of Cost Drivers in Additive Manufacturing.* In: (Hrsg.) BOURELL, D.; CRAWFORD, R.; SEEPERSAD, C.; BEAMAN, J., et al.: *Solid Freeform Fabrication Proceedings,* S. 177-188, Austin: University of Texas, 2012.

[LIN14] LIN, Y.-H.; CHEN, Y.-T. & CHIU, M.-C.: *Configuration Optimization of Additive Manufacturing Based Supply Chain Using Simulation Approach.* In: Moving Integrated Product Development to Service Clouds in the Global Economy, Jg. 1, S. 607-616, 2014. DOI: 10.3233/978-1-61499-440-4-607.

[LIN21] LINKE, P. & WEIDERMANN, F.: *Einführung in die Konstruktionsmethodik.* In: (Hrsg.) BÖGE, A.: *Handbuch Maschinenbau. Grundlagen und Anwendungen der Maschinenbau-Technik.* 24., überarb. u. erw. Aufl., S. 677-696, Wiesbaden: Springer Vieweg Verlag, 2021. ISBN: 978-3-658-30272-6.

[LIN99] LINDER, W.: *Geo-Informationssysteme. Ein Studien- und Arbeitsbuch.* Berlin: Springer, 1999. ISBN: 978-3-642-63606-6.

[LIU14] LIU, P.; HUANG, S.; MOKASDAR, A.; ZHOU, H. & HOU, L.: *The impact of additive manufacturing in the aircraft spare parts supply chain: supply chain operation reference (scor) model based analysis.* In: Production Planning & Control, Jg. 25(13), S. 1169-1181, 2014. DOI: 10.1080/09537287.2013.808835.

[LÖL05] LÖLLMANN, F.; KLUßMANN, J. & NOFEN, D.: *Planung wandlungsfähiger modularer Fabriken.* In: (Hrsg.) WIENDAHL, H.-P.; NOFEN, D.; KLUßMANN, J.; BREITENBACH, F.: *Planung modularer Fabriken. Vorgehen und Beispiele aus der Praxis,* S. 31-50, München: Carl Hanser Verlag, 2005. ISBN: 3-446-40045-1.

[LOP15a] LOPER, M.: *Modeling Time.* In: (Hrsg.) LOPER, M.: *Modeling and Simulation in the Systems Engineering Life Cycle. Core Concepts and Accompanying Lectures,* S. 89-102, London u. a.: Springer Verlag, 2015. ISBN: 978-1-4471-5634-5.

[LOP15b] LOPER, M.: *The Modeling and Simulation Life Cycle Process.* In: (Hrsg.) LOPER, M.: *Modeling and Simulation in the Systems Engineering Life Cycle. Core Concepts and Accompanying Lectures,* S. 17-28, London u. a.: Springer Verlag, 2015. ISBN: 978-1-4471-5634-5.

[LOP15c] LOPER, M. & REGISTER, A.: *Introduction to Modeling and Simulation.* In: (Hrsg.) LOPER, M.: *Modeling and Simulation in the Systems Engineering Life Cycle. Core Concepts and Accompanying Lectures,* S. 3-16, London u. a.: Springer Verlag, 2015. ISBN: 978-1-4471-5634-5.

[LOU06] LOUKMIDIS, G. & LUCZAK, H.: *Lebenszyklusorientierte Planungsstrategien für den Ersatzteilbedarf.* In: (Hrsg.) BARKAWI, K.; BAADER, A.; MONTANUS, S.: *Erfolgreich mit After Sales Services. Geschäftsstrategien für Servicemanagement und Ersatzteillogistik,* S. 251-270, Berlin, Heidelberg, New York: Springer Verlag, 2006. ISBN: 978-3-540-27999-0.

[MAN11] MANUJ, I. & SAHIN, F.: *A model of supply chain and supply chain decision-making complexity.* In: International Journal of Physical Distribution & Logistics Management, Jg. 41(5), S. 511-549, 2011. DOI: 10.1108/09600031111138844.

[MAR08] MARKOWITZ, H. & Malhotra, A. Pazel, D. P.: *The ER and EAS Formalisms for System Modeling, and the EAS-E Language.* In: (Hrsg.) MARKOWITZ, H.: *Selected works,* S. 357-376, Singapore: World Scientific, 2008. ISBN: 978-981-283-363-1.

[MÄR11] MÄRZ, L. & WEIGERT, G.: *Simulationsgestützte Optimierung.* In: (Hrsg.) MÄRZ, L.; KRUG, W.; ROSE, O.; WEIGERT, G.: *Simulation und Optimierung in Produktion und Logistik. Praxisorientierter Leitfaden mit Fallbeispielen,* S. 3-12, Berlin, Heidelberg: Springer Verlag, 2011. ISBN: 978-3-642-14535-3.

[MAR88] MARKIEWICZ, M.: *Ersatzteildisposition im Maschinenbau. Betriebswirtschaftliche Methoden der Planung und Überwachung.* Zugl.: Bochum, Univ., Diss. 1986. Wiesbaden: Gabler Verlag, 1988.

Bochumer Beiträge zur Unternehmensführung und Unternehmensforschung, Bd. 32. ISBN: 978-3-663-13435-0.

[MAS15] MASHHADI, A.; ESMAEILIAN, B. & BEHDAD, S.: *Impact of additive manufacturing adoption on future of supply chains.* In: ASME 2015 International Manufacturing Science and Engineering Conference, MSEC 2015, Jg. 1, 2015. DOI: 10.1115/MSEC20159392.

[MAT89] MATTERN, F. & MEHL, H.: *Diskrete Simulation - Prinzipien und Probleme der Effizienzsteigerung durch Parallelisierung.* In: Informatik Spektrum, Jg. 12(4), S. 198-210, 1989.

[MEH94] MEHL, H.: *Methoden verteilter Simulation.* Wiesbaden: Friedrich Vieweg und Sohn Verlag, 1994. ISBN: 978-3-528-05439-7.

[MEI94] MEIDLINGER, A.: *Dynamisierte Bedarfsprognose für Ersatzteile bei technischen Gebrauchsgütern.* Zugl.: Heidelberg, Univ., Diss., 1993. Frankfurt am Main u. a.: Peter Lang, 1994. Europäische Hochschulschriften Reihe 5, Volks- und Betriebswirtschaft, Bd. 1536. ISBN: 3-631-46043-0.

[MEL20] MELE, M.; CAMPANA, G. & D'AVINO, G.: *Life cycle impact assessment of desktop stereolithography.* In: Journal of Cleaner Production, Jg. 244, S. 118743, 2020. DOI: 10.1016/j.jclepro.2019.118743.

[MEY94] MEYER, M.: *Ziele in Organisationen. Funktionen und Äquivalente von Zielentscheidungen.* Zugl.: Wien, Univ., Diss., 1994. Wiesbaden: Deutscher Universitäts-Verlag, 1994. ISBN: 978-3-8244-6058-8.

[MIN22] MINDT, N.; DÉR, A.; WIESE, M.; MENNENGA, M. & HERRMANN, C.: *Multi-level Framework for the Assessment of Additive Manufacturing for Spare Parts Supply.* In: Procedia CIRP, Jg. 105, S. 416-421, 2022. DOI: 10.1016/j.procir.2022.02.069.

[MOH09] MOHER, D.; LIBERATI, A.; TETZLAFF, J. & ALTMAN, D.: *Preferred reporting items for systematic reviews and meta-analyses: the PRISMA statement.* In: BMJ (Clinical research ed.), Jg. 339, 2009. DOI: 10.1136/bmj.b2535.

[MÖH18] MÖHRLE, M.: *Gestaltung von Fabrikstrukturen für die additive Fertigung.* Berlin: Springer Vieweg Verlag, 2018. ISBN: 978-3-662-57706-6.

[MÖL08] MÖLLER, N.: *Bestimmung der Wirtschaftlichkeit wandlungsfähiger Produktionssysteme.* Zugl.: München, Techn. Univ., Diss., 2008. München: Herbert Utz Verlag, 2008. Forschungsberichte IWB, Bd. 212. ISBN: 978-3-8316-0778-5.

[MOL20] MOLENDA, P.: *Mehrzielige Betriebspunktoptimierung von Produktionssystemen für Einwegprodukte.* Zugl.: Bayreuth, Univ., Diss., 2019. Düren: Shaker Verlag, 2020. Fortschritte in Konstruktion und Produktion, Bd. 53. ISBN: 978-3-8440-7147-4.

[MÖL21] MÖLLER, M.: *Prozessmanagement für das Laser-Pulver-Auftragschweißen.* Berlin: Springer Vieweg Verlag, 2021. ISBN: 978-3-662-62224-7.

[MOU97] MOUBRAY, J.: *Reliability-centred Maintenance.* 2. Ed. Oxford u. a.: Butterworth-Heinemann, 1997. ISBN: 978-0-7506-3358-1.

[MUC18] MUCHNA, C.; BRANDENBURG, H.; FOTTNER, J. & GUTERMUTH, J.: *Grundlagen der Logistik. Begriffe, Strukturen und Prozesse.* Wiesbaden: Springer Gabler Verlag, 2018. ISBN: 978-3-658-18592-3.

[MÜL09] MÜLLER, E.; ENGELMANN, J.; LÖFFLER, T. & STRAUCH, J.: *Energieeffiziente Fabriken planen und betreiben.* Berlin, Heidelberg: Springer Verlag, 2009. ISBN: 978-3-540-89643-2.

[MÜL15] MÜLLER-BLOCH, C. & KRANZ, J.: *A Framework for Rigorously Identifying Research Gaps in Qualitative Literature Reviews.* In: (Hrsg.) CARTE, T.; HEINZL, A.; URQUHART, C.: *Proceedings of the International Conference on Information Systems - Exploring the Information Frontier,* S. 1-19, 2015.

[MUR24] MURUGESAN, G.: *SLA 3D Printing Technology: Everything to Know,* 2024. Verfügbar: https://electroloom.com/guide-to-stereolithography-sla-3d-printing/, [Zugriff: 25. Februar 2024].

[NAS18] NASR, N. & RUSSELL, J.: *Re-defining Value – The Manufacturing Revolution. Remanufacturing, Refurbishment, Repair and Direct Reuse in the Circular Economy.* Nairobi, Kenya, 2018.

[NGA14] NGA NATIONAL GEOSPATIAL-INTELLIGENCE AGENCY: *DEPARTMENT OF DEFENSE WORLD GEODETIC SYSTEM 1984. Its Definition and Relationships with Local Geodetic Systems,* 2014. NGA.STND.0036_1.0.0_WGS84.

[NIA19] NIAKI, M.; TORABI, S. & NONINO, F.: *Why manufacturers adopt additive manufacturing technologies: The role of sustainability.* In: Journal of Cleaner Production, Jg. 222, S. 381-392, 2019. DOI: 10.1016/j.jclepro.2019.03.019.

[NOF05a] NOFEN, D.; KLUẞMANN, J. & LÖLLMANN, F.: *Bedeutung der Wandlungsfähigkeit für die Zukunftsrobustheit von Fabriken.* In: (Hrsg.) WIENDAHL, H.-P.; NOFEN, D.; KLUẞMANN, J.; BREITENBACH, F.: *Planung modularer Fabriken. Vorgehen und Beispiele aus der Praxis,* S. 8-15, München: Carl Hanser Verlag, 2005. ISBN: 3-446-40045-1.

[NOF05b] NOFEN, D.; KLUẞMANN, J. & LÖLLMANN, F.: *Komponenten und Aufbau einer wandlungsfähigen modularen Fabrik.* In: (Hrsg.) WIENDAHL, H.-P.; NOFEN, D.; KLUẞMANN, J.; BREITENBACH, F.: *Planung modularer Fabriken. Vorgehen und Beispiele aus der Praxis,* S. 17-30, München: Carl Hanser Verlag, 2005. ISBN: 3-446-40045-1.

[NYH08] NYHUIS, P.: *Entwicklungsschritte zu Theorien der Logistik.* In: (Hrsg.) NYHUIS, P.: *Beiträge zu einer Theorie der Logistik,* S. 1-18, Berlin, Heidelberg: Springer Verlag, 2008. ISBN: 978-3-540-75642-2.

[NYH12] NYHUIS, P. & WIENDAHL, H.-P.: *Logistische Kennlinien. Grundlagen, Werkzeuge und Anwendungen.* 3. Aufl. Berlin, Heidelberg: Springer Vieweg Verlag, 2012. ISBN: 978-3-540-92838-6.

[ÖKO09] ÖKO-INSTITUT. E.V.: *Technologiedatenbasis für RENEWBILITY. Arbeitspapier zum BMU-geförderten Verbundvorhaben "Stoffstromanalyse nachhaltige Mobilitat im Kontext der erneuerbaren Energien bis 2030",* 2009.

[OKO10] OKOLI, C. & SCHABRAM, K.: *A Guide to Conducting a Systematic Literature Review of Information Systems Research.* In: SSRN Electronic Journal, Jg. 10(26), S. 1-50, 2010. DOI: 10.2139/ssrn.1954824.

[ÖKO20] ÖKO-INSTITUT. E.V.: *Factsheet Fliegen und das Klima – Klimaschädliche Wirkungen des Luftverkehrs.* Freiburg, 2020.

[ÖST02] ÖSTERLE, H.; FLEISCH, E. & ALT, R.: *Business Networking in der Praxis. Beispiele und Strategien zur Vernetzung mit Kunden und Lieferanten.* Berlin, Heidelberg: Springer Verlag, 2002. ISBN: 978-3-540-41370-7.

[OST10] OSTERWALDER, A. & PIGNEUR, Y.: *Business Model Generation. A Handbook for Visionaries, Game Changers, and Challengers.* Hoboken: John Wiley & Sons, 2010. ISBN: 978-0470-87641-1.

[OTT01] OTTO, A. & KOTZAB, H.: *Der Beitrag des Supply Chain Management zum Management von Supply Chains - Überlegungen zu einer unpopulären Frage.* In: Schmalenbachs Zeitschrift für betriebswirtschaftliche Forschung, Jg. 53, S. 157-176, 2001.

[ÖZC18] ÖZCEYLAN, E.; ÇETINKAYA, C.; DEMIREL, N. & SABIRLIOĞLU, O.: *Impacts of Additive Manufacturing on Supply Chain Flow: A Simulation Approach in Healthcare Industry.* In: Logistics, Jg. 2(1), S. 1-20, 2018. DOI: 10.3390/logistics2010001.

[PAG21] PAGE, M.; MCKENZIE, J.; BOSSUYT, P.; BOUTRON, I.; HOFFMANN, T.; MULROW, C.; SHAMSEER, L.; TETZLAFF, J.; AKL, E.; BRENNAN, S.; CHOU, R.; GLANVILLE, J.; GRIMSHAW, J.; HRÓBJARTSSON, A.; LALU, M.; LI, T.; LODER, E.; MAYO-WILSON, E.; MCDONALD, S.; MCGUINNESS, L.; STEWART, L.; THOMAS, J.; TRICCO, A.; WELCH, V.; WHITING, P. & MOHER, D.: *The PRISMA 2020 statement: an updated guideline for reporting systematic reviews.* In: BMJ, Jg. 372, 2021. DOI: 10.1136/bmj.n71.

[PAG91] PAGE, B.: *Diskrete Simulation. Eine Einführung mit Modula-2.* Berlin, Heidelberg: Springer Verlag, 1991. ISBN: 978-3-642-76862-0.

[PAT82] PATZAK, G.: *Systemtechnik - Planung komplexer innovativer Systeme. Grundlagen, Methoden, Techniken.* Berlin, Heidelberg: Springer Verlag, 1982. ISBN: 978-3-540-11783-4.

[PAW16] PAWELLEK, G.: *Integrierte Instandhaltung und Ersatzteillogistik. Vorgehensweisen, Methoden, Tools.* 2. Aufl. Berlin: Springer Vieweg Verlag, 2016. ISBN: 978-3-662-48666-5.

[PFO18] PFOHL, H.-C.: *Logistiksysteme. Betriebswirtschaftliche Grundlagen.* 9., neu bearb. u. akt. Aufl. Berlin: Springer Vieweg Verlag, 2018. ISBN: 978-3-662-56227-7.

[PFO89] PFOHL, H.-C.; NERLICH, B. & FREICHEL, S.: *Konzeptionelle Grundlagen der Ersatzteil-Logistik.* Darmstadt: Inst. für Betriebswirtschaftslehre, Fachgebiet Unternehmensführung, 1989. Arbeitspapiere zur Logistik, Bd. 9.

[PFO91] PFOHL, H.-C.: *Ersatzteil-Logistik.* In: Zeitschrift für Betriebswirtschaft, Jg. 61(9), S. 1027-1044, 1991.

[PIL06] PILLER, F.: *Mass Customization. Ein wettbewerbsstrategisches Konzept im Informationszeitalter.* 4., überarb. u. erw. Aufl. Wiesbaden: Deutscher Universitäts-Verlag, 2006. ISBN: 978-3-8350-0355-2.

[POP19] POPPE, E. & LONGMUß, J.: *Zu Begriff und Theorie der geplanten Obsoleszenz.* In: (Hrsg.) LONGMUß, J.; POPPE, E.: *Geplante Obsoleszenz. Hinter den Kulissen der Produktentwicklung,* S. 17-37, Bielefeld: transcript-Verlag, 2019. ISBN: 978-3-8376-5004-4.

[POR98] PORTER, M.: *Competitive advantage. Creating and Sustaining Superior Performance.* New York: Free Press, 1998. ISBN: 978-0-684-84146-5.

[POT17] POTTING, J.; HEKKERT, M.; WORRELL, E. & HANEMAAIJER, A.: *Circular economy: Measuring innovation in the product chain.* English translation of the report 'Circulaire economie: Innovatie meten in de keten'. The Hague, 2017.

[PRA16] PRAKASH, S.; DEHOUST, G.; GSELL, M.; SCHLEICHER, T. & STAMMINGER, R.: *Einfluss der Nutzungsdauer von Produkten auf ihre Umweltwirkung: Schaffung einer Informationsgrundlage und Entwicklung von Strategien gegen „Obsoleszenz".* Dessau-Roßlau, 2016.

[PRÉ24] PRÉ SUSTAINABILITY B.V.: *ecoinvent LCI database,* 2024. Verfügbar: https://simapro.com/products/ecoinvent/, [Zugriff: 25. Februar 2024].

[RAB08] RABE, M.; SPIEKERMANN, S. & WENZEL, S.: *Verifikation und Validierung für die Simulation in Produktion und Logistik. Vorgehensmodelle und Techniken.* Berlin: Springer Verlag, 2008. ISBN: 978-3-540-35281-5.

[RAN09] RANDOLPH, J.: *A Guide to Writing the Dissertation Literature Review.* In: Practical Assessment, Research & Evaluation, Jg. 14, 2009. DOI: 10.7275/b0az-8t74.

[REC06] RECKNAGEL, S.: *Differenzierte Beschaffungsstrategien für Ersatzteile in der Hausgerätebranche.* In: (Hrsg.) BARKAWI, K.; BAADER, A.; MONTANUS, S.: *Erfolgreich mit After Sales Services. Geschäftsstrategien für Servicemanagement und Ersatzteillogistik,* S. 271-276, Berlin, Heidelberg, New York: Springer Verlag, 2006. ISBN: 978-3-540-27999-0.

[REG15] REGISTER, A.: *Continuous Time Simulation.* In: (Hrsg.) LOPER, M.: *Modeling and Simulation in the Systems Engineering Life Cycle. Core Concepts and Accompanying Lectures,* S. 111-138, London u. a.: Springer Verlag, 2015. ISBN: 978-1-4471-5634-5.

[REI18] REIKE, D.; VERMEULEN, W. & WITJES, S.: *The circular economy: New or Refurbished as CE 3.0? — Exploring Controversies in the Conceptualization of the Circular Economy through a Focus on History and Resource Value Retention Options.* In: Resources, Conservation and Recycling, Jg. 135, S. 246-264, 2018. DOI: 10.1016/j.resconrec.2017.08.027.

[RIC09] RICHARDSON, G.: *System Dynamics, The Basic Elements of.* In: (Hrsg.) MEYERS, R.: *Encyclopedia of Complexity and Systems Science,* S. 8967-8973, New York: Springer Verlag, 2009. ISBN: 978-0-387-30440-3.

[ROB05] ROBERTSON, D.: *Agent-Based Models to Manage the Complex.* In: (Hrsg.) RICHARDSON, K.: *Managing Organizational Complexity. Philosophy, Theory and Application,* S. 417-430, Greenwich: Information Age Publishing, 2005. ISBN: 978-1-59311-318-6.

[ROG09] ROGALSKI, S.: *Entwicklung einer Methodik zur Flexibilitätsbewertung von Produktionssystemen. Messung von Mengen-, Mix- und Erweiterungsflexibilität zur Bewältigung von Planungsunsicherheiten in der Produktion.* Zugl.: Karlsruhe, Univ., Diss., 2009. Karlsruhe: Univ.-Verl. Karlsruhe, 2009. Reihe Informationsmanagement im Engineering Karlsruhe, Bd. 2. ISBN: 978-3-86644-383-9.

[ROH00] ROHDE, J.; MEYR, H. & WAGNER, M.: *Die Supply Chain Planning Matrix.* In: PPS Management, Jg. 5, S. 10-15, 2000.

[RÖH21] RÖHR, T.: *Kreislaufwirtschaft nach dem Cradle-to-Cradle-Vorbild: Wie kann ein geschlossener Ressourcenkreislauf erreicht werden? Eine Untersuchung unternehmerischer Konzepte mit Beispielen aus der Praxis.* Chemnitz, 2021. Schriftenreihe Betriebliche Umweltökonomie und Nachhaltigkeitsmanagement.

[ROM02] ROMMELFANGER, H. & EICKEMEIER, S.: *Entscheidungstheorie. Klassische Konzepte und Fuzzy-Erweiterungen.* Berlin: Springer Verlag, 2002. ISBN: 978-3-540-42465-9.

[ROP09] ROPOHL, G.: *Allgemeine Technologie. Eine Systemtheorie der Technik.* 3., überarb. Aufl. Karlsruhe: Univ.-Verl. Karlsruhe, 2009. ISBN: 978-3-86644-374-7.

[ROS10] ROSENTRITT, C. & KNIGGE, J.: *Strategien der Ersatzteil-Bedarfsdeckung: Überblick und Auswahl.* Stuttgart, 2010. Research Paper.

[ROS11] ROSE, O. & MÄRZ, L.: *Simulation*. In: (Hrsg.) MÄRZ, L.; KRUG, W.; ROSE, O.; WEIGERT, G.: *Simulation und Optimierung in Produktion und Logistik. Praxisorientierter Leitfaden mit Fallbeispielen,* S. 13-20, Berlin, Heidelberg: Springer Verlag, 2011. ISBN: 978-3-642-14535-3.

[RUF06] RUFFO, M.; TUCK, C. & HAGUE, R.: *Cost estimation for rapid manufacturing - laser sintering production for low to medium volumes*. In: Proceedings of the Institution of Mechanical Engineers, Part B: Journal of Engineering Manufacture, Jg. 220(9), S. 1417-1427, 2006. DOI: 10.1243/09544054JEM517.

[RUF07] RUFFO, M. & HAGUE, R.: *Cost estimation for rapid manufacturing - simultaneous production of mixed components using laser sintering*. In: Proceedings of the Institution of Mechanical Engineers, Part B: Journal of Engineering Manufacture, Jg. 221(11), S. 1585-1591, 2007. DOI: 10.1243/09544054JEM894.

[SAN06] SANDROCK, J.: *System Dynamics in der strategischen Planung. Zur Gestaltung von Geschäftsmodellen im E-Learning*. Wiesbaden: Deutscher Universitäts-Verlag, 2006. ISBN: 978-3-8350-0326-2.

[SAR04] SARGENT, R.: *Validation and Verification of Simulation Models*. In: (Hrsg.) INGALLS, R.: *Proceedings of the 2004 Winter Simulation Conference. Washington Hilton and Towers, Washington, D.C., U.S.A., December 5 - 8, 2004,* S. 13-24, New York: Association for Computing Machinery, 2004. ISBN: 0-7803-8786-4.

[SAR10] SARGENT, R.: *Verification and validation of simulation models*. In: (Hrsg.) JAIN, S.; CREASEY, R.; HIMMELSPACH, J.; WHITE, K., et al.: *Simulation Conference (WSC), Proceedings of the 2010 Winter. Date, 5-8 Dec. 2010,* S. 183-198, Piscataway, N.J.: IEEE, 2010. ISBN: 978-1-4244-9866-6.

[SAV20] SAVOLAINEN, J. & COLLAN, M.: *Quantifying the Economic Feasibility of Additive Manufacturing: Simulating Production Lifetimes in the Context of Spare Parts Production*. In: (Hrsg.) COLLAN, M.; MICHELSEN, K.-E.: *Technical, Economic and Societal Effects of Manufacturing 4.0. Automation, Adaption and Manufacturing in Finland and Beyond,* S. 149-168, Cham: Palgrave Macmillan, 2020. ISBN: 978-3-030-46102-7.

[SCH05] SCHUH, G.: *Produktkomplexität managen. Strategien - Methoden - Tools*. 2., überarb. und erw. Aufl. München, Wien: Carl Hanser Verlag, 2005. ISBN: 978-3-446-40043-6.

[SCH06a] SCHRÖTER, M.: *Strategisches Ersatzteilmanagement in Closed-Loop Supply Chains. Ein systemdynamischer Ansatz*. Zugl.: Braunschweig, Techn. Univ., Diss., 2005. Wiesbaden: Deutscher Universitäts-Verlag, 2006. ISBN: 978-3-8350-0193-0.

[SCH06b] SCHUH, G. & GIERT, A.: *Aachener PPS-Modell*. In: (Hrsg.) SCHUH, G.: *Produktionsplanung und -steuerung. Grundlagen, Gestaltung und Konzepte*. 3., völlig neu bearb. Aufl., S. 11-27, Berlin, Heidelberg, New York: Springer Verlag, 2006. ISBN: 978-3-540-40306-7.

[SCH06c] SCHUH, G. & ROESGEN, R.: *Aufgaben*. In: (Hrsg.) SCHUH, G.: *Produktionsplanung und -steuerung. Grundlagen, Gestaltung und Konzepte*. 3., völlig neu bearb. Aufl., S. 28-80, Berlin, Heidelberg, New York: Springer Verlag, 2006. ISBN: 978-3-540-40306-7.

[SCH08] SCHOLZ-REITER, B.; BEER, C. de; FREITAG, M.; HAMANN, T.; REKERSBRINK, H. & TERVO, J.: *Dynamik logistischer Systeme*. In: (Hrsg.) NYHUIS, P.: *Beiträge zu einer Theorie der Logistik,* S. 109-138, Berlin, Heidelberg: Springer Verlag, 2008. ISBN: 978-3-540-75642-2.

[SCH13a] SCHUH, G.; HERING, N. & BRUNNER, A.: *Einführung in das Logistikmanagement*. In: (Hrsg.) SCHUH, G.; STICH, V.: *Logistikmanagement. Handbuch Produktion und Management 6*. 2., vollst. neu bearb. u. erw. Aufl., S. 1-34, Berlin, Heidelberg: Springer Vieweg Verlag, 2013. ISBN: 978-3-642-28991-0.

[SCH13b] SCHUH, G.; STICH, V. & WIENHOLDT, H.: *Ersatzteillogistik*. In: (Hrsg.) SCHUH, G.; STICH, V.: *Logistikmanagement. Handbuch Produktion und Management 6*. 2., vollst. neu bearb. u. erw. Aufl., 165-208, Berlin, Heidelberg: Springer Vieweg Verlag, 2013. ISBN: 978-3-642-28991-0.

[SCH14] SCHENK, M.; WIRTH, S. & MÜLLER, E.: *Fabrikplanung und Fabrikbetrieb. Methoden für die wandlungsfähige, vernetzte und ressourceneffiziente Fabrik*. 2., vollst. überarb. u. erw. Aufl. Berlin, Heidelberg: Springer Vieweg Verlag, 2014. ISBN: 978-3-642-05458-7.

[SCH20] SCHIFFER, M.; WIENDAHL, H.-H.; SARETZ, B.; LICKEFETT, M.; PIETRZAK, G. & FORSTMANN, B.: *SCM2040 - Wie verändert sich die Logistik in der Zukunft?* Stuttgart, 2020.

[SCH21a] SCHUH, G.; BERGWEILER, G.; FIEDLER, F.; NEUMANN, D.; HEETFELD, L. & BICKENDORF, P.: *Potential Analysis Of Flexible Small Series Production Of Spare Parts By Direct Polymer Additive Tooling*.

In: (Hrsg.) HERBERGER, D.; HÜBNER, M.: *Proceedings of the Conference on Production Systems and Logistics,* S. 288-298, Hannover: publish-Ing., 2021.

[SCH21b] SCHWEHM, S.: *Konventionelle vs. additive Fertigung.* In: (Hrsg.) WINKELMANN, A.; FLATH, C.; THIESSE, F.: *Sharing Economy in der Industrie. Unternehmensübergreifende Auslastung von Produktionskapazitäten am Beispiel der additiven Fertigung,* S. 83-98, Wiesbaden: Springer Gabler Verlag, 2021. ISBN: 978-3-658-33922-7.

[SCH67] SCHMIDT, R.-B.: *Erich Kosiol. Quellen, Grundzüge und Bedeutung seiner Lehre.* Stuttgart: C. E. Poeschel Verlag, 1967. Sammlung Poeschel, Bd. 48.

[SCH77] SCHULZ, E.: *Grundlagen zur Planung von Ersatzteilfertigungen.* Zugl.: Stuttgart, Univ., Diss., 1977. Mainz: Otto Krausskopf-Verlag, 1977. IPA Forschung und Praxis. ISBN: 978-3-7830-0138-9.

[SCH79] SCHLESINGER, S.; CROSBIE, R.; GAGNÉ, R.; INNIS, G.; LALWANI, C.; LOCH, J.; SYLVESTER, R.; WRIGHT, R.; KHEIR, N. & BARTOS, D.: *Terminology for model credibility.* In: Simulation, Jg. 32(3), S. 103-104, 1979. DOI: 10.1177/003754977903200304.

[SCH94] SCHUPPERT, F.: *Strategische Optionen für Anbieter auf Ersatzteilmärkten.* Wiesbaden: Deutscher Universitäts-Verlag, 1994. ISBN: 978-3-322-97678-9.

[SCH96] SCHRAFT, R.; EVERSHEIM, W.; TÖNSHOFF, H.; MILBERG, J. & REINHART, G.: *Planung von Produktionssystemen.* In: (Hrsg.) EVERSHEIM, W.; SCHUH, G.: *Hütte. Produktion und Management; Betriebshütte.* 7., völlig neu bearb. Aufl., 10-36–10-72, Berlin: Springer Verlag, 1996. ISBN: 978-3-642-87948-7.

[SCH98] SCHOTTEN, M.: *Aachener PPS-Modell.* In: (Hrsg.) LUCZAK, H.; EVERSHEIM, W.: *Produktionsplanung und -steuerung. Grundlagen, Gestaltung und Konzepte,* S. 9-28, Berlin, Heidelberg: Springer Verlag, 1998. ISBN: 978-3-662-09475-4.

[SCO15] SCOTT, A. & HARRISON, T.: *Additive Manufacturing in an End-to-End Supply Chain Setting.* In: 3D printing and Additive Manufacturing, Jg. 2(2), S. 65-77, 2015. DOI: 10.1089/3dp.2015.0005.

[SEE13] SEEBACHER, G.: *Ansätze zur Beurteilung der produktionswirtschaftlichen Flexibilität.* Zugl.: Klagenfurt, Alpen-Adria Univ., Diss., 2013. Berlin: Logos Verlag, 2013. Anwendungsorientierte Beiträge zum industriellen Management, Bd. 4. ISBN: 978-3-8325-3535-3.

[SEN06] SENGE, P.: *The Fifth Discipline. The art and practice of the learning organization.* Revised and updated. London: Random House Business Books, 2006. ISBN: 978-0-385-51725-6.

[SET90] SETHI, A. & SETHI, S.: *Flexibility in Manufacturing: A survey.* In: International Journal of Flexible Manufacturing Systems, Jg. 2(4), S. 289-328, 1990. DOI: 10.1007/BF00186471.

[SGA21] SGARBOSSA, F.; PERON, M.; LOLLI, F. & BALUGANI, E.: *Conventional or additive manufacturing for spare parts management: An extensive comparison for Poisson demand.* In: International Journal of Production Economics, Jg. 233, 2021. DOI: 10.1016/j.ijpe.2020.107993.

[SHE98] SHEWCHUK, J. & MOODIE, C.: *Definition and Classification of Manufacturing Flexibility Types and Measures.* In: International Journal of Flexible Manufacturing Systems, Jg. 10(4), S. 325-349, 1998. DOI: 10.1023/A:1008062220281.

[SHU99] SHU, L. & FLOWERS, W.: *Application of a design-for-remanufacture framework to the selection of product life-cycle fastening and joining methods.* In: Robotics and Computer-Integrated Manufacturing, Jg. 15(3), S. 179-190, 1999. DOI: 10.1016/S0736-5845(98)00032-5.

[SIE14] SIEGFRIED, R.: *Modeling and Simulation of Complex Systems. A Framework for Efficient Agent-Based Modeling and Simulation.* Zugl.: München, Univ. der Bundeswehr, Diss., 2014. Wiesbaden: Springer Vieweg Verlag, 2014. ISBN: 978-3-658-07528-6.

[SIR16] SIRICHAKWAL, I. & CONNER, B.: *Implications of Additive Manufacturing for Spare Parts Inventory.* In: 3D printing and Additive Manufacturing, Jg. 3(1), S. 56-63, 2016. DOI: 10.1089/3dp.2015.0035.

[SRI20] SRIVASTAVA, M.; RATHEE, S.; MAHESHWARI, S. & KUNDRA, T.: *Additive Manufacturing. Fundamentals and Advancements.* Boca Raton, London, New York: CRC Press, 2020. ISBN: 978-1-138-48545-7.

[STA05] STADTLER, H.: *Supply chain management and advanced planning—basics, overview and challenges.* In: European Journal of Operational Research, Jg. 163(3), S. 575-588, 2005. DOI: 10.1016/j.ejor.2004.03.001.

[STE00] STERMAN, J.: *Business Dynamics. Systems Thinking and Modeling for a Complex World.* Boston u. a.: McGraw-Hill, 2000. ISBN: 0-07-231135-5.

[STE94] STEINHAUSEN, D.: *Simulationstechniken.* München: Oldenbourg Verlag, 1994. ISBN: 3-486-22656-8.

[STE99] STEINHILPER, R.: *Produktrecycling. Vielfachnutzen durch Mehrfachnutzung.* Stuttgart: Fraunhofer IRB Verlag, 1999. ISBN: 3-8167-5307-8.

[STR08] STRANJAK, A.; DUTTA, P.; EBDEN, M.; ROGERS, A. & VYTELINGUM, P.: *A Multi-Agent Simulation System for Prediction and Scheduling of Aero Engine Overhaul.* In: (Hrsg.) PADGHAM, L.; PARKES, D.; MÜLLER, J.; PARSONS, S.: *Proceedings of 7th International Conference on Autonomous Agents and Multiagent Systems. Volume 1,* S. 81-88, 2008.

[STR12a] STRAUB, T.: *Einführung in die Allgemeine Betriebswirtschaftslehre.* 2., akt. u. erw. Aufl. München: Pearson, 2012. ISBN: 978-3-86894-046-6.

[STR12b] STRUNZ, M.: *Instandhaltung. Grundlagen - Strategien - Werkstätten.* Berlin: Springer Vieweg Verlag, 2012. ISBN: 978-3-642-27390-2.

[STR18] STRONG, D.; KAY, M.; CONNER, B.; WAKEFIELD, T. & MANOGHARAN, G.: *Hybrid manufacturing - integrating traditional manufacturers with additive manufacturing (AM) supply chain.* In: Additive Manufacturing, Jg. 21, S. 159-173, 2018. DOI: 10.1016/j.addma.2018.03.010.

[STR20] STRONG, D.; KAY, M.; WAKEFIELD, T.; SIRICHAKWAL, I.; CONNER, B. & MANOGHARAN, G.: *Rethinking reverse logistics: role of additive manufacturing technology in metal remanufacturing.* In: Journal of Manufacturing Technology Management, Jg. 31(1), S. 124-144, 2020. DOI: 10.1108/JMTM-04-2018-0119.

[STÜ03] STÜHRENBERG, L.; STREICH, D. & HENKE, J.: *Wertorientierte Unternehmensführung. Theoretische Konzepte und empirische Befunde.* Wiesbaden: Deutscher Universitäts-Verlag, 2003. ISBN: 978-3-8244-7857-6.

[SUC04] SUCKY, E.: *Koordination in Supply Chains. Spieltheoretische Ansätze zur Ermittlung integrierter Bestell- und Produktionspolitiken.* Zugl.: Frankfurt am Main, Univ., Diss., 2003. Wiesbaden: Deutscher Universitäts-Verlag, 2004. ISBN: 978-3-8244-8032-6.

[TAA03] TAAG, H.: *RCM2. Die Methode für optimalen Betrieb und Instandhaltung technischer Anlagen.* Monheim, 2003.

[TAG19] TAGLIAFERRI, V.; TROVALUSCI, F.; GUARINO, S. & VENETTACCI, S.: *Environmental and Economic Analysis of FDM, SLS and MJF Additive Manufacturing Technologies.* In: Materials, Jg. 12(24), 2019. DOI: 10.3390/ma12244161.

[TEM06] TEMPELMEIER, H.: *Material-Logistik. Modelle und Algorithmen für die Produktionsplanung und -steuerung in Advanced Planning-Systemen.* 6., neubearb. Aufl. Berlin, Heidelberg, New York: Springer Verlag, 2006. ISBN: 978-3-540-28425-3.

[TEM93] TEMPELMEIER, H. & KUHN, H.: *Flexible Fertigungssysteme. Entscheidungsunterstützung für Konfiguration und Betrieb : mit 98 Tabellen.* Berlin: Springer Verlag, 1993. Springer-Lehrbuch. ISBN: 3-540-56905-7.

[THE22a] THE ANYLOGIC COMPANY: *anyLogistix. Design Supply Chain. Run with Digital Twin.,* 2022.

[THE22b] THE WHITE HOUSE: *Using Additive Manufacturing to Improve Supply Chain Resilience and Bolster Small and Mid-Size Firms,* 2022. Verfügbar: https://www.whitehouse.gov/cea/written-materials/2022/05/09/using-additive-manufacturing-to-improve-supply-chain-resilience-and-bolster-small-and-mid-size-firms/, [Zugriff: 25. Februar 2024].

[THE24a] THE ANYLOGIC COMPANY: *GIS Map,* 2024. Verfügbar: https://anylogistix.help/map/gis.html#gis-map, [Zugriff: 25. Februar 2024].

[THE24b] THE ANYLOGIC COMPANY: *Safety stock estimation experiment. How it works,* 2024. Verfügbar: https://anylogistix.help/experiments/sse-calculation.html, [Zugriff: 25. Februar 2024].

[THI95] THIERRY, M.; SALOMON, M.; VAN NUNEN, J. & VAN WASSENHOVE, L.: *Strategic Issues in Product Recovery Management.* In: California Management Review, Jg. 37(2), S. 114-136, 1995.

[THO16] THOMPSON, M.; MORONI, G.; VANEKER, T.; FADEL, G.; CAMPBELL, R.; GIBSON, I.; BERNARD, A.; SCHULZ, J.; GRAF, P.; AHUJA, B. & MARTINA, F.: *Design for Additive Manufacturing: Trends, opportunities, considerations, and constraints.* In: CIRP Annals, Jg. 65(2), S. 737-760, 2016. DOI: 10.1016/j.cirp.2016.05.004.

[THO20] THOMMEN, J.-P.; ACHLEITNER, A.-K.; GILBERT, D.; HACHMEISTER, D.; JARCHOW, S. & KAISER, G.: *Allgemeine Betriebswirtschaftslehre. Umfassende Einführung aus managementorientierter Sicht.* 9., vollst. überarb. Aufl. Wiesbaden: Springer Gabler Verlag, 2020. ISBN: 978-3-658-27245-6.

[TOG19] TOGWE, T.; EVELEIGH, T. & TANJU, B.: *An Additive Manufacturing Spare Parts Inventory Model for an Aviation Use Case.* In: Engineering Management Journal, Jg. 31(1), S. 69-80, 2019. DOI: 10.1080/10429247.2019.1565618.

[TÖL10] TÖLLNER, A.; JUNGMANN, T.; BÜCKER, M. & BRUTSCHECK, T.: *Modelle und Modellierung.* In: (Hrsg.) BANDOW, G.; HOLZMÜLLER, H.: *„Das ist gar kein Modell!". Unterschiedliche Modelle und Modellierungen in Betriebswirtschaftslehre und Ingenieurwissenschaften,* S. 3-22, Wiesbaden: Gabler Verlag, 2010. ISBN: 978-3-8349-1842-0.

[TON98] TONI, A. de & TONCHIA, S.: *Manufacturing flexibility: a literature review.* In: International Journal of Production Research, Jg. 36(6), S. 1587-1617, 1998. DOI: 10.1080/002075498193183.

[TOU08] TOUTENBURG, H. & HEUMANN, C.: *Deskriptive Statistik. Eine Einführung in Methoden und Anwendungen mit R und SPSS.* 6., akt. u. erw. Aufl. Berlin: Springer Verlag, 2008. ISBN: 978-3-540-77787-8.

[TRA00] TRAPP, T.: *Ersatzteil-Logistik für KFZ-Elektronik aus Sicht eines Automobilzulieferers: Effiziente Ersatzteil-Logistik.* Düsseldorf: VDI-Verlag, 2000. VDI-Berichte, Bd. 1573.

[TRI07] TRIER, M.; BOBRIK, A. & Neumann, NadineM Wyssussek, Boris: *Systemtheorie und Modell.* In: (Hrsg.) KRALLMANN, H.; SCHÖNHERR, M.; TRIER, M.: *Systemanalyse im Unternehmen. Prozessorientierte Methoden der Wirtschaftsinformatik.* 5., vollst. überarb. Aufl., 57-132, München: Oldenbourg Verlag, 2007. ISBN: 978-3-486-58446-2.

[UNI19] UNITED NATIONS; DEPARTMENT OF ECONOMIC AND SOCIAL AFFAIRS & POPULATION DIVISION: *World Population Prospects 2019. Highlights.* New York, 2019.

[UNI20] UNITED NATIONS ENVIRONMENT PROGRAMME: *Global Resources Outlook 2019. Natural Resources for the Future We Want.* New York: United Nations, 2020. ISBN: 978-92-807-3741-7.

[UPS24] UPS UNITED PARCEL SERVICE OF AMERICA: *3D Printing,* 2024. Verfügbar: https://www.theupsstore.com/print/3d-printing, [Zugriff: 25. Februar 2024].

[VAH03] VAHRENKAMP, R.: *Quantitative Logistik für das Supply Chain Management.* München: Oldenbourg Verlag, 2003. ISBN: 3-486-27369-8.

[VDI01] VDI VEREIN DEUTSCHER INGENIEURE E. V.: VDI-Richtlinie 3600 (08/2001): *Prozesse und Prozessorientierung in der Produktionslogistik am Beispiel der Automobilindustrie.* Berlin: Beuth Verlag, 2001.

[VDI02] VDI VEREIN DEUTSCHER INGENIEURE E. V.: VDI-Richtlinie 2243 (07/2002): *Recyclingorientierte Produktentwicklung.* Berlin: Beuth Verlag, 2002.

[VDI05] VDI VEREIN DEUTSCHER INGENIEURE E. V.: VDI-Richtlinie 2884 (12/2005): *Beschaffung, Betrieb und Instandhaltung von Produktionsmitteln unter Anwendung von Life Cycle Costing (LCC).* Berlin: Beuth Verlag, 2005.

[VDI12] VDI VEREIN DEUTSCHER INGENIEURE E. V.: VDI-Richtlinie 2870 Blatt 1 (07/2012): *Ganzheitliche Produktionssysteme. Grundlagen, Einführung und Bewertung.* Berlin: Beuth Verlag, 2012.

[VDI13] VDI VEREIN DEUTSCHER INGENIEURE E. V.: VDI-Richtlinie 2870 Blatt 2 (2013): *Ganzheitliche Produktionssysteme. Methodenkatalog.* Berlin: Beuth Verlag, 2013.

[VDI14a] VDI VEREIN DEUTSCHER INGENIEURE E. V.: VDI-Richtlinie 3405 (12/2014): *Additive Fertigungsverfahren. Grundlagen, Begriffe, Verfahrensbeschreibungen.* Berlin: Beuth Verlag, 2014.

[VDI14b] VDI VEREIN DEUTSCHER INGENIEURE E. V.: VDI-Richtlinie 3633 Blatt 1 (12/2014): *Simulation von Logistik-, Materialfluss- und Produktionssystemen. Grundlagen.* Berlin: Beuth Verlag, 2014.

[VDI17] VDI VEREIN DEUTSCHER INGENIEURE E. V.: VDI-Richtlinie 5620 (03/2017): *Reverse Engineering von Geometriedaten.* Berlin: Beuth Verlag, 2017.

[VDI19a] VDI VEREIN DEUTSCHER INGENIEURE E. V.: VDI-Richtlinie 2892 (10/2019): *Ersatzteilwesen der Instandhaltung.* Berlin: Beuth Verlag, 2019.

[VDI19b] VDI VEREIN DEUTSCHER INGENIEURE E. V.: VDI-Richtlinie 2221 Blatt 1 (11/2019): *Entwicklung technischer Produkte und Systeme. Modell der Produktentwicklung.* Berlin: Beuth Verlag, 2019.

[VDI78] VDI VEREIN DEUTSCHER INGENIEURE E. V.: VDI-Richtlinie 2815 Blatt 5 (05/1978): *Begriffe für die Produktionsplanung und -steuerung. Betriebsmittel.* Berlin: Beuth Verlag, 1978.

[VDI97] VDI VEREIN DEUTSCHER INGENIEURE E. V.: VDI-Richtlinie 3633-3 (1997): *Simulation von Logistik-, Materialfluß- und Produktionssystemen. Experimentplanung und -auswertung.* Berlin: Beuth Verlag, 1997.

[VEL20a] VELÁZQUEZ, D.; SIMON, A.; HELLENO, A. & MASTRAPA, L.: *Implications of additive manufacturing on supply chain and logistics.* In: Independent Journal of Management & Production, Jg. 11(4), S. 1279-1302, 2020. DOI: 10.14807/ijmp.v11i4.1136.

[VEL20b] VELTE, C. J.: *Technik- und zieldeterminierte industrielle Produktion in Kreisläufen.* Zugl.: Bayreuth, Univ., Diss., 2020. Düren: Shaker Verlag, 2020. Fortschritte in Konstruktion und Produktion, Bd. 54. ISBN: 978-3-8440-7199-3.

[VIE18] VIETMEYER, C.: *Die Haftung für den Verzug.* In: (Hrsg.) HARTUNG, S.; REGULA, S.; SCHAEUFFELEN, A.: *Rechtsfragen in der Automobil- und Zulieferindustrie.* 2., akt. u. erw. Aufl., S. 49-69, Frankfurt am Main: Deutscher Fachverlag, 2018. ISBN: 978-3-8005-0008-6.

[VOM09] VOM BROCKE, J.; SIMONS, A.; NIEHAVES, B.; REIMER, K.; PLATTFAUT, R. & CLEVEN, A.: *RECONSTRUCTING THE GIANT: ON THE IMPORTANCE OF RIGOUR IN DOCUMENTING THE LITERATURE SEARCH PROCESS.* In: (Hrsg.) European Conference on Information Systems: *ECIS 2009 Proceedings,* S. 2206-2217, 2009.

[VRB05] VRBA, P. & MARIK, V.: *Simulation in Agent-based Manufacturing Control Systems.* In: (Hrsg.) Institute of Electrical and Electronics Engineers: *Proceedings of the IEEE International Conference on Systems, Man and Cybernetics,* S. 1718-1723, Piscataway, NJ: Curran Associates, 2005. ISBN: 0-7803-9298-1.

[VRU19] VRUBEL, D.: *Inventory optimization.* The AnyLogic Company, 2019. Verfügbar: https://www.anylogistix.com/upload/pdf/simulation-based-inventory-optimization-webinar.pdf, [Zugriff: 28. Oktober 2023].

[WAG13] WAGNER, F.: *Ein integriertes Verfahren zur robusten statistischen Auswertung von Simulationsergebnissen in der Produktion.* Zugl.: Stuttgart, Univ., Diss., 2012, Fraunhofer Verlag, 2013.

[WAN05] WANNENWETSCH, H.: *Vernetztes Supply Chain Management. SCM-Integration über die gesamte Wertschöpfungskette.* Berlin, Heidelberg: Springer Verlag, 2005. ISBN: 978-3-540-23443-2.

[WAN21] WANNENWETSCH, H.: *Integrierte Materialwirtschaft, Logistik, Beschaffung und Produktion. Supply Chain im Zeitalter der Digitalisierung.* 6. Aufl. Berlin: Springer Vieweg Verlag, 2021. ISBN: 978-3-662-61094-7.

[WCO23] WCO WORLD CUSTOMS ORGANIZATION: *Harmonized System Nomenclature 2022 Edition.* 7th Edition. Brussels, 2023.

[WEB02] WEBSTER, J. & WATSON, R.: *Analyzing the Past to Prepare for the Future: Writing a Literature Review.* In: MIS Quarterly, Jg. 26(2), S. xiii-xxiii, 2002.

[WEB06] WEBSTER, S.: *Principles and Tools for Supply Chain Management.* Boston: McGraw-Hill/Irwin, 2006. ISBN: 0072872683.

[WEC17] WECKENBORG, S.: *Bedarfsprognose von Ausfallteilen für Instandhaltungsdienstleister in der zivilen Luftfahrt.* Zugl.: Braunschweig, Techn. Univ., Diss., 2017. Aachen: Shaker Verlag, 2017. Schriftenreihe des IFU, Bd. 29. ISBN: 978-3-8440-5285-5.

[WEI13] WEISSENBERGER-EIBL, M.; RADICKE, J. & KUGLER, F.: *Szenariotechnik im Unternehmensumfeld und in Transferzentren.* In: (Hrsg.) PILLER, F.; HILGERS, D.: *Praxishandbuch Technologietransfer. Innovative Methoden zum Transfer wissenschaftlicher Ergebnisse in die industrielle Anwendung,* S. 127-145, Düsseldorf: Symposion Publishing, 2013. ISBN: 978-3-86329-595-0.

[WEI15] WEI, S.; TANG, O. & SUNDIN, E.: *Core (product) Acquisition Management for remanufacturing: a review.* In: Journal of Remanufacturing, Jg. 5, 2015. DOI: 10.1186/s13243-015-0014-7.

[WEN08] WENZEL, S.; COLLISI-BÖHMER, S.; PITSCH, H.; ROSE, O. & WEIß, M.: *Qualitätskriterien für die Simulation in Produktion und Logistik. Planung und Durchführung von Simulationsstudien.* Berlin, Heidelberg: Springer Verlag, 2008. ISBN: 978-3-540-35272-3.

[WER20] WERNER, H.: *Supply Chain Management. Grundlagen, Strategien, Instrumente und Controlling.* 7., vollst. überarb. u. erw. Aufl. Wiesbaden: Springer Gabler Verlag, 2020. ISBN: 978-3-658-32429-2.

[WES00] WESTKÄMPER, E.; ZAHN, E.; BALVE, P. & TILEBEIN, M.: *Ansätze zur Wandlungsfähigkeit von Produktionsunternehmen. Ein Bezugsrahmen für die Unternehmensentwicklung im turbulenten Umfeld.* In: wt Werkstattstechnik online, Jg. 90(1/2), S. 22-26, 2000.

[WES06] WESTKÄMPER, E. & DECKER, M.: *Einführung in die Organisation der Produktion.* Berlin, Heidelberg: Springer Verlag, 2006. ISBN: 978-3-540-26039-4.

[WES09a] WESTKÄMPER, E. & HUMMEL, V.: *Grundlagen des Stuttgarter Unternehmensmodells.* In: (Hrsg.) WESTKÄMPER, E.; ZAHN, E.: *Wandlungsfähige Produktionsunternehmen. Das Stuttgarter Unternehmensmodell,* S. 47-66, Berlin, Heidelberg: Springer Verlag, 2009. ISBN: 978-3-540-21889-0.

[WES09b] WESTKÄMPER, E. & NIEMANN, J.: *Digitale Produktion - Herausforderung und Nutzen.* In: (Hrsg.) BULLINGER, H.-J.; SPATH, D.; WARNECKE, H.-J.; WESTKÄMPER, E.: *Handbuch Unternehmensorganisation. Strategien, Planung, Umsetzung.* 3., neu bearb. Aufl., S. 515-529, Berlin: Springer Verlag, 2009. ISBN: 978-3-540-72136-9.

[WHI15] WHITAKER, E.: *Agent-Based Simulation.* In: (Hrsg.) LOPER, M.: *Modeling and Simulation in the Systems Engineering Life Cycle. Core Concepts and Accompanying Lectures,* S. 139-156, London u. a.: Springer Verlag, 2015. ISBN: 978-1-4471-5634-5.

[WIE10] WIENDAHL, H.-P.: *Betriebsorganisation für Ingenieure.* 7., akt. Aufl. München: Carl Hanser Verlag, 2010. ISBN: 978-3-446-41878-3.

[WIE14] WIENDAHL, H.-P.; REICHARDT, J. & NYHUIS, P.: *Handbuch Fabrikplanung. Konzept, Gestaltung und Umsetzung wandlungsfähiger Produktionsstätten.* 2., überarb. und erw. Aufl. München: Carl Hanser Verlag, 2014. ISBN: 978-3-446-43892-7.

[WIE21] WIESE, M.; LEIDEN, A.; ROGALL, C.; THIEDE, S. & HERRMANN, C.: *Modeling energy and resource use in additive manufacturing of automotive series parts with multi-jet fusion and selective laser sintering.* In: Procedia CIRP, Jg. 98, S. 358-363, 2021. DOI: 10.1016/j.procir.2021.01.117.

[WIE91] WIENDAHL, H.-P.: *Analyse und Neuordnung der Fabrik.* Berlin: Springer Verlag, 1991. ISBN: 978-3-642-95630-0.

[WIE96] WIENDAHL, H.-P.: *Produktionsplanung und -steuerung. Aufgabenstellung und Zielkonflikte.* In: (Hrsg.) EVERSHEIM, W.; SCHUH, G.: *Hütte. Produktion und Management; Betriebshütte.* 7., völlig neu bearb. Aufl., 14.1-11, Berlin: Springer Verlag, 1996. ISBN: 978-3-642-87948-7.

[WIL16] WILLENBACHER, P.: *Die Gestaltung unternehmerischer Anreizsysteme aus verhaltenswissenschaftlicher Perspektive.* Wiesbaden: Springer Gabler Verlag, 2016. ISBN: 978-3-658-17745-4.

[WIL17] WILTS, H. & GRIES, N. von: *Der schwere Weg zur Kreislaufwirtschaft.* In: GWP – Gesellschaft. Wirtschaft. Politik, Jg. 66(1), S. 23-28, 2017. DOI: 10.3224/gwp.v66i1.02.

[WIL18] WILLIAMS, R.: *Lessons learned on development and application of agent-based models of complex dynamical systems.* In: Simulation Modelling Practice and Theory, Jg. 83, S. 201-212, 2018. DOI: 10.1016/j.simpat.2017.11.001.

[WIR17] WIRTH, M.: *Additive Fertigung. Technologie, Markt und Innovation.* Zugl.: Diss., Julius-Maximilians-Univ. Würzburg. Würzburg, 2017.

[WIT93] WITTE, T.: *Simulation und Simulationsverfahren.* In: (Hrsg.) WITTMANN, W.; KERN, W.; KÖHLER, R.; KÜPPER, H.-U., et al.: *Handwörterbuch der Betriebswirtschaft. Teilband 3 R-Z.* 5., völlig neu gest. Aufl., S. 3837-3849, Stuttgart: Schäffer-Poeschel Verlag, 1993. ISBN: 978-3-7910-8039-0.

[WLC19] WLCEK, H.: *Lagerprozesse.* In: (Hrsg.) FURMANS, K.; KILGER, C.: *Betrieb von Logistiksystemen,* S. 161-194, Berlin: Springer Vieweg Verlag, 2019. ISBN: 978-3-662-57942-8.

[WOH20] WOHLERS, T.; CAMPBELL, R.; DIEGEL, O.; HUFF, R. & KOWEN, J.: *Wohlers Report 2020. 3D Printing and Additive Manufacturing. Global State of the Industry.* Fort Collins: Wohlers Associates, 2020. ISBN: 978-0-9913332-6-4.

[WOH21] WOHLERS, T.; CAMPBELL, I.; DIEGEL, O.; KOWEN, J. & MOSTOW, N.: *Wohlers Report 2021. 3D Printing and Additive Manufacturing. Global State of the Industry.* Fort Collins: Wohlers Associates, 2021. ISBN: 978-0-9913332-7-1.

[WOL03] WOLSTENHOLME, E.: *Towards the definition and use of a core set of archetypal structures in system dynamics.* In: System Dynamics Review, Jg. 19(1), S. 7-26, 2003. DOI: 10.1002/sdr.259.

[WOL04] WOLSTENHOLME, E.: *Using generic system archetypes to support thinking and modelling.* In: System Dynamics Review, Jg. 20(4), S. 341-356, 2004. DOI: 10.1002/sdr.302.

[WOO99] WOOLDRIDGE, M.: *Intelligent Agents.* In: (Hrsg.) WEISS, G.: *Multiagent Systems. A Modern Approach to Distributed Artificial Intelligence.* 2. print, S. 27-78, Cambridge, London: MIT Press, 1999. ISBN: 0-262-23203-0.

[XIA19] XIAO, Y. & WATSON, M.: *Guidance on Conducting a Systematic Literature Review.* In: Journal of Planning Education and Research, Jg. 39(1), S. 93-112, 2019. DOI: 10.1177/0739456X17723971.

[ZÄH04] ZÄH, M.; MÜLLER, N.; PRASCH, M. & SUDHOF, W.: *Methodik zur Erhöhung der Wandlungsfähigkeit von Produktionssystemen.* In: ZWF Zeitschrift für wirtschaftlichen Fabrikbetrieb, Jg. 99(4), S. 173-177, 2004.

[ZÄH18] ZÄH, M.; SCHILP, K.; WEIRATHER, J.; ZELLER, C.; SCHMIEGEL, B.; OTT, M. & WESTHÄUSER, S.: *Additive Fertigungsverfahren.* In: (Hrsg.) RIEG, F.; STEINHILPER, R.: *Handbuch Konstruktion.* 2., akt. Aufl., 997-1013, München: Carl Hanser Verlag, 2018. ISBN: 978-3-446-45619-8.

[ZAH96] ZAHN, E. & SCHMID, U.: *Produktionswirtschaft. Teil 1: Grundlagen und operatives Produktionsmanagement.* Stuttgart: Lucius & Lucius Verlag, 1996. Grundwissen der Ökonomik Betriebswirtschaftslehre, Bd. 1. ISBN: 978-3-8252-8126-7.

[ZAN14] ZANGEMEISTER, C.: *Nutzwertanalyse in der Systemtechnik. Eine Methodik zur multidimensionalen Bewertung und Auswahl von Projektalternativen.* Zugl.: Berlin, Techn. Univ., Diss., 1970. 5., erw. Aufl. Winnemark: Zangemeister & Partner, 2014. ISBN: 978-3-923264-00-1.

[ZÄP01] ZÄPFEL, G.: *Grundzüge des Produktions- und Logistikmanagement.* 2., unwesentl. veränd. Aufl. München: Oldenbourg Verlag, 2001. ISBN: 978-3-486-25618-5.

[ZEY17] ZEYN, H.: *Industrialisierung der Additiven Fertigung. Digitalisierte Prozesskette - von der Entwicklung bis zum einsetzbaren Artikel.* Berlin, Wien, Zürich: Beuth Verlag, 2017. ISBN: 978-3-410-26919-9.

[ZGH16] ZGHAIR, Y.: *Rapid Repair hochwertiger Investitionsgüter.* In: (Hrsg.) LACHMAYER, R.; LIPPERT, R.; FAHLBUSCH, T.: *3D-Druck beleuchtet. Additive Manufacturing auf dem Weg in die Anwendung,* S. 57-70, Berlin, Heidelberg: Springer Vieweg Verlag, 2016. ISBN: 978-3-662-49055-6.

[ZHA19] ZHANG, Y.; JEDECK, S.; YANG, L. & BAI, L.: *Modeling and analysis of the on-demand spare parts supply using additive manufacturing.* In: Rapid Prototyping Journal, Jg. 25(3), S. 473-487, 2019. DOI: 10.1108/RPJ-01-2018-0027.

[ZIT18] ZITZMANN, I.: *Supply Chain-Flexibilität zur Bewältigung von Unsicherheiten. Taktisch-operative Potenzialplanung zur Schaffung von Robostheit, Resilienz und Agilität.* Zugl.: Bamberg, Univ., Diss., 2018. Bamberg: University of Bamberg Press, 2018. Logistik und Supply Chain Management, Bd. 20. ISBN: 978-3-86309-603-8.

A Anhang

A.1 Ausfallverhalten und Zuverlässigkeit von Komponenten

Das Ausfallverhalten ist häufig nicht oder nur sehr komplex beschreibbar, daher wird in der Praxis in der Regel auf die Ausfallrate *λ(t)* zurückgegriffen [BIE08, S. 15]. Die Ausfallrate ist der Quotient aus Ausfalldichte und Überlebenswahrscheinlichkeit, siehe Gleichung (A-1), und lässt sich interpretieren als »Maß für das Risiko eines Teiles auszufallen, unter der Voraussetzung, dass es bereits bis zu diesem Zeitpunkt *t* überlebt hat« [BER04, S. 22-23].

$$\lambda(t) = \frac{f(t)}{1-F(t)} = \frac{f(t)}{R(t)} \tag{A-1}$$

mit

$\lambda(t)$	Ausfallrate
$f(t)$	Ausfalldichte
$F(t)$	Ausfallwahrscheinlichkeit
$R(t)$	Überlebenswahrscheinlichkeit bzw. Zuverlässigkeit[92]

Abb. A1 zeigt eine Übersicht verschiedener Ausfallmuster, die mathematisch durch Ausfallverteilungen, wie z. B. der Exponential-, Gamma-, Normal- sowie Weibullverteilung oder Kombinationen aus diesen, beschrieben werden [BER04, S. 23-24; BIE08, S. 15].

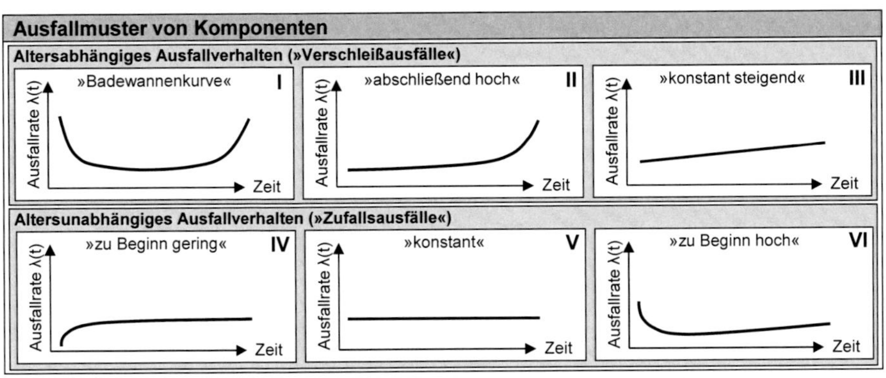

Abb. A1: Übersicht klassischer Ausfallmuster von Komponenten, eig. Darst. i. A. a. [BER04, S. 27; DOM20, S. 41; HOL08, S. 133; MOU97, S. 12; TAA03, S. 3; WEC17, S. 28]

---

92 Zuverlässigkeit ist »die Wahrscheinlichkeit dafür, dass ein Produkt während einer definierten Zeitdauer unter gegebenen Funktions- und Umgebungsbedingungen nicht ausfällt« [BER04, S. 20].

A.2 »Supply Chain Planning Matrix«

Mit der »Supply Chain Planning Matrix« werden die Planungsaufgaben[93] des Supply Chain Managements in Module strukturiert und hinsichtlich Planungshorizont und betrieblichen Funktionsbereichen systematisiert, siehe Abb. A2 [BAN06, S. 2; ZIT18, S. 42].

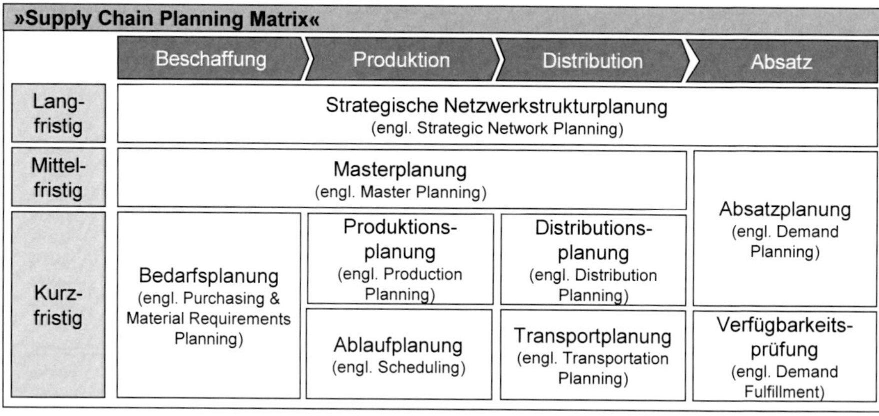

Abb. A2: »Supply Chain Planning Matrix« zur Darstellung der Planungsaufgaben des Supply Chain Managements, eig. Darst. i. A. a. [COR17, S. 33-35; DOB12, S. 53; ROH00, S. 10]

Die **strategische Netzwerkstrukturplanung** beschreibt die langfristige Konfiguration der Supply Chain u. a. bezüglich Standortwahl, Fertigungstiefe und Produktionsprogramm und wird wegen ihrer hohen Bedeutung in der Regel nicht in einzelne Funktionsbereiche unterteilt [COR17, S. 33; ZIT18, S. 42]. Der Planungshorizont beträgt in der Regel mehrere Jahre [STA05, S. 580]. Die Durchführung erfordert eine hohe Abstraktion zur Komplexitätsreduktion und ist Grundlage der nachfolgenden Planungsaufgaben auf taktischer bzw. operativer Ebene [ROH00, S. 10; ZIT18, S. 42]. Die **Masterplanung** erfolgt mittelfristig, in der Regel in einem Zeitraum von bis zu einem Jahr, mit der Aufgabe, die Material-, Informations- und Finanzflüsse zu synchronisieren, die Ressourcen der Supply Chain bestmöglich zu nutzen und die Nachfrage zu befriedigen [COR17, S. 33; ROH00, S. 12; ZIT18, S. 44]. Ergebnis sind u. a. den einzelnen Werken zugeordnete Produktions- und Transportmengen je Planungsintervall, Lagerbestände und Beschaffungsmengen [ÖST02, S. 199; ROH00, S. 12].

[93] Für eine Darstellung der Aufgaben des Supply Chain Managements siehe u. a. [KOC12, S. 254; WER20, S. 87].

Die **Absatzplanung** dient der mittel- bis kurzfristigen Prognose der Absatzmenge der kommenden Tage, Wochen und Monate und dient als Entscheidungsunterstützung für die weiteren Module [ROH00, S. 10-11; ZIT18, S. 44]. Der Übergang zur **Verfügbarkeitsprüfung**, deren Ziel die Zusicherung von Lieferterminen unter Berücksichtigung von Plan- und Ist-Beständen entlang der Supply Chain ist, ist fließend [ÖST02, S. 202; ROH00, S. 11-12; WAN05, S. 85; ZIT18, S. 44]. Aufgabe der Bedarfsplanung sind u. a. Lieferantenauswahl sowie programm- oder verbrauchsorientierte Materialbedarfsplanung für die Produktion nach Vorgabe der Masterplanung [COR17, S. 34; ROH00, S. 14; ZIT18, S. 45-46]. Im Rahmen der **Produktionsplanung** wird ein u. a. hinsichtlich Kapazitätsauslastung und Bestandskosten abgestimmter Produktionsplan auf Basis prognostizierter Bedarfsmengen erstellt [ÖST02, S. 200; WAN05, S. 84]. Die **Ablaufplanung** dient anschließend der Generierung durchführbarer, reihenfolgedeterminierter Produktionsaufträge auf Werksebene [ÖST02, S. 201; WAN05, S. 84]. Die **Distributionsplanung** dient der Ermittlung von Transporten und Beständen (z. B. Frequenz der Lieferungen) unter Beachtung von Produktionsmenge, Transport- und Lagerkapazität [ÖST02, S. 201; ROH00, S. 13]. Die **Transportplanung** legt die Umsetzung der Transporte fest, z. B. hinsichtlich der Tourenplanung [ROH00, S. 13].

A.3 Vergleich kommerziell etablierter additiver Fertigungsverfahren

Tab. A1 stellt die Eigenschaften der in Abb. 16 (S. 32) aufgeführten, kommerziell etablierten, additiven Fertigungsverfahren nach VDI-Richtlinie 3405 gegenüber und zeigt: welche Werkstoffe mit dem jeweiligen additiven Fertigungsverfahren verarbeitbar sind, die Eignung des additiven Fertigungsverfahrens in Abhängigkeit der jeweiligen Produktanforderungen sowie ausgewählte Verfahrensgrenzen des jeweiligen additiven Fertigungsverfahrens. Die Auswahl des geeignetsten additiven Fertigungsverfahrens ist produktspezifisch festzulegen.

Tab. A1: Gegenüberstellung etablierter additiver Fertigungsverfahren, i. A. a [KUM18, S. 15; VDI14a, S. 8]

	Werkstoffe					**Eignung in Abhängigkeit der Produktanforderungen**							**Verfahrensgrenzen**		
Additive Fertigungsverfahren	Keramik	Kunststoff	Metall	Papier	Sand	Mechanische Eigenschaften	Thermische Eigenschaften	Chemische Eigenschaften	Genauigkeit	Oberflächenqualität	Belastbarkeit	Werkstoffauswahl	Multimaterialfähigkeit	Stützstrukturen	Kammergebunden
3-D-Drucken	•	•	•		•	--	-	--	○	○	○	+	Nein	Nein	Ja
Laser engineered net shaping	•		•			++	++	++	-	-	++	+	Ja	Teilweise	Nein
Fused Layer Modelling		•				+	++	++	-	-	○	+	Ja	Ja	Nein
Multi-Jet / Poly-Jet Modelling		•				-	-	--	+	++	+	-	Ja	Ja	Ja
Laser-Sintern	•	•	•		•	++	++	++	+	○	+	+	Begrenzt	Nein	Ja
Elektronen-Strahlschmelzen			•			++	++	++	+	○	++	+	Begrenzt	Ja	Ja
Laser-Strahlschmelzen			•			++	++	++	+	○	++	+	Begrenzt	Ja	Ja
Layer Laminated Manufacturing	•	•	•	•		-	○	--	○	-	○	+	Nein	Nein	Ja
Digital Light Processing	•	•	•			-	-	○	++	++	○	-	Begrenzt	Ja	Ja
Stereolithografie	•	•				-	-	○	++	++	○	-	Nein	Ja	Ja

Legende:
• Werkstoff verarbeitbar; Bewertung: ++ sehr gut, + gut, ○ durchschnittlich, – schlecht, – – sehr schlecht

A.4 Kennzeichen eines Systems

Neben den systemtechnischen Konzepten nach ROPOHL (vgl. Abb. 19, S. 36) werden Systeme nach VDI-Richtlinie 3633 Blatt 1 durch folgende Kennzeichen charakterisiert [GUT17, S. 10-13; VDI14b, S. 4]:

- Die Systemgrenze definiert den Umfang des Systems und grenzt es von seiner Umwelt ab. Über definierte Schnittstellen an der Systemgrenze können bspw. Materie, Energie und Informationen mit der Umwelt ausgetauscht werden und dadurch in das System ein- bzw. austreten (»Ein- bzw. Ausgangsgrößen«). Wie das System, ist auch die Systemgrenze abhängig vom Anwender und somit subjektiver Natur. [BOS89, S. 11; TRI07, S. 61-62]
- Das System setzt sich aus Elementen zusammen, die entweder in Systeme niedrigerer Ordnung zerlegt (»Subsysteme«) oder aber als nicht weiter zerlegbar angesehen werden. Zudem ist ein Systemelement ggf. wiederum Teil eines übergeordneten Systems höherer Ordnung (»Supersystem«). Zum Beispiel ist eine Produktionsanlage einerseits Bestandteil des Produktionssystems und andererseits ein eigenständiges System, das aus verschiedenen Maschinenteilen besteht. [BER68, S. 74; HAL56, S. 20; WES09a, S. 57-58]
- Durch die Beziehungen der Elemente, u. a. bestimmt durch die Systemfunktionalität und den daraus entstehenden Wechselwirkungen, ergibt sich die »Aufbaustruktur« des Systems, die den Ablauf von Prozessen erlaubt. Je nach Anwendungsfall weisen die Beziehungen eine unterschiedlich hohe Bedeutung für das System auf. [FUC84, S. 85; HAL56, S. 18; WES09a, S. 57-58]
- Jedes Element besitzt Eigenschaften, die durch konstante und variable Attribute (»Zustandsgrößen«) beschrieben werden und den Zustand eines Elements festlegen. Der Systemzustand wird durch die Zustände der Elemente zum jeweiligen Zeitpunkt festgelegt. [BOS89, S. 23]
- Aufgrund des im System ablaufenden Prozesses können die Zustände der Elemente kontinuierlichen oder diskreten Änderungen (»Zustandsübergängen)« von einer oder mehreren Zustandsgrößen unterliegen.
- Spezifische Regeln bezüglich der Zustandsübergänge sowie der Zustandsgrößen charakterisieren die »Ablaufstruktur«, die jedes einzelne Element beinhaltet.

A.5 Kriterien der Verifikation und Validierung von Simulationsmodellen

Zur Verifikation und Validierung von Simulationsmodellen definieren RABE ET AL. drei Schwerpunkte bestehend aus neun Kriterien, die sich auf die gesamte Simulationsstudie sowie darin enthaltene Daten und Informationen beziehen, siehe Abb. A3 [RAB08, S. 21-23]. Zu den Schwerpunkten zählen die Sicherstellung der Korrektheit eines Modells, die Angemessenheit der Ergebnisse für den gegebenen Anwendungsfall sowie die Durchführbarkeit der Simulationsstudie [GUT17, S. 204; RAB08, S. 21-24]. Die Kriterien werden in der Regel projekt- bzw. aufgabenspezifisch angepasst.

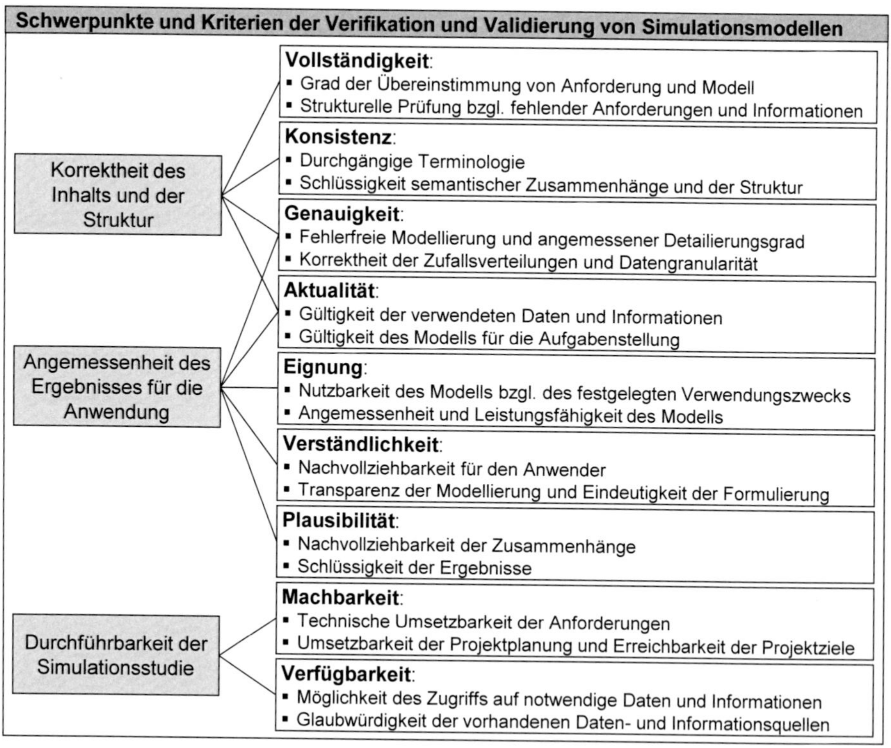

Abb. A3: Schwerpunkte (links) und Kriterien (rechts) der Verifikation und Validierung von Simulationsstudien im Bereich der Produktion und Logistik, eig. Darst. i. A. a. [GUT17, S. 204; RAB08, S. 22-23]

A.6 Zeitbezug, Zeitverhalten und Zufallsverhalten

Simulationsmodelle unterscheiden sich u. a. hinsichtlich der Ausprägungen der Merkmale Zeitbezug, Zeitverhalten und Zufallsverhalten. Im Folgenden erfolgt eine kurze Beschreibung der Merkmale und deren Ausprägungen.

Zunächst wird nach dem **Zeitbezug** hinsichtlich der Abbildung des zeitlichen Systemverhaltens zwischen statischer und dynamischer Simulation differenziert [KÜH06, S. 14-15; LAW91, S. 6; SCH14, S. 224]. Bei der statischen Simulation wird nur ein bestimmter Zeitpunkt in Form einer Momentaufnahme betrachtet bzw. ist der Zeitbezug nicht relevant [LAW91, S. 6; ROS11, S. 13]. Die dynamische Simulation berücksichtigt hingegen das zeitliche Verhalten des Systems sowie entsprechende Zustandsänderungen [LAW91, S. 6].

Die dynamische Simulation lässt sich zudem nach dem **Zeitverhalten** weiter in kontinuierliche und diskrete Simulation unterteilen [SCH14, S. 224]. Die kontinuierliche Simulation bildet die Systemzustände stetig über die Zeit ab [BRA18, S. 118; ROS11, S. 14]. Dadurch ist es möglich bspw. durch die Verwendung von Differentialgleichungen beliebige Zeitpunkte im Verlauf auszuwerten [BUN13, S. 11]. Bei der diskreten Simulation werden Zustandsänderungen nur zu definierten Zeitpunkten betrachtet, ohne das Systemverhalten zwischen den Zeitpunkten zu berücksichtigen [ELE12, S. 8; HED13, S. 10]. Die diskrete Simulation erfolgt daher sprunghaft in äquidistanten Zeitintervallen in Form eines konstanten Zeitinkrements (»zeitgesteuert«) oder dem Eintreten festgelegter Ereignisse (»ereignisdiskret«) [BRA18, S. 127-128; MEH94, S. 2-3; ROS11, S. 14].

Das **Zufallsverhalten** bzw. die Bestimmtheit des Systems ist ein weiteres Kriterium zur Klassifizierung von Simulationsmodellen [KÜS95, S. 14]. Ein System ohne zufallsabhängige Komponenten gilt als »deterministisch« [BRA18, S. 117]. Ein »stochastisches« System dagegen wird durch zufällige Ereignisse beeinflusst, bspw. zufällige Änderungen von Parameterwerten aufgrund von Störgrößen, wodurch die Vorhersage des Zustands nicht zu jedem Zeitpunkt möglich ist [BRA18, S. 117-118; LAW91, S. 6; ROS11, S. 13]. Die Untersuchung stochastischer Systeme erfordert daher mehrere Simulationsläufe, um aus den schwankenden Ergebnissen ein allgemeingültiges Systemverhalten abzuleiten [ELE12, S. 4].

A.7 Informationsbasis zur Prognose des Ersatzteilbedarfs

Die Verfügbarkeit und die Qualität der relevanten Daten stellen wesentliche Einflussfaktoren für den Planungsaufwand und die Aussagefähigkeit der Prognose des Ersatzteilbedarfs dar [GÜR86, S. 165]. Abb. A4 zeigt eine Übersicht möglicher Informationsquellen, die in die Prognose des Ersatzteilbedarfs einfließen.

Informationsbasis zur Ersatzteilbedarfsplanung

Informationen zum Ersatzteilsortiment				
Ersatzteil-kataloge	Ersatzteil-preislisten	Planungsmethodische Regelungen	Ergebnisse der Sortimentsklassifizierung	Änderungs-informationen

Informationen aus den Methoden zur Analyse d. Ausfall- und Verschleißverhaltens d. Teile und Primärprod.					
Zuverlässigkeits-forschung	Schwachstellen-forschung	Technische Diagnostik	Analyse d. Schädigungsverh.	Analyse d. Qualitätsentwickl.	Reklamations- u. Garantieanalysen

Informationen aus der statist. Erfassung der in der Vergangenheit tatsächlich aufgetretenen Bedarfsgrößen		
Absatzstatistik	Umsatzstatistik	Verbrauchsstatistik

Informationen zu Kennziffern und Normativen des Ersatzteilbedarfs		
Verschleißkoeffizienten	Absatz- bzw. Umsatzkoeffizienten	Verbrauchskoeffizienten

Informationen der Verbraucherseite zur Ersatzteilbedarfsentwicklung		
Wirtschaftsverträge	Kundenbestellungen	Verbraucherseitige Bedarfs-begründungen

Informationen zur Vorratsentwicklung – Plan- und Istvorräte		
Herstellerseitig	Handelsseitig	Verbraucherseitig

Informationen zur Entwicklung des Bestandes der genutzten Primärerzeugnisse u. ihrer Altersstruktur			
Bestandsstatistiken	Produktionsstatistiken und -pläne	Absatzstatistiken und -pläne	Aussonderungsstatistiken und -pläne

Informationen zur Instandsetzungskonzeption und -plänen		
Instandsetzungsmethoden	Instandsetzungsrhythmus	Instandsetzungsumfang

Abb. A4: Informationsbasis zur Prognose des Ersatzteilbedarfs, eig. Darst. i. A. a. [GÜR86, S. 167]

A.8 Übersicht prinzipieller Distributionswege von Ersatzteilen

Die Distribution der Ersatzteile vom Hersteller der Ersatzteile bis zum Kunden weist unterschiedliche Gestaltungsmöglichkeiten auf. Abb. A5 zeigt zehn prinzipielle Distributionswege für Ersatzteile nach SCHULZ [SCH77, S. 57]. Demnach wird der Kunde durch den Ersatzteilhersteller direkt beliefert (1) oder das Ersatzteil aus einem Lager entnommen, wobei die Ersatzteile beim Hersteller (2), einem Zwischenhändler (3) oder direkt beim Kunden (4) gelagert werden. Zusätzlich ist die Zwischenschaltung weiterer Lagerorte möglich, siehe Distributionswege (5), (6) und (7). Weiterhin ist es möglich, Ersatzteile auch von zwei (»Dual Sourcing«) oder mehr (»Multiple Sourcing«) Zwischenhändlern bzw. Lieferanten zu beziehen, um die Versorgungssicherheit sicherzustellen und gleichzeitig den Wettbewerb zwischen den Lieferanten zu fördern [IVA21, S. 107; WAN21, S. 170-171]. Dies wird exemplarisch in den Distributionswegen (8), (9) und (10) dargestellt. Die abgebildeten Distributionswege zeigen deren Grundform und können in ihrer Ausprägung variieren.

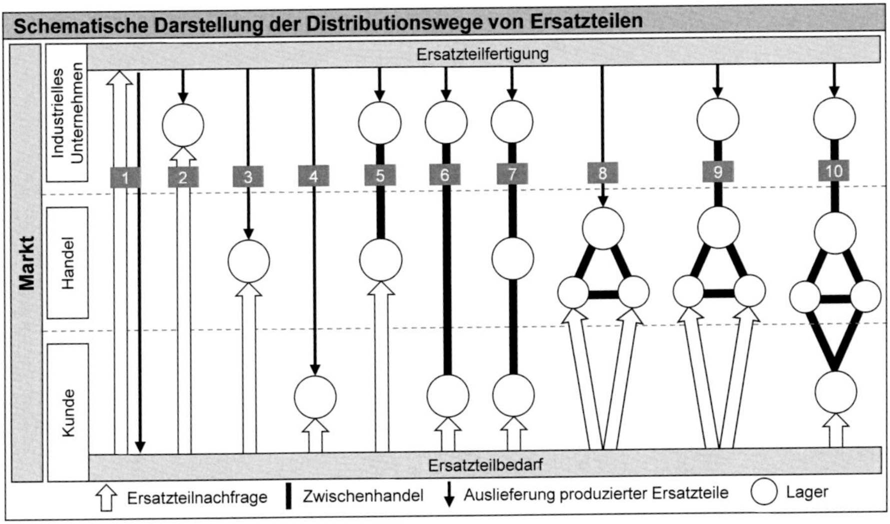

Abb. A5: Distributionswege von Ersatzteilen, eig. Darst. i. A. a. [PFO89, S. 14; SCH77, S. 57]

A.9 Zielbeziehungen

Beziehungen zwischen Zielen werden durch Relationsaussagen beschrieben, die sich nach KIRSCH auf vier Typen zurückführen lassen: Interdependenz-, Instrumental-, Kompatibilitäts- und Präferenzrelationen [KIR74, S. 177; KIR73, S. 220]. Die **Interdependenzrelation** stellt ein Maß der Zielverträglichkeit dar und wird nach KAHLE in fünf Grundbeziehungen unterteilt: Zielidentität, Zielkomplementarität, Zielindifferenz, Zielkonkurrenz und Zielantinomie, siehe Abb. A6 [KAH01, S. 29].[94]

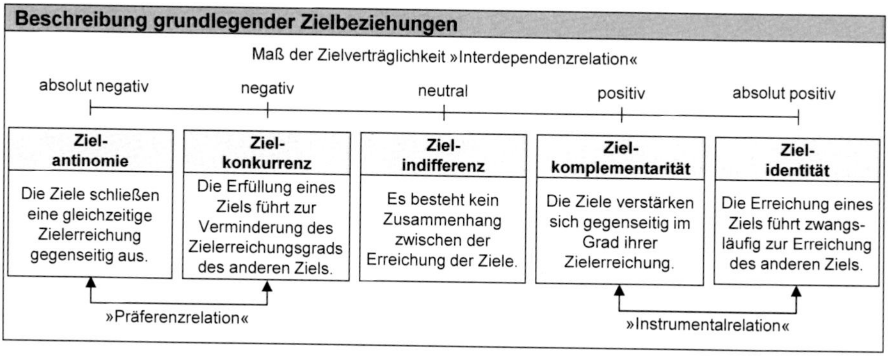

Abb. A6: Beschreibung und Beispiele der fünf Grundbeziehungen von Zielen nach GÄFGEN, eig. Darst. i. A. a. [GÄF74, S. 122; KAH01, S. 29-30; WIL16, S. 24]

Bei Zielidentität und Zielkomplementarität ergeben sich **Instrumentalrelationen** zwischen den Zielen bei denen die Erreichung eines Ziels »Mittel zum Zweck« zur Erreichung eines anderen Ziels darstellt [KIR74, S. 178; WIL16, S. 23]. Die Zielidentität, auch als »vollständige« Zielkomplementarität bezeichnet, stellt einen Spezialfall dar, bei der die Ziele identisch bzw. deckungsgleich sind und sich bspw. auf unklare Begriffsbildung zurückführen lassen [KAH01, S. 29; LAU18, S. 47]. Weiterhin wird mit der **Kompatibilitätsrelation** angegeben, ob zwei Ziele »kompatibel«, also gleichzeitig erreichbar sind [KIR73, S. 221].[95] Die **Präferenzrelation** gilt es bei Zielen zu beachten, zwischen denen eine Zielantinomie oder Zielkonkurrenz herrscht [KIR73, S. 220; LAU18, S. 47; WIL16, S. 23-24]. In diesen Fällen ist keine vollständige Erreichung beider Ziele möglich, weshalb eine Gewichtung durch den Entscheidungsträger, vor dem Hintergrund der jeweiligen Vor- und Nachteile, notwendig ist [LAU18, S. 47; THO20, S. 51]. Die Zielantinomie stellt hierbei den Extremfall dar, weil nur

[94] Die Ausprägung der Grundbeziehung muss nicht den gesamten Wertebereich umfassen, sondern variiert ggf. in Abhängigkeit des Ergebnisbereiches [ROM02, S. 17].
[95] Auf eine Unterscheidung zwischen Interdependenz- und Kompatibilitätsrelation wird in der Literatur häufig verzichtet [KIR73, S. 221; WIL16, S. 23].

die Verfolgung eines der beiden Ziele möglich ist [WIL16, S. 24]. Durch die Formulierung der Präferenzen durch den Entscheidungsträger wird eine Rangfolge zwischen den Zielen hergestellt und somit zwischen Haupt- und Nebenzielen differenziert [HEI66, S. 107; THO20, S. 51; WIL16, S. 24]. Eine solche Gewichtung der Ziele ist auch in der Ersatzteilversorgung notwendig, bspw. hinsichtlich des Zielkonflikts zwischen niedrigen Beständen und hoher Ersatzteilverfügbarkeit [SCH13b, S. 170].

A.10 Agent »regionales Distributionszentrum«

Abb. A7 zeigt die Elemente innerhalb des Agenten eines regionalen Distributionszentrums.

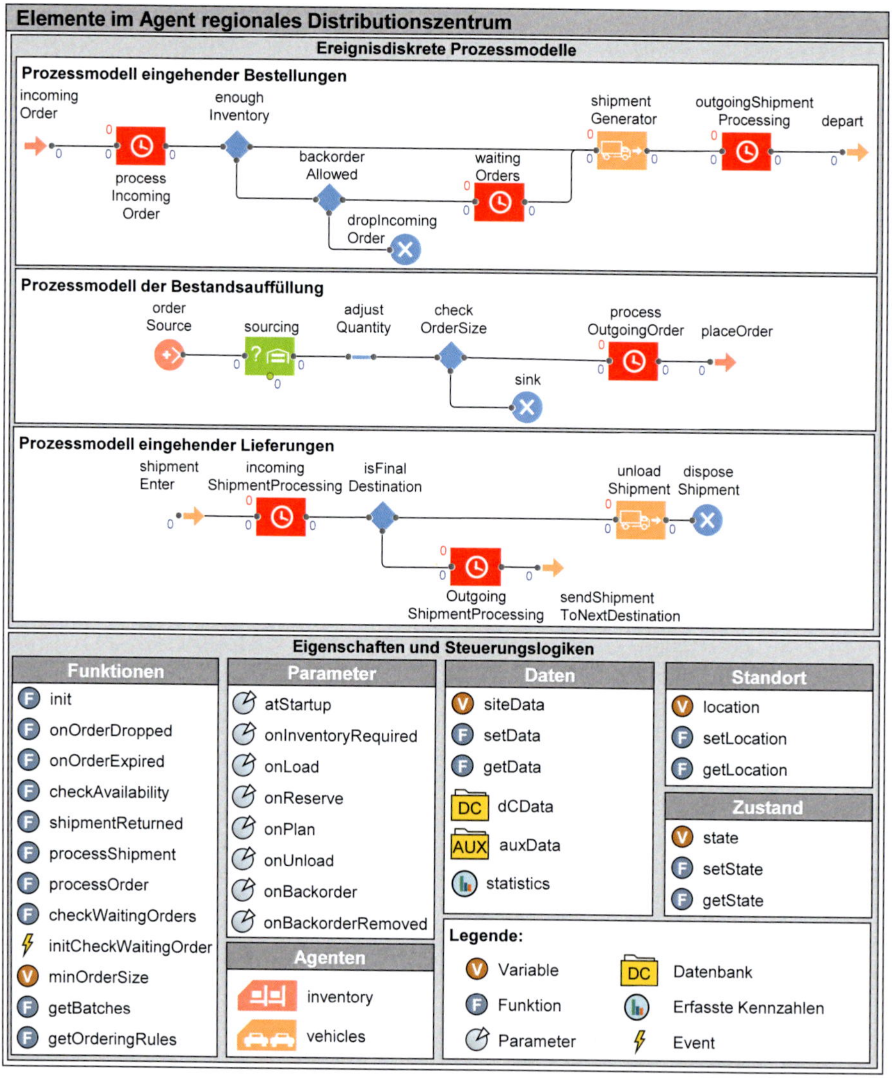

Abb. A7: Prozessmodelle und Eigenschaften im Agent der regionalen Distributionszentren, eig. Darst.

A.11 Nutzwertanalyse – additive Fertigung Klemmhebel

Tab. A2 zeigt die Ergebnisse der durchgeführten Nutzwertanalyse (vgl. Abb. 50, S. 105) zur Bewertung der additiven Fertigung der Klemmhebel in den 14 regionalen Distributionszentren. Die weiteren Nutzwertanalysen können Tab. 17, S. 129 (Transportrolle) und Anhang A.12 (Partikelfiltergehäuse) entnommen werden.

Tab. A2: Nutzwertanalyse zur Bewertung einer additiven Fertigung der Klemmhebel in regionalen Distributionszentren und Ableitung von Handlungsempfehlungen

Distributions-zentrum	Zielgrößen	Treibhausgas-emissionen	Kosten	Servicelevel	Mengen-flexibilität	Gesamt-nutzwert	Handlungs-empfehlung
	Gewichtung	**16,67 %**	**33,33 %**	**41,67 %**	**8,33 %**		
AT	Bewertung	-9	4	10	10	4,83	Keine additive Fertigung
	Teilnutzen	-1,50	1,33	4,17	0,83		
BR	Bewertung	9	10	10	10	9,83	Additive Fertigung
	Teilnutzen	1,50	3,33	4,17	0,83		
CN	Bewertung	9	-3	10	10	5,50	Additive Fertigung
	Teilnutzen	1,50	-1,00	4,17	0,83		
DE	Bewertung	-4	-3	10	10	3,33	Keine additive Fertigung
	Teilnutzen	-0,67	-1,00	4,17	0,83		
ES	Bewertung	8	9	10	10	9,33	Additive Fertigung
	Teilnutzen	1,33	3,00	4,17	0,83		
FR	Bewertung	-3	-9	10	10	1,50	Keine additive Fertigung
	Teilnutzen	-0,50	-3,00	4,17	0,83		
IN	Bewertung	8	-2	10	10	5,67	Additive Fertigung
	Teilnutzen	1,33	-0,67	4,17	0,83		
IT	Bewertung	2	2	10	10	6,00	Additive Fertigung
	Teilnutzen	0,33	0,67	4,17	0,83		
JP	Bewertung	9	9	10	10	9,50	Additive Fertigung
	Teilnutzen	1,50	3,00	4,17	0,83		
KR	Bewertung	9	6	10	10	8,50	Additive Fertigung
	Teilnutzen	1,50	2,00	4,17	0,83		
SE	Bewertung	6	8	10	10	8,67	Additive Fertigung
	Teilnutzen	1,00	2,67	4,17	0,83		
TR	Bewertung	7	9	10	10	9,17	Additive Fertigung
	Teilnutzen	1,17	3,00	4,17	0,83		
UK	Bewertung	5	5	10	10	7,50	Additive Fertigung
	Teilnutzen	0,83	1,67	4,17	0,83		
US	Bewertung	8	2	10	10	7,00	Additive Fertigung
	Teilnutzen	1,33	0,67	4,17	0,83		

Legende: ■ Gesamtnutzwert > 5,00 ■ Gesamtnutzwert ≤ 5,00

A.12 Nutzwertanalyse – additive Fertigung Partikelfiltergehäuse

Tab. A3 zeigt die Ergebnisse der durchgeführten Nutzwertanalyse (vgl. Abb. 50, S. 105) zur Bewertung der additiven Fertigung der Partikelfiltergehäuse in den 14 regionalen Distributionszentren. Die weiteren Nutzwertanalysen können Tab. 17, S. 129 (Transportrolle) und Anhang A.11 (Klemmhebel) entnommen werden.

Tab. A3: Nutzwertanalyse zur Bewertung einer additiven Fertigung der Klemmhebel in regionalen Distributionszentren und Ableitung von Handlungsempfehlungen

Distributions-zentrum	Zielgrößen	Treibhausgas-emissionen	Kosten	Servicelevel	Mengen-flexibilität	Gesamt-nutzwert	Handlungs-empfehlung
	Gewichtung	**16,67 %**	**33,33 %**	**41,67 %**	**8,33 %**		
AT	Bewertung	-10	9	10	2	5,67	Additive Fertigung
	Teilnutzen	-1,67	3,00	4,17	0,17		
BR	Bewertung	9	10	10	10	9,83	Additive Fertigung
	Teilnutzen	1,50	3,33	4,17	0,83		
CN	Bewertung	7	8	0	0	3,83	Keine additive Fertigung
	Teilnutzen	1,17	2,67	0	0		
DE	Bewertung	-10	5	10	1	4,25	Keine additive Fertigung
	Teilnutzen	-1,67	1,67	4,17	0,08		
ES	Bewertung	-3	8	10	2	6,50	Additive Fertigung
	Teilnutzen	-0,50	2,67	4,17	0,17		
FR	Bewertung	-10	7	0	0	0,67	Keine additive Fertigung
	Teilnutzen	-1,67	2,33	0	0		
IN	Bewertung	7	10	10	10	9,50	Additive Fertigung
	Teilnutzen	1,17	3,33	4,17	0,83		
IT	Bewertung	4	10	10	10	9,00	Additive Fertigung
	Teilnutzen	0,67	3,33	4,17	0,83		
JP	Bewertung	8	9	10	10	9,33	Additive Fertigung
	Teilnutzen	1,33	3,00	4,17	0,83		
KR	Bewertung	10	10	10	10	10,00	Additive Fertigung
	Teilnutzen	1,67	3,33	4,17	0,83		
SE	Bewertung	-2	8	10	10	7,33	Additive Fertigung
	Teilnutzen	-0,33	2,67	4,17	0,83		
TR	Bewertung	4	10	10	6	8,67	Additive Fertigung
	Teilnutzen	0,67	3,33	4,17	0,50		
UK	Bewertung	-1	6	10	8	6,67	Additive Fertigung
	Teilnutzen	-0,17	2,00	4,17	0,67		
US	Bewertung	7	6	0	0	3,17	Keine additive Fertigung
	Teilnutzen	1,17	2,00	0	0		

Legende: ■ Gesamtnutzwert > 5,00 ■ Gesamtnutzwert ≤ 5,00

Eigene Publikationen

Zeitschriften-, Sammelwerk- und Konferenzbeiträge (peer-reviewed)

DREWS, T.; MOLENDA, P.; OECHSLE, O. & KOLLER, J.: *Manufacturing System Optimization with Lean Methods, Manufacturing Process Objectives and Fuzzy Logic Controller Design*. In: Procedia CIRP, Jg. 93, S. 658-663, 2020. DOI: 10.1016/j.procir.2020.04.145.

GRONEBERG, H.; KOLLER, J.; MAHR, A. & DÖPPER, F.: *Development of a systematic approach to identify non-value-adding operations in the LBM process chain*. In: Procedia CIRP, Jg. 104, S. 1613-1618, 2021. DOI: 10.1016/j.procir.2021.11.272.

GROSSE ERDMANN, J.; KOLLER, J.; AMIR, S.; MIHELIČ, A. & DÖPPER, F.: *Simulation-Based Analysis of (Reverse) Supply Chains in Circular Product-Service-Systems*. In: (Hrsg.) KOHL, H.; SELIGER, G.; DIETRICH, F.: *Manufacturing Driving Circular Economy*, S. 111-118, Cham: Springer Verlag, 2023. ISBN: 978-3-031-28838-8.

GROSSE ERDMANN, J.; KOLLER, J.; BRIMAIRE, J. & DÖPPER, F.: *Assessment of the disassemblability of electric bicycle motors for remanufacturing*. In: Journal of Remanufacturing, 2023. DOI: 10.1007/s13243-023-00124-1.

GROSSE ERDMANN, J.; MAHR, A.; DERR, P.; WALCZAK, P. & KOLLER, J.: *Comparative Life Cycle Assessment Of Conventionally Manufactured And Additive Remanufactured Electric Bicycle Motors*. In: (Hrsg.) HERBERGER, D.; HÜBNER, M.: *Proceedings of the Conference on Production Systems and Logistics: CPSL 2023 - 2*, S. 903-913, Hannover: publish-Ing., 2023.

KARABELLI, D.; KIEMEL, S.; SINGH, S.; KOLLER, J.; EHRENBERGER, S.; MIEHE, R.; WEEBER, M. & BIRKE, K.: *Tackling xEV Battery Chemistry in View of Raw Material Supply Shortfalls*. In: Frontiers in Energy Research, Jg. 8, 2020. DOI: 10.3389/fenrg.2020.594857.

KARABELLI, D.; SINGH, S.; KIEMEL, S.; KOLLER, J.; KONAROV, A.; STUBHAN, F.; MIEHE, R.; WEEBER, M.; BAKENOV, Z. & BIRKE, K.: *Sodium-Based Batteries: In Search of the Best Compromise Between Sustainability and Maximization of Electric Performance*. In: Frontiers in Energy Research, Jg. 8, 2020. DOI: 10.3389/fenrg.2020.605129.

KOLLER, J.; GROSSE ERDMANN, J.; HEROLD, M. & DÖPPER, F.: *RemanLab – Conceptualization and Realization of a Learning Factory for Remanufacturing*. In: Proceedings of the 13th Conference on Learning Factories (CLF 2023), 2023. DOI: 10.2139/ssrn.4469183.

KOLLER, J.; HÄFNER, R. & DÖPPER, F.: *Decentralized Spare Parts Production for the Aftermarket using Additive Manufacturing - A Literature Review*. In: Procedia CIRP, Jg. 107, S. 894-901, 2022. DOI: 10.1016/j.procir.2022.05.081.

KOLLER, J.; KEMP, D. & DÖPPER, F.: *Supporting Disassembly in Remanufacturing with Augmented Reality*. In: (Hrsg.) IEEE: *International Conference on Technology Management, Operations and Decisions (ICTMOD)*, S. 1-8, Piscataway, NJ: IEEE, 2020. ISBN: 978-1-7281-5950-8.

KOLLER, J.; VELTE, C.; SCHÖTZ, S. & DÖPPER, F.: *Customizing Products through Remanufacturing -Ideation of a Concept*. In: Procedia Manufacturing, Jg. 43, S. 598-605, 2020. DOI: 10.1016/j.promfg.2020.02.151.

KOOP, C.; GROSSE ERDMANN, J.; KOLLER, J. & DÖPPER, F.: *Circular Business Models for Remanufacturing in the Electric Bicycle Industry*. In: Frontiers in Sustainability, Jg. 2, 2021. DOI: 10.3389/frsus.2021.785036.

MOLENDA, P.; MEZGER, T.; OECHSLE, O.; KOLLER, J. & DÖPPER, F.: *Backlog-Sequencing: A Comparison between Workload Control and ConWIP using a simulation approach*. In: Procedia CIRP, Jg. 93, S. 664-669, 2020. DOI: 10.1016/j.procir.2020.04.097.

SCHLESINGER, L.; KOLLER, J.; PAGELS, M. & DÖPPER, F.: *Alignment of design rules for additive manufacturing and remanufacturing.* In: Journal of Remanufacturing, 2022. DOI: 10.1007/s13243-022-00122-9.

SCHLESINGER, L.; KOLLER, J.; OECHSLE, O. & MOLENDA, P.: *Remanufacturing of E-mobility Components - Five-Step Implementation Strategy to increase Sustainability within Circular Economy.* In: (Hrsg.) IEEE: *2021 11th International Electric Drives Production Conference (EDPC),* S. 1-8: IEEE, 2021. ISBN: 978-1-6654-1809-6.

SCHÖTZ, S.; KOLLER, J. & DÖPPER, F.: *Decision Support Methodology to Reduce Quality-related Costs within Mass Production.* In: (Hrsg.) IEEE: *International Conference on Technology Management, Operations and Decisions (ICTMOD),* S. 49-54, Piscataway, NJ: IEEE, 2018. ISBN: 978-1-5386-4315-0.

VYSOUDIL, F.; HANSEN, S.; MENNENGA, M.; FUKUDA, M.; OHNEMÜLLER, G.; RÜTHER, T.; GOERS, D.; KOLLER, J.; NIKOLOWSKI, K.; ROSEMANN, B.; WOLTER, M.; DANZER, M.; DÖPPER, F.; HERRMANN, C. & VIETOR, T.: *Procedure Model to Support the Recycling-Oriented Design of Lithium-Ion Batteries for Electric Vehicles.* In: (Hrsg.) FUKUSHIGE, S.; KOBAYASHI, H.; YAMASUE, E.; HARA, K.: *Ecodesign for sustainable products, services and social systems,* S. 383-397, Singapore: Springer, 2023. ISBN: 978-981-99-3817-9.

Monographien, Zeitschriften- und Sammelwerkbeiträge (nicht begutachtet)

HÄFNER, C.; KOLLER, J.; KOOP, C. & KLEIN, V.: *Zukunftstrend nachhaltige Elektrofahrräder? Erhebung zur Kreislaufwirtschaft in der Elektrofahrradbranche,* Bayreuth, 2021.

KIEMEL, S.; KOLLER, J.; KAUS, D.; SINGH, S.; FULL, J.; WEEBER, M.; MIEHE, R.; EHRENBERGER, S.; ÖSTERLE, I.; SENZEYBEK, M. & STICKEL, S.: *Untersuchung: Kreislaufstrategien für Batteriesysteme in Baden-Württemberg,* Stuttgart, 2020.

KOLLER, J.: *E-Bike Remanufacturing: potential & technical feasibility.* In: (Hrsg.) WEILAND, F.: *Remanufacturing Components of Electric Vehicles,* S. 69-88, Köln, 2022.

KOLLER, J.; OECHSLE, O. & HELLMICH, C.: *A Battery Circular Economy - Definition, Significance and End-of-Life Strategies.* In: (Hrsg.) BIRKE, K.; WEEBER, M.; OBERLE, M.: *Handbook on Smart Battery Cell Manufacturing,* S. 321-336: World Scientific, 2022. ISBN: 978-981-12-4561-9.

KOOP, C.; KOLLER, J.; GROßE, J. & KLEIN, V.: *Kreislaufwirtschaft in der Elektrofahrradbranche: Untersuchung zur Refabrikation als Lösungsansatz für eine Kreislaufführung von Elektrofahrrädern.* In: Müll und Abfall, Jg. (8), S. 437-443, 2021. DOI: 10.37307/j.1863-9763.2021.08.05.

MAHR, A.; KOLLER, J.; TARASOVA, A.; TAUMANN, S.; LINGNER, A.; LÜCK, T.; WALCZAK, P.; FLOTHOW, A. & WALCZAK, M.: *Additive Refabrikation in der Elektrofahrradbranche. Werterhaltung in der urbanen Elektromobilität mittels additiver Refabrikation,* Bayreuth, 2022.

Lebenslauf

Name:	Jan Felix Christian Koller
Geburtsdatum:	16.06.1992
Geburtsort:	Weismain

Beruflicher Werdegang

Seit 03/2022	Gruppenleiter »Effiziente Wertschöpfungssysteme« Projektgruppe Prozessinnovation, Bayreuth Fraunhofer-Institut für Produktionstechnik und Automatisierung IPA
05/2020 – 03/2022	Akademischer Rat auf Zeit Lehrstuhl Umweltgerechte Produktionstechnik Universität Bayreuth
09/2018 – 03/2022	Wissenschaftlicher Mitarbeiter Projektgruppe Prozessinnovation, Bayreuth Fraunhofer-Institut für Produktionstechnik und Automatisierung IPA
07/2017 – 06/2019	Wissenschaftlicher Mitarbeiter Lehrstuhl Umweltgerechte Produktionstechnik Universität Bayreuth

Ausbildung

10/2014 – 05/2017	Studium Wirtschaftsingenieurwesen Universität Bayreuth Abschluss: Master of Science
10/2011 – 10/2014	Studium Wirtschaftsingenieurwesen Universität Bayreuth Abschluss: Bachelor of Science
09/2002 – 05/2011	Caspar-Vischer-Gymnasium, Kulmbach Abschluss: Allgemeine Hochschulreife

Bayreuth, April 2024

Jan Felix Christian Koller

FSC
www.fsc.org
MIX
Papier | Fördert gute Waldnutzung
FSC® C083411

Zeitfracht Medien GmbH
Ferdinand-Jühlke-Straße 7
99095 Erfurt, Deutschland
produktsicherheit@kolibri360.de